KB090463

New International

Western Cuisine

새롭게 쓴 서양조리실무

김세한 · 김형수 · 박인수 · 신영송
양동휘 · 왕철주 · 이광일 · 정영주

(주)백산출판사

머리말

우리나라는 사계절이 뚜렷하고 삼면이 바다로 둘러싸인 지리적 특성으로 인하여 농수산물이 풍부하여 다양한 식재료를 이용한 조리법이 발달하였다. 우리의 음식은 계절과 지방의 특산물이 잘 어우러져 있으며, 식재료와 식품의 배합이 조화로운 음식으로 평가받고 있다. 우리가 음식을 먹을 때 누구와, 어디에서 먹느냐에 따라 흥미와 맛은 달라진다. 음식을 정성껏 만들어 좋은 사람들과 함께 즐기는 것은 행복이며, 그 기쁨은 배가되기 마련이다. 음식은 배를 채우고 신체활동을 돕는 기능뿐만 아니라, 한 문화가 자신의 가치관을 표현하고 그것을 다른 문화와 나누기 위해 발전시킨 문화적 가치이다. 그러하기에 한 나라의 문화와 그 나라의 요리는 더욱더 밀접한 관계를 갖고 있다.

모든 음식은 먹는 사람을 위해 조리사가 정성을 다하여 만들어야 한다. 맛의 세계에 질서와 미를 창조하는 진정한 지휘자는 조리사들이다. 조리원리를 이해하고 기초 조리법을 잘 숙지한 뒤 좋은 식재료를 선택하여 정성을 다해 요리를 만들어야 훌륭한 조리사가 될 수 있다. 과학이 발전하고 문화가 바뀌어도 예술적 가치를 지닌 요리를 감식할 미식가는 영원히 존재할 것이다.

본서는 1, 2, 3부로 구성되어 있다.

1부는 서양요리에 대한 이해와 실무에 필요한 이론 부분으로 서양요리의 개요, 역사, 서양요리의 나라별 특징 등을 다루었다. 또한 현장에서 요구하는 조리사의 능력과 스킬 향상에 도움이 될 부분들을 소개하였다. 즉 조리사의 기본자세, 조리사의 직무, 서양요리의 식사매너, 개인위생, 주방 안전관리, 주방의 조리기기, 올바른 칼 사용법, 채소 썰기, 감자요리, 서양식 기본 조리방법, 스톡, 소스, 드레싱, 향신료 및 허브 등에 대해 설명하였다.

2부에서는 양식조리기능사 자격시험에 도움이 되는 세부 안내기준 및 실기과제에 대한 조리 과정사진과 요리에 대한 설명 등을 다루었으며 3부에서는 현장에서 만드는 서양요리의 각 코스별 요리 등을 소개하였다.

또한 서양요리를 전공하는 학생들과 조리를 처음 시작하는 조리사들에게 필요하다고 생각하는 기초 서양요리에 대해 다루었다.

저자가 서양요리를 하면서 주방에서 경험했던 부분을 포함하여 오랜 시간 동안 준비하고 정리한 자료이지만 미흡하고 부족한 부분이 많으리라 생각한다. 의욕과 열정이 가득 담긴 책이지만 미흡한 부분은 수정 보완하여 더 좋은 책이 될 수 있도록 앞으로 계속 노력하겠습니다.

이 책이 나오기까지 도움을 주신 선 · 후배님들과 출판을 맡아주신 백산출판사 진욱상 대표님, 이하 모든 분들의 노고에 진심으로 감사드립니다.

2021년

저자 씀

차례

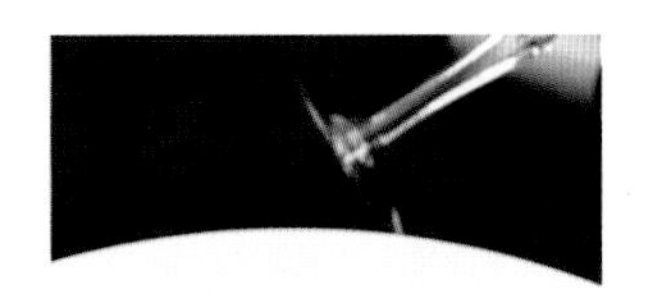

Part 1_서양요리 이론

Part 2_양식조리기능사 실기시험 과제

Part 3_서양요리 실기

New International Western Cuisine

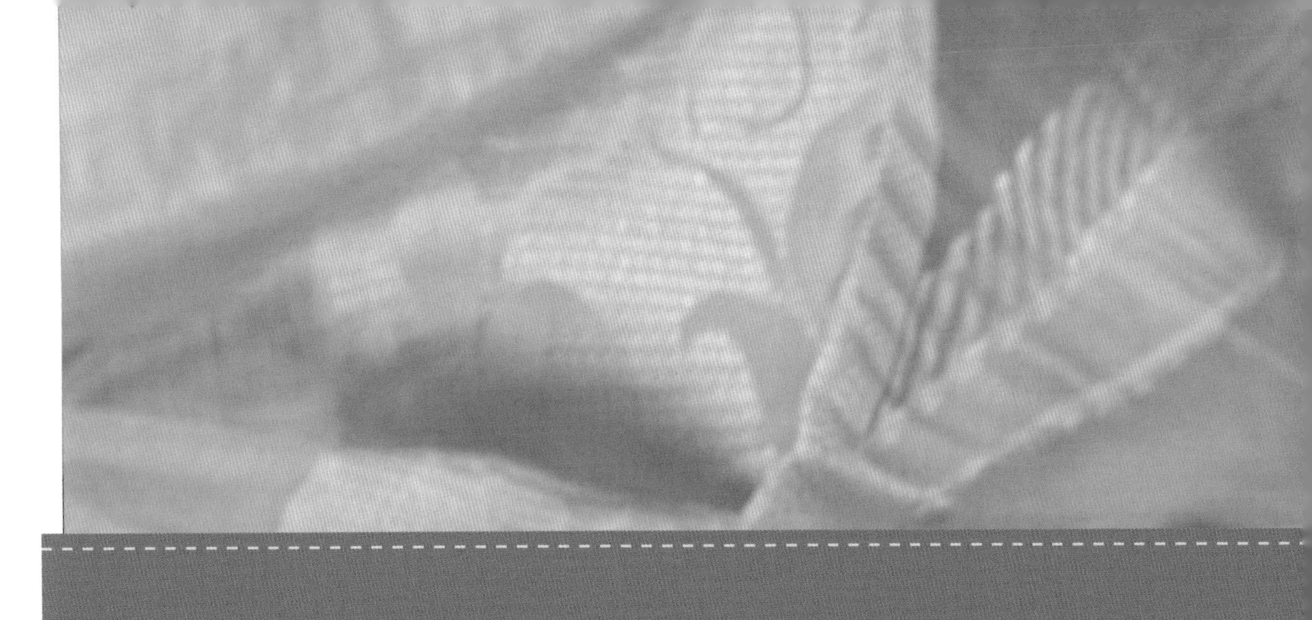

Part 1

서양요리 이론

1. 서양요리의 개요

인류가 음식을 조리하여 먹기 시작한 것은 불을 발견한 이후라고 추측되며 기술문명의 발달에 따라 조리방법과 형태에도 많은 변화가 생겼다.

조리라고 하면 조리기술을 가진 사람이 식품을 가열하고 다양한 향신료를 첨가한 뒤 조리기구를 이용해 굽거나 끓이거나 볶는 행위 등을 말하며 그 목적은 식품을 조리함으로써 식품 자체의 성분 및 형태 변화를 일으켜 미각적, 시각적 효과를 최대한으로 끌어올릴 뿐만 아니라 소화 흡수를 돕고 위생적으로도 안전하게 해주는 것에 있다.

조리의 궁극적인 목적은 건강한 삶을 지속시키며 음식을 먹음으로써 포만감을 느끼고 눈으로 즐기는 것뿐만 아니라 병을 예방하고 치료하는 것이다. 인간이 활동에 필요한 영양소를 공급받고 균형 잡힌 영양상태를 유지하려면 음식을 골고루 섭취해야 한다.

서양요리는 각 나라의 문화적 · 지역적 · 인종적 특징에 따라 조리하는 방식이나 식재료, 식습관에 따라 차이가 있다. 일반적으로 서양조리는 프랑스를 중심으로 이탈리아, 독일, 영국 등의 유럽국가와 미국을 중심으로 한 인접국가들의 요리가 포함된다. 그리고 서양요리는 목축문화에서 발전해 왔기 때문에 상대적으로 육류에 기반을 둔 요리가 많으며 식재료의 사용범위가 넓고 조리과정에서 가공단계를 거치지 않아 부패되기 쉬웠다. 그래서 향신료를 사용하여 음식의 향미를 좋게 하는 조리법과 다양한 종류의 소스가 발달하였다.

20세기 서양요리의 대표적인 변화는 '새로운 요리'를 뜻하는 누벨 퀴진(Nouvelle Cuisine)이라는 자연스러운 요리방식으로 고전의 예술적이고 기름진 요리에서 탈피하여 식재료 본연의 맛을 살려낸 단순하고 가볍고 새로운 방식의 요리를 만들어낸 것이다. 고전적인 요리는 유지나 버터, 치즈 등에 동물성 성분이 많이 포함되어 있어 건강을 해친다는 문제가 발생하자 새로운 요리법을 개발하기 시작했다. 과일이나 채소와 같은 자연 그대로의 식재료를 사용하여 가볍고 담백하며 건강에 좋은 요리를 만들었다. 누벨 퀴진의 기본 특징은 유지나 버터를 사용하여 무거운 소스를 만드는 대신에 수분의 증발에 의해 농축되는 것을 이용하여 가벼운 소스를 만든다는 점이었다. 특히 누벨 퀴진은 신선한 재료들을 구입할 뿐만 아니라 식감과 음식을 담아내는 과정 등에 세심한 주의를 기울였다. 서양요리는 맛, 영양, 모양, 소화의 용이성과 요리의 다양성 등이 고려된 특히 눈으로 먹는 요리로서 색상의 조화와 다양한 변화에 많은 관심이 집중되어 있다.

현대의 요리는 무엇보다도 건강이 우선시되는 시대이기 때문에 건강을 바탕으로 한 요리가 유행하고 있으며 건강한 음식을 먹음으로써 병을 예방하는 게 목적이다.

2. 서양요리의 역사

서양요리는 유럽 국가의 식문화, 지리적 여건, 풍토, 기후 등을 종합적으로 보았을 때 그 나라들만의 독특한 차이가 있다. 서양요리의 조리법이나 역사를 추정할 만한 기록과 자료가 풍부하지 않기에 과거 조리방법에 대해서는 확실히 알 수 없지만 남아 있는 유적들이나 서적들로 인하여 조금이나마 추측해 볼 수 있다. 고대시대의 인간들이 자연에서 얻을 수 있었던 식물의 뿌리, 열매, 줄기, 곡식, 생선, 동물 등과 같은 것들을 날것으로 섭취하다가 우연한 기회에 불의 발견과 함께 최초로 굽는 조리법과 도구를 이용하여 끓이는 방법 및 꼬치에 끼워 구워 먹는 방법 등을 사용하게 되면서 조리기구 사용법 등이 발전되어 현대에까지 이르렀다는 것을 알 수 있다.

고대 이집트 요리의 역사를 살펴보면 조리방법이나 흔적은 남아 있지 않으나 상형문자로 새겨진 요리사들의 모습을 나타낸 피라미드와 벽화에 그려진 그림으로 보아 고대시대 이전부터 요리가 발달되어 왔음을 알 수 있다. 이집트는 나일강 유역의 비옥한 땅으로 인해 다양한 채소, 과일 그리고 닭, 생선 등이 풍부하였으며 풍부한 식량 덕분에 여유가 생겨 조리와 함께 문화, 예술이 발전하였다. 벽화나 피라미드의 상형문자에는 제빵요리사들의 작업과정이 그려진 것으로 보아 이 시대에는 제빵 · 제과사가 유명하였음을 알 수 있다.

고대 페르시아인은 화려한 연회나 축제가 열릴 때마다 비타민 C가 풍부하기로 유명한 오렌지를 껍질과 함께 설탕에 조려 마멀레이드(Marmalade)로 만들어 먹었으며 포도주와 함께 정성스럽게 황금용기에 담아 차려냈다.

그리스는 지중해성 기후라 여름에는 덥고 건조하며 겨울에는 비가 오면서 추운 날씨이다. 이런 기후 덕분에 그리스 일대에는 포도와 올리브가 잘 자랐으며, 소규모의 목축업이 중심을 이루었다. 또한 바다로 둘러싸인 지역이어서 풍부한 해산물을 이용한 요리가 많았으며, 해산물들을 오래 보관하여 먹기 위해 소금에 절인 염장법을 흔히 사용하였다. 육류는 주로 돼지고기, 양고기이며 허브를 곁들여 먹는 방법이 있고 야생에 서식하는 야생동물들도 식용으로 요리해 먹었다. 그리스에서 요리가 다양하게 발전할 수 있었던 이유는 귀족사회여서 노예제도가 있어 요리를 분업할 수 있었기 때문이다.

고대 그리스인들이 즐겨 마시던 '하이드로멜(Hydromel)'은 발효시키지 않은 벌꿀을 물에 타서 물통에 담아 마셨으며 재료의 다양한 변화와 포도 등의 재배가 활발해지면서 와인으로 바뀌었다.

로마시대는 서양요리의 전성기라 불릴 정도로 요리에 대한 관심이 커져 다양한 재료와 조리방법 및 뛰어난 조리사들이 갖추어져 있었다. 당시 최초의 조리책으로 알려진 아시피우스의 〈De Re Coquinaria〉와 그리스의 발달된 조리방법을 기초로 하여 로마 조리사들은 그리스 요리보다 더욱 섬세한 그들만의 요리를 개발하였다. 초기 로마제국의 요리로는 육류 외에 보리와 콩가루를 이용한 죽 종류가 만들어졌고 이후 소스를 만들 때 다양한 종류의 향신료를 사용하였다.

로마의 국력이 강해지면서 아시아와 주위 여러 나라의 정복에 나섰던 군인들의 귀환으로 새롭고 다양한 요리의 기술과 조리방법이 발달하게 되었다. 하지만 향락문화로 치달은 부유한 로마인들은 화려한 연회와 파티를 즐기며 낭비를 일삼다가 결국 향락문화의 만연으로 종말을 맞이하게 된다.

3. 서양요리의 나라별 특징

루이 13세(1601~1643) 때 조리법을 체계적으로 기술해 놓은 책이 바렌에 의해 간행되자 이를 기본으로 하여 프랑스 요리가 한층 더 발전하는 계기가 되었다.

루이 14세(1643~1715) 때에는 프랑스 문화가 유럽 전체에 막대한 영향을 주면서 왕족과 귀족들이 식사나 연회를 할 때 프랑스 조리장에게 맡길 정도로 프랑스 요리의 황금기였다고 할 수 있다. 루이 14세는 왕족과 귀족들만을 위한 연회를 화려하게 열었으며 요리는 장식을 중요시하여 예술적이고 아름답게 만들었고, 이 시기부터 요리에만 전념할 수 있도록 궁중 조리장을 스카우트하여 지원하였다.

루이 15세(1715~1774) 때에도 요리에 대한 관심이 높아 왕이나 귀족들이 요리를 직접 만들기도 하며 자신들이 만든 요리가 마음에 들면 요리에 자신의 이름을 붙이기도 하였다.

요리문화의 발전과 더불어 중산층과 도시에서 일하는 조리사 및 제빵사들 사이에 정보교환이 활발하게 이루어지면서 막대한 영향력을 가지게 되어 프랑스를 중심으로 요리에 대한 전통이 이어지고 생활이 나아지면서 점차 그 지방 특유의 요리로 발전하게 되었다. 16세기에는 설탕 정제기술이 발달하면서 설탕이 많이 사용되었는데 설탕을 넣은 잼(Jam)이나 젤리(Jelly)가 만들어졌다.

16세기의 프랑스 요리는 식문화의 발전이 두드러지지는 않았으며 영국 요리와 비슷하게 운치가 없이 간단하고 푸짐한 요리였다.

17세기에는 프랑스 요리가 발전하면서 포도주에 대한 커다란 변혁이 나타나는데 이것이 바로 돔 페리뇽(Dom Perignon)이라는 샴페인의 발명이다. 이 샴페인은 베네딕토수도회의 수도사 돔 피에르 페리뇽이 그의 이름을 따서 돔 페리뇽(Dom Perignon) 샴페인을 만들었다고 전해진다. 돔 페리뇽(Dom Perignon) 샴페인을 시작으로 17세기 말에는 허브차, 커피, 코코아, 아이스크림 등의 음료가 발달되었다. 그리고 버터는 라드(Lard)로 대체되기 시작하였고, 루(Roux)가 처음 만들어지면서 소스의 농도를 맞추는 주재료가 되면서 수프나 소스를 끓일 때 많이 사용되었다. 루(Roux)가 생기기 전에는 구운 빵가루나 밀가루로 소스의 농도를 맞추었다.

19세기에 프랑스에는 포크와 나이프로 먹는 식습관이 없어 냅킨을 목에 걸치고 손으로 고기를 뜯어 먹었다. 연회나 파티 때도 요리를 한곳에 모아놓고 아름답게 장식하여 호화로운 분위기에서 식사를 하였지만 왕의 말이나 연설이 길어지면 음식이 식어버리는 단점이 있었는데 이러한 프랑스 서비스의 결점을 보완하기 위해 식사할 때 요리를 순서대로 하나씩 내놓는 러시아식 서비스가 알려지면서 전 유럽에 퍼져 도입되기 시작했다.

프랑스는 지중해와 대서양, 북해를 연결해 주는 유럽 문화의 중심지 역할을 하고 있다. 기후가 온화하며 농업이 발달하고 목축이 중요한 비중을 차지한 프랑스는 전 세계적으로 유명한 요리법을 많이 소유한 나라이다.

프랑스 요리는 장식이 화려하고 고급스러운 레스토랑의 요리와는 다르게 옛날부터 전해져 왔고 소중히 여겨졌던 훌륭한 지역 요리이며 전통적인 요리이다. 식재료 본연의 맛을 살려 자연스럽고 고풍스런 맛을 낸다. 프랑스에서 유명한 특산물인 포도주를 사용한 찜요리가 다양했으며, 이 포도주는 서양요리와 밀접한 관계가 있다.

프랑스의 유명한 세계 3대 진미는 푸아그라, 캐비아, 송로버섯으로 푸아그라(Foie gras)는 거위나 오리에게 사료를 많이 먹여 움직이지 못하게 해서 살찌운 간을 뜻한다. 캐비아(Caviar)는 흑해나 카스피해 근처에서 잡히는 철갑상어의 알을 염장처리한 것이다. 송로버섯(Truffle)을 주로 재배하는 지역인 페리고르와 보클뤼즈로의 흑송로버섯(Tuber melanosporum)과 백송로버섯(tuber magnatum)이 유명하다.

프랑스 요리가 서양요리를 대표할 수 있었던 이유는 프랑스가 이탈리아, 독일, 스위스, 스페인 등의 다양한 나라와 인접하고 있어 문화적 교류가 수월하고 조리에 필요한 식재료와 서양요리의 필수품인 포도주와 같은 것들이 풍부하여 요리가 발전할 수 있는 여건이 되었기 때문이다. 그리고 무엇보다 프랑스 국민들은 요리에 대한 자긍심과 애착이 남달랐으며 맛이나 예술적인 요리작품이 많았다. 그렇기에 프랑스 요리는 유럽의 음식문화를 선도적으로 이끌며 식생활에 영향을 끼치고 삶을 풍요롭게 하면서 세계적으로 널리 퍼져 나갈 수 있었다.

이탈리아는 삼면이 바다로 둘러싸여 있고 공업이 발달한 밀라노를 중심으로 한 북부요리와 해산물이 풍부한 남부요리로 구별된다. 이탈리아 남부지방에서 주로 생산되는 밀은 좋은 파스타의 원료로 사용되고 있다. 북쪽은 알프스산맥을 경계로 하여 프랑스, 스위스, 오스트리아와 인접하고 동쪽은 아드리아해, 서쪽은 티레니아해에 인접해 있다. 추운 산악지역을 제외하고는 온난한 지중해성 기후로 평원을 중심으로 일교차가 큰 편이다. 이탈리아의 북부지방은 다른 나라와 무역을 하면서 산업화되어 경제적으로 풍족하고 농업이 발달해 쌀, 과일, 채소 등이 풍부하다.

이탈리아 북부의 대표적인 요리는 옥수수를 이용한 폴렌타, 리조토 등이며 밀라노풍 리조토와 피에몬테풍 리조토가 있다. 남부지방은 올리브와 토마토, 모차렐라 치즈가 유명하고 지중해에서 나는 해산물을 이용한 요리가 많다. 이탈리아 요리는 다양한 지역만큼 음식의 종류와 사용되는 재료가 과일, 채소, 소스, 육류 등으로 다양하다. 각 지역마다 소스나 향신료를 이용한 대표 요리가 있으며 대중적으로 피자와 파스타가 유명하다.

독일은 농업이 대부분을 차지하고 있으며 농산물은 호밀, 감자, 낙농제품 등이 있고 농업은 목축과 밀접하여 가축을 사육하고 사료작물을 만들고 있다. 어업은 연안어업 외에 북해나 북극해에서 조업을 하는데 주로 청어, 대구 등이 잡힌다. 겨울에는 채소를 구하기가 쉽지 않기 때문에 콩이나 양배추, 오이 등을 소금에 절여서 보관하고 햄이나 소시지 등의 고기를 가공하여 보관하는 방법이 발달하였다. 독일의 음식은 햄이나 소시지를 만들 때 화학적인 조미료를 사용하지 않으며 주재료의 맛을 그대로 유지하기 위해서 다른 식재료는 거의 사용하지 않고 본 재료의 맛을 살리면서 요리를 만든다. 맥주 또한 유명한데 이는 부족한 식수로 인해 일상적인 음료로 많이 이용되며 맥주의 종류와 맛이 천차만별이고 식사할 때나 음료를 마실 때 빠지지 않고 이용된다.

네덜란드는 농업이 뒤늦게 발달하여 음식문화가 전체적으로 많이 발전하지는 않았지만 네덜란드에서 생산되는 치즈는 세계적으로 유명하고 우유에 있는 유산균을 그대로 사용하여 치즈를 숙성시켜 고유의 맛과 향이 있다. 이 중 네덜란드를 대표하는 젖산균 숙성 치즈는 고다(Noord-Hollandse Gouda)와 빨간 사과와 비슷한 에담(Edam)이 있다.

네덜란드의 주요리에는 감자가 많이 사용되며 감자를 삶아 소스와 함께 먹거나 다른 식재료를 넣어 만들어 먹는다. 음식은 검소한 편이고 다양하게 조리하여 먹는 감자요리와 수프나 스튜, 생선요리, 스테이크 등이 있다. 바다와 인접한 나라로 해산물도 다양하고 푸짐하며 이 중 가장 유명한 것은 청어를 가공하여 만든 식품이다. 이것은 북해 근해에서 잡히는 청어로 만든 요리로 해링(Haring)이라고 하며 청어의 머리 쪽을 잘라 속을 발라낸 후 소금에 절인 특색 있는 요리 중 하나이다.

러시아 요리는 과거의 화려한 요리와는 달리 소박하고 영양가가 풍부한 것이 특징이다. 추운 북쪽에서는 식재료를 구하기 힘들기 때문에 남쪽에서 생산되는 과일, 채소 등을 사용하고 양배추, 감자, 사탕무, 오이와 같은 채소를 절여 오래 보관할 수 있는 음식이 있다. 대체적으로 신맛이 강하거나 약간 짜게 먹는 것이 특징이다. 러시아에서는 유제품이 풍부하여 스메타나와 버터 등을 사용한 요리가 많으며 유명한 요리인 보르스치(borscht)는 감자, 당근, 양파, 양배추 등의 채소를 넣고 비트로 붉게 색을 낸 수프이다. 피로시키(Piroschki)는 러시아식 만두로 파이나 반죽을 만들어 속에 고기나 채소를 채운 빵이다. 러시아의 기후는 광대한 영토의 대부분이 한랭한 지역이 많고 해양의 영향을 받으며 넓은 영토를 가진 만큼 지역마다 다양한 요리가 발달했다.

스위스는 유럽대륙의 중앙에 위치해 있으며 3대 문화권의 언어가 사용되고 스위스에 인접한 독일, 프랑스, 이탈리아 문화의 영향을 받아 지역별로 다양한 요리들이 발달하였다. 스위스의 식문화는 소박하며 쉽게 구할 수 있는 재료만을 이용해서 서민적인 소탈함과 따뜻함을 풍기는 것이 특징이다. 낙농업이 가장 발달하였으며 다양한 종류의 치즈가 생산되어 각각 특유의 맛과 향미가 있으며 흔히 식사 후에 디저트로 치즈를 먹는 편이다. 치즈를 사용한 대표적인 요리에는 퐁뒤(fondue)가 있다. 퐁뒤(fondue)는 포도주 등의 와인과 치즈를 따뜻하게 데워 녹이면서 빵을 찍어 함께 먹는 요리이다.

영국은 브리튼 제도와 아일랜드섬의 북동부에 있는 북아일랜드로 이루어진 섬나라이며 서쪽으로는 대서양, 동쪽으로는 북해가 있다. 남쪽의 도버해협을 사이에 두고 프랑스와 인접해 있으며 해양성 기후로서 따뜻한 편이고 습기가 많아 안개가 자주 끼고 비가 자주 내린다. 이러한 날씨로 인해 영국은 과일의 생산량이 부족하고 서늘한 기후 때문에 감자의 생산량이 많으며 감자튀김과 으깬 감자 등 감자로 만든 다양한 요리가 발달하였다.

4. 조리사의 자세

조리사란 여러 식재료를 이용하여 고유의 맛을 유지하는가 하면 새로운 방법으로 독특한 맛을 창조하는 사람을 말한다. 조리사는 음식을 잘 만드는 것은 물론이고, 새로운 메뉴를 개발하거나 음식을 아름답게 장식하는 등의 창의성이 필요하다.

음식은 결국 각 재료가 갖고 있는 성분들이 결합하여 화학적 반응을 일으킨 결과물이므로 양념과 재료가 결합하였을 때 가장 이상적인 맛을 내야 한다. 조리를 하면서 어떤 조리원리로 예쁜 색을 낼 수 있는지에 대한 과학적 근거가 있어야 하며 조리사는 그 원리를 알아내기 위해 항상 새로운 요리를 개발하고 연구하며 노력하는 자세가 필요하다.

사회구조가 변하고 음식에 대한 시대적인 가치가 변함으로 인해 외식이라는 개념이 생겼고 다수의 사람이나 특정 집단을 대상으로 하는 요리의 비중 또한 점점 커지고 있다. 조리는 과학이며, 예술이라는 의식을 갖고 있어야 하고, 조리를 하는 데 있어서 예술적인 감각을 가미시킬 수 있는 자질을 향상시킬 수 있도록 노력하여 최상의 요리를 제공할 수 있도록 최선을 다해야 한다. 조리사는 단순히 음식을 만드는 기술뿐만 아니라 식품, 영양, 공중보건에 관한 다양한 지식과 함께 조리에 관한 체계적이고 과학적인 이론이 필수적 자격 요건으로 요구되고 있다.

1) 조리사의 기본자세

① 예술가로서의 자세

주방에서 근무하는 조리사는 자신이 예술가라는 마음가짐으로 작업에 임해야 하며, 요리 하나하나에 최선을 다하여 예술적 감각을 최대한으로 살려야 한다. 이를 위해 조리이론, 기술습득, 미적 감각 배양을 위한 노력 등이 필요하다.

② 절약하는 자세

조리사는 주방에서 사용하는 조리 기물과 기기를 잘 관리하고, 식재료 및 에너지 사용에 있어 항상 절약하는 자세를 가져야만 한다.

③ 협동하는 자세

조리란 주방에서 행해지는 공동의 작업이므로 동료 상호 간에 서로를 존중하고 협동하는 마음을 가지고 솔선수범하는 자세가 필요하다.

④ 위생관념

조리사에게 있어 위생은 아무리 강조해도 지나치지 않다고 할 정도로 중요하다. 조리사의 위생은 건강과 직결되므로 항상 개인의 위생, 주방 위생, 식품 위생 등에 주의해야 한다.

⑤ 서로 배려하는 자세

항상 바르고 고운 언어를 사용해야 하며 바른 마음가짐과 행동으로 서로를 존중하고 배려하는 마음자세를 갖는다.

⑥ 연구 개발하는 자세

요리는 우리 인간의 기본욕구를 충족시켜 주는 창작행위이다. 새로운 요리에 대한 전문지식 습득과 나날이 변해가는 요리의 트렌드 및 흐름을 파악하여 새로운 음식의 맛과 메뉴를 연구 개발하는 자세를 갖는다.

5. 조리사의 직무

주방에서 근무하는 조리사의 직무란 요리의 생산과정, 식자재의 구매, 인력관리, 메뉴개발 등 요리를 준비하는 과정과 주방운영에 관계되는 전반적인 업무를 수행하기 위한 일체의 인력구성을 말한다. 호텔 주방은 여러 개의 단위 주방으로 구성되어 있고 각각의 단위 주방은 다수의 직무를 분담한 조리사들로 구성되어 있으며 직무의 분담을 통해 주방 전체의 직무를 효율적으로 수행할 수 있도록 조직화되어 있다. 주방의 조직은 영업장의 규모와 형태, 업종, 메뉴의 성격에 따라 서로 차이가 있으나 기본적인 구성은 유사하다. 주방 조리사를 구성하다 보면 각 호텔 영업장마다 조금씩 차이가 있지만 표준치를 정한다면 80명 이상의 주방 조리사를 둔 곳을 대규모 주방이라 할 수 있으며, 그 외 30~40명 이하는 소규모 단위의 주방이라고 할 수 있다.

1) 조리사의 직무 및 역할

주방조직은 인적, 물적 조직인 시설로 양분되고 이러한 인적 조직은 상호 간의 유기적인 관계에 의해서 하나의 생명체와 같은 기능을 수행할 수 있는 것이다. 주방 조리사를 구성할 때에는 직급 및 능력에 맞추어 개인의 능력 및 잠재력을 발휘할 수 있는 곳으로 배치해야 원활한 조직관리가 될 것이다. 아무리 훌륭한 시설과 현대적인 기구를 배치했다 할지라도 그것을 운영하는 주체인 조리사의 배치와 직무구성이 제대로 되어 있지 않다면 생산저하를 초래할 것이며 또한 동료들 간의 화합이 이루어지지 않아 원만한 조직관리에 어려움이 있을 것이다. 따라서 개인의 능력을 충분히 고려하여 그 사람에게 알맞은 직급과 직무를 맡기는 것이 선행되어야 한다. 대규모 호텔 조리부 조직구성은 조리부 영업활동에 대한 전체적인 권한과 책임을 갖는 총주방장이 있고, 이를 보좌하는 부총주방장이 있으며 양식 주방영업장을 관할하는 조리장과 동양식 주방을 관할하는 조리장을 둘 수 있다. 이러한 기본 조직구성 아래 각 단위 영업장을 중심으로 영업장 주방장과 영업장 부주방장이 있다. 그다음 직급에 따라 주임, 일급요리사, 이급요리사, 조리 보조, 견습생 등이 있다.

이러한 직무는 자기 고유의 직무 이외에 보통 두 가지 이상의 일을 겸하고 있다고 볼 수 있으며, 영업의 상황에 따라 매우 가변적이어야 한다. 주방의 업무는 업장별 또는 맡은바 직무별로 세분화되어 독자적으로 이루어져야 하며, 이를 위해서는 각자의 책무를 성실히 수행함과 동시에 조직의 공동 목표를 위해 서로 협력하는 노력이 필요하다.

① 총주방장(Executive Chef)

총주방장은 조리부에서 가장 높은 직책으로 전체 주방의 책임자로서 식자재의 구매에서 판매까지의 모든 과정을 철저히 확인하여 효율적으로 관리해야 한다. 또한 인사관리, 메뉴관리, 기물관리, 구매관리, 영업장관리 등을 합리적 · 체계적으로 관리하는 것이 총주방장의 기술적인 역할이라 할 수 있다.

② 부총주방장(Executive Sous Chef)

총주방장을 보좌하며 총주방장 부재 시 업무를 대행하며 조리의 메뉴 개발 및 정보 수집, 직원 조리교육 등 주방운영에 관한 실질적인 책임을 진다.

③ 단위주방장(Sous Chef)

단위 주방을 분담하는 각 조리장은 맡은 업장의 모든 업무를 관리 감독하며 메뉴관리, 메뉴 레시피관리, 생산관리, 원가관리 등을 철저히 한다.

④ 주방장(Head Chef)

수석 주방장은 단위 영업장 주방에서 가상 높은 직책으로 주방기능이 원활하게 운영되도록 조절하는 주방의 총지휘자이다. 주방의 조리업무 관리 및 시설 등을 총괄하여 주방의 운영계획을 세우는 담당자이며 조리에 있어서는 오랜 연구와 경험에 의하여 조리기술을 후배들에게 전수하고 고객에게 최상의 요리가 제공될 수 있도록 하여야 한다. 또한 영업장의 일일 매출, 식자재, 인원 점검, 조리기술의 소화 · 축적 등에 많은 연구와 노력이 필요하다.

⑤ 부주방장(Assistant Head Chef)

각 주방 규모에 있어서 여러 가지 직책이 다를 수 있으며 주방장을 보좌하여 기능적인 면, 실무적인 면에서 강해야 한다. 영업장의 주방인원을 관리하며 주방장 대행업무가 주 업무이다. 주방장 부재 시 그 업장을 대행하여 실무적인 일을 수행하고 주방업무 전체에 관하여 함께 의논하며 부하직원을 관리한다.

⑥ 영업장 주임(Section Chef)

각 영업장 주방의 섹션 파트를 관리하며 부주방장 부재 시 업무를 대행하고 핫섹션, 콜드섹션, 디저트 섹션 등으로 크게 나눌 수 있다. 주방장의 지시에 따라 맡은 섹션의 업무를 관리하며, 생산관리, 부하직원관리, 교육 등에 책임을 진다.

⑦ 숙련 조리사(Cook)

영업장의 업무 조장을 보좌하며 기능적 부분에서 실무경력이 풍부하여 실질적인 요리 업무를 맡아 수행한다.

또한 조리사들과 화합하여 원활한 주방을 이끌어 나가는 데 중추적인 역할을 해야 한다.

⑧ 보조 조리사(Assistant Cook)

영업장의 숙련 조리사를 보좌하여 조리업무를 수행해야 하며 주방에 필요한 식자재 수량 및 주방 위생에 앞장선다. 그리고 숙련 조리사 부재 시에는 그 업무를 대행할 수 있도록 조리에 대한 숙련도를 가지고 있어야 한다.

⑨ 견습생(Trainee)

주방에서 조리를 처음 시작하는 사람으로 조리를 전공한 학생이나 조리에 관심이 있어 배우는 단계이다.

⑩ 기물 담당(Steward)

각 영업장의 음식물 수거 및 처리와 기물을 담당하고 관리한다.

⑪ 기물 세척 담당(Stewardess)

영업장에 배속되어 각종 조리기물과 식기류의 세척을 담당한다.

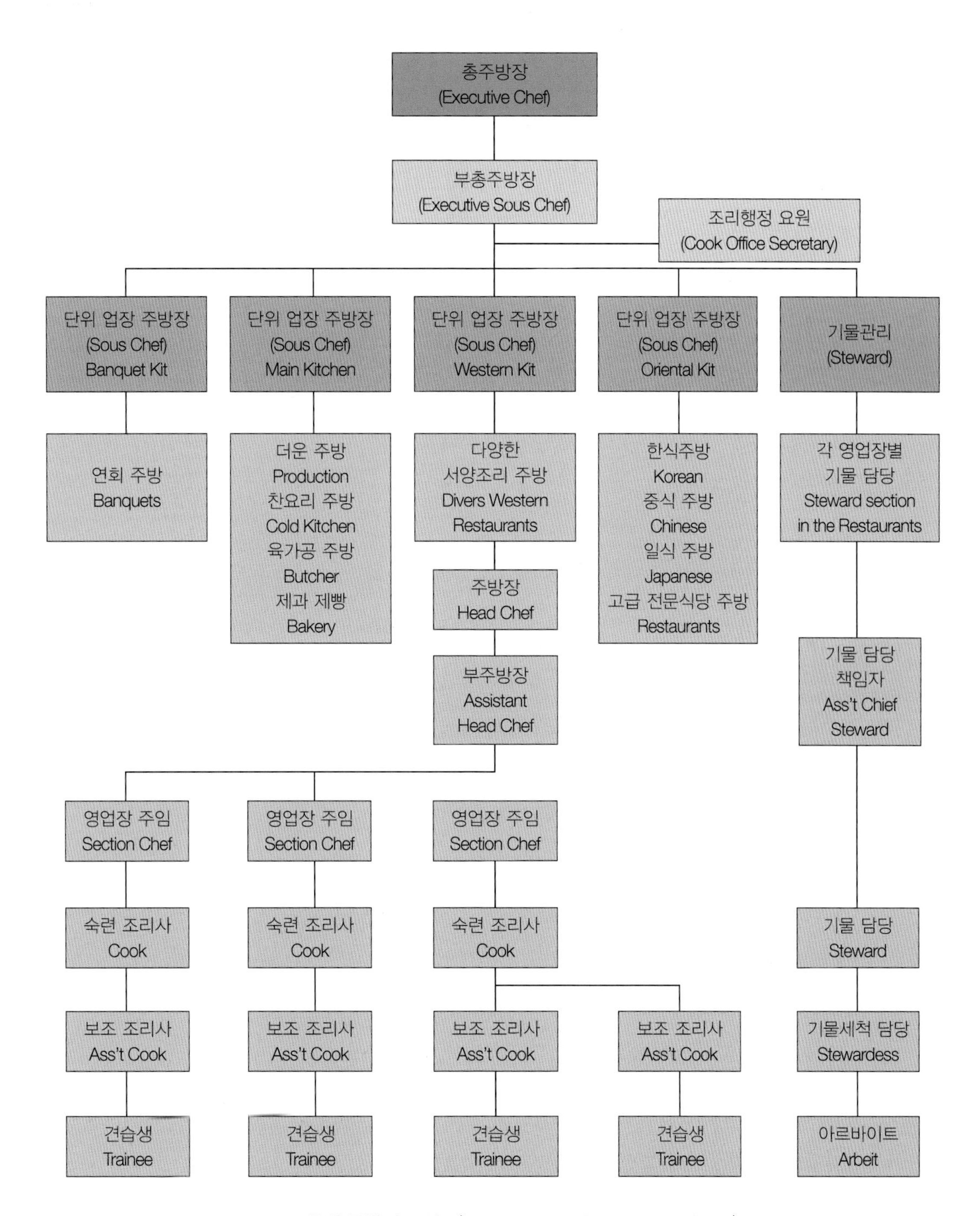

▲ 호텔 주방의 조직도(Hotel Kitchen Organization Chart)

6. 서양요리의 식사매너

매너란 상대방을 배려하고 이해하는 마음에서 우러나는 것으로 상대방을 존중하면서 감사하는 마음을 가짐으로써 상대방과 편안하게 소통하고 유지하는 방법을 말한다. 매너는 라틴어 'Manuarius'에서 유래되었는데, 이 말은 손(hand)을 뜻하는 'Manus'와 관계하는 것(arium)을 뜻하는 'arius'의 합성어로 손과 관계함 또는 행동하는 방법이나 방식을 의미한다.

호텔이나 레스토랑에서 식사하기 위해서는 복장과 용모가 단정해야 하며 식사예절이 필요하다. 또한 격식 있는 레스토랑을 이용할 때에는 예약이 꼭 필요하며 테이블 매너가 요구된다.

서양요리의 식사매너는 영업장이나 레스토랑에서 식사를 즐겁고 맛있게 먹기 위해서 지켜야 할 준수사항이며 여러 사람들의 안전을 위해 지켜야 할 약속이라 할 수 있다.

1) 올바른 식사매너

① 호텔이나 고급 음식점을 이용할 때에는 정장차림을 한다.

② 음식점을 이용할 때에는 사전 예약과 시간을 준수한다.

③ 음식점을 이용할 때에는 안내원의 안내를 따라야 한다.

④ 식당에서 좌석을 정하고 앉을 때에는 고객 중 누가 제일 중요한 분인가를 생각해야 한다.

⑤ 웨이터가 제일 먼저 의자를 빼주는 분이 상석이다.

⑥ 여성 고객이 의자에 앉을 때에는 남성이 도와준다.

⑦ 옆 좌석과는 주먹 2개 정도의 거리를 두고 앉는다.

⑧ 식당에서는 메뉴를 천천히 보는 것도 매너이다.

⑨ 핸드백과 본인의 소지품은 테이블 위로 올리지 않도록 한다.

⑩ 냅킨은 손님이 테이블에 모두 앉으면 무릎 위에 가지런히 펼쳐 놓는다.

⑪ 식사 도중에는 지나치게 자리 이동을 하지 않도록 한다.

2) 테이블에서의 기본 매너

테이블 매너란 식사 중에 기본적으로 지켜야 할 예절을 의미하며 상대방을 위한 배려와 존중이 중요한 부분이라고 할 수 있다. 누구나 즐거운 식사를 하고 또한 함께한 사람도 즐길 수 있게 하기 위해서는 테이블 매너를 꼭 지켜야 한다.

① 식당에서 식사할 때에는 얼굴 또는 머리를 만지거나 다리를 포개지 않는다.

② 식탁에 놓여 있는 나이프와 포크는 바깥쪽에서 안쪽으로 놓인 순서대로 사용한다.

③ 포크를 사용할 때에는 왼손에서 오른손으로 옮겨 잡아도 무방하다.

④ 테이블에 기본적으로 세팅되어 있는 것은 위치를 옮기지 않도록 한다.

⑤ 식당에서 바닥에 떨어진 나이프와 포크는 줍지 않는다.

⑥ 식사 시 손에 쥔 나이프와 포크를 위로 세우면 안 된다.

⑦ 식사를 다한 뒤에는 나이프와 포크를 나란히 접시 오른쪽 아래로 비스듬히 놓는다.

⑧ 테이블에 놓인 냅킨을 수건으로 사용하면 안 된다.

⑨ 식사 시 부득이한 경우를 제외하고는 입에 넣었던 음식은 그대로 삼키는 것이 매너이다.

3) 애피타이저, 수프, 빵 식사 시 매너

① 요리는 나오는 순서대로 바로 먹는 것이 좋다.

② 카나페나 오드블은 기물을 이용하기도 하지만 손으로 집어서 먹는 것이 보기가 좋다.

③ 소금과 후추는 음식의 맛을 보고 가미한다.

④ 수프는 접시의 안쪽에서 바깥쪽을 향해 미는 것같이 하여 떠서 먹는다.

⑤ 수프를 먹을 때는 소리를 내지 않는다.

⑥ 손잡이가 달린 수프는 손잡이를 들고 마셔도 된다.

⑦ 빵은 수프를 다 먹은 뒤에 먹는다.

⑧ 빵은 나이프나 포크를 사용하지 않고 손으로 뜯어서 먹는다.

⑨ 버터는 빵 접시에 먼저 옮긴 후, 빵에 발라 먹는다.

4) 와인 매너

① 와인을 선택할 때에는 와인의 생산지, 포도의 수확연도, 양조장의 이름, 요리와의 조화성 등을 고려해야 한다.

② 와인을 따르거나 이동할 경우 병 안에 침전물이 일어나지 않도록 조심해서 따른다.

③ 와인을 테이스팅할 때에는 초청한 사람 또는 남성이 한다.

④ 적색 와인은 공기와 결합시켜 마시면 좋다.

⑤ 와인을 따를 때에는 냅킨으로 와인 병의 입구를 닦아야 한다.

⑥ 샴페인은 어떤 요리와도 어울리기 때문에 식사 중 언제 마셔도 괜찮지만 한두 잔 정도가 좋다.

5) 메인요리 식사 시 매너

육류요리는 생선요리에 비해 단단하므로 포크와 나이프를 잡고 위에서 아래로 천천히 누르듯이 썰면 쉽게 자를 수 있다. 스테이크를 자를 때는 왼쪽 아랫부분에 포크를 찔러 스테이크를 고정시킨 후 나이프로 한입 크기로 자른다.

① 소고기 스테이크의 최상급은 샤토브리앙이다.

② 스테이크 본연의 맛은 고기에서 배어 나오는 즙에 있다.

③ 생선요리는 제공되는 서비스의 상태로 먹는다.

④ 갑각류가 나올 때는 갑각류 포크나 나이프를 이용해서 먹는다.

⑤ 소스가 제공될 때는 요리에 손을 대지 않는다.

⑥ 소고기는 오래 굽지 않는 것이 좋다.

⑦ 스테이크는 반드시 세로로 잘라서 제공한다.

⑧ 송아지나 돼지고기는 보통 굽기 온도가 없으므로 완전히 익힌다.

⑨ 로스트 치킨은 손으로 집어 먹어도 무방하다.

⑩ 스파게티는 스푼과 포크를 사용하여 시계방향으로 말아서 먹는다.

6) 디저트 및 커피

식사가 끝나면 테이블 정리와 함께 디저트가 제공되는데 디저트를 먹기 위해서는 보통 포크와 나이프가 제공되지만 나이프 대신에 스푼이 제공되기도 한다. 디저트에 사용되는 스푼과 나이프는 동일한 기능을 하지만 오른손은 스푼을 사용하고 왼손에는 포크를 사용한다.

① 디저트는 스푼과 포크를 이용하여 먹는다.

② 디저트를 먹고 수분이 많은 과일로 입안을 깨끗이 한다.

③ 남성은 여성보다 식사를 먼저 끝내지 않는다.

④ 식후에는 마른 과자를 먹지 않는다.

⑤ 커피는 식사를 끝낸 뒤 마지막에 여유를 가지고 천천히 마신다.

7. 개인위생 및 주방위생

1) 개인위생 관리

조리사는 건강한 정신과 건강한 육체를 가진 사람이 건강한 음식을 만들어 인류의 건강을 책임지는 사람이다. 요리는 보기 좋고 맛이 있어야 하며 위생상으로도 아무 이상이 없어야 예술적 가치를 인정받을 수 있다. 음식을 다루는 사람은 항상 건강하고 청결한 상태를 유지해야 하며 자신으로부터 각종 병원균으로 인한 오염 내지는 전염이 발생되지 않도록 근본적으로 차단하여 위생상에 전혀 이상이 없는 음식을 생산해야 한다.

① 조리사가 지켜야 할 준수사항

- 주방을 항시 청결하게 유지한다.
- 요리할 때는 잡담이나 재채기를 하지 않는다.
- 손가락으로 맛을 보지 않으며 항시 스푼을 휴대하며 사용한다.
- 조리사들은 개인위생을 위하여 정기적인 신체검사와 예방접종을 받아야 한다.
- 주방에서 위생에 대한 인식을 높여 철저한 개인위생과 식품위생, 주방시설위생을 관리한다.

② 조리사의 위생복장

- 조리복은 매일 세탁한 것을 입어야 한다.
- 단추가 떨어졌거나 바느질이 터진 곳은 반드시 수선하여 착용한다.
- 바지의 허리띠는 단정히 하고, 앞치마의 끈은 바르게 잘 묶는다.
- 앞치마는 항상 깨끗하게 착용해야 한다.
- 위생복, 위생모, 앞치마 등은 3벌 이상 비치하여 항상 깨끗한 복장을 갖추도록 한다.
- 주방 내에서 조리사는 규정에 맞는 청결한 복장을 착용한다.
- 조리복의 주머니에는 불필요한 소지품을 넣지 않도록 한다.
- 조리복은 일일 교체착용을 원칙으로 하며 발목 아래

까지 오는 양말은 착용을 금지한다.

- 몸에 착용한 액세서리는 제거한다.

③ 조리사의 용모

- 모자는 머리 크기에 맞게 조절해서 깊게 쓴다.
- 머리는 비듬이 없도록 단정히 빗고 옆머리는 귀를 덮지 않도록 단정하게 자른다.
- 항상 면도를 하여 깔끔한 상태를 유지한다.
- 여성 조리사의 긴 머리는 망으로 감싸 단정하게 한다.
- 주방에 들어가기 전에는 항상 손을 깨끗이 씻는다.
- 손에 상처를 입지 않도록 손 관리에 유의한다.
- 시계나 반지 등 장신구는 착용하지 않는다.

④ 스카프와 앞치마

스카프 매는 방법

- 삼각으로 된 스카프를 반 접고, 또 거기서 반을 접어 폭이 5cm 정도 되게 3등분하여 접는다.
- 양손으로 스카프를 잡고 목을 감은 후, 긴 쪽으로 다른 한쪽을 감아서 위로 넣어 감은 스카프 사이로 집어넣는다.
- 한쪽을 당겨 길이를 조절하고 양쪽에 나온 부분들은 안쪽으로 놀려 위에서 밀어넣는다.

앞치마 매는 방법

- 앞치마를 허리에 바르게 두른 후, 양쪽 앞치마 끈을 잡고 묶는다.

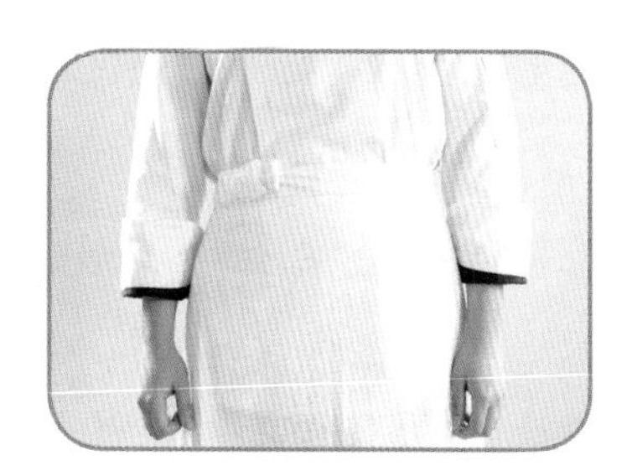

– 한쪽 부분을 끝에서 8~10cm 정도로 접어준다.

– 매듭의 중앙부분으로 맞추고 나머지 앞치마를 한쪽 끈으로 감아 리본모양을 만들어준다.

⑤ 안전화

영업장 주방의 바닥은 항상 물에 젖어 있거나 작업 후 테이블에서 떨어진 각종 부산물과 조리에 사용한 기름 등이 떨어져 있다. 또한 주방의 작업 테이블에는 식도와 각종 주방장비가 널려 있기 때문에 주방은 미끄러짐으로 인한 낙상, 찰과상 등 부상을 당할 위험이 많은 곳이다.

조리 안전화는 보통 질긴 가죽으로 외피를 구성하고 있고, 발가락과 발등 위에는 쇠로 만들어진 안전장치가 들어 있다. 또한 미끄러짐을 방지하도록 바닥은 특수하게 처리하는 것이 특징이다. 따라서 안전화는 물체의 낙하와 충격 및 날카로운 물체로부터 발을 보호하고, 감전 사고를 방지하는 역할을 한다. 안전화를 착용할 때에는 흰색보다는 검은색 계열의 안전화를 착용하고 양말을 반드시 신으며 신발의 뒷부분을 구겨 신지 않도록 유의하고 더러워진 부분은 깨끗이 세척하여 청결을 유지하도록 한다.

⑥ 조리사의 손

조리사의 손은 항상 많은 사물을 만지기 때문에 가장 오염되기 쉽고, 세균이 번식하기 좋은 조건이기 때문에 조리사는 항상 손을 청결하게 유지해야 한다.

또한 손을 씻고 나서 조리하는 동안 조리와 관계없는 물건은 만지지 않는 것이 좋고 혹시 만졌을 경우에는 다시 손을 깨끗하게 세척해야 한다. 손을 깨끗하게 씻는 것도 중요하지만 손톱 손질 또한 조리사의 개인위생에서 중요하다. 손톱이 길면 그 사이에 이물질과 세균이 들어가 조리 중에 다양한 세균을 옮길 수 있기 때문에 조리하는 경우 손톱을 짧게 잘라야 한다. 손에 상처가 있는 경우 상처 그대로 조리해서는 안 되며 2차 감염의 우려가 있기 때문에 조리를 꼭 해야 하는 경우에는 조리사용 골무를 끼고 식재료나 상처에 각각 오염되지 않도록 주의한다.

2) 주방 위생

주방의 생명은 위생적인 음식을 생산하는 데 달려 있기 때문에 주방에서는 무엇보다 식재료의 구매과정에서부터 보관 관리 등 모든 과정에서 안전하고 위생적인 업무활동이 이루어져야 한다.

주방의 일차적인 책임자는 조리사이므로 조리사는 주방시설, 주방기기, 식재료, 비품 등과 관련하여 위생적인 활동을 해야 한다.

주방 위생관리의 목적은 주방에서 식용 가능한 다양한 식품을 취급하여 음식을 직접 만들어 제공하는 과정에서 일어날 수 있는 식품 위생상의 위해를 방지하고, 안전하고 쾌적한 식생활 공간을 보장하는 데 있다. 그러므로 조리사들은 주방에서 사용하는 모든 장비와 기물 및 기기 등의 안전과 취급상의 준수사항을 철저히 지켜야 하고 모든 식재료의 반입과 검수, 저장, 출고, 조리하기 위한 사전 지식을 충분히 습득하고 안전한 요리를 만들 수 있도록 해야 한다.

위생관리의 최종목적은 식재료를 가공하여 손님에게 판매할 음식을 만드는 공정에서 주방설비 및 장비, 조리종사원, 서비스종사원들이 최종판매음식에 위해가 가해지지 않도록 위생적으로 관리하기 위한 것이다.

맛이 변질된 음식이나 건조된 음식, 오래되어 신선해 보이지 않는 음식들은 철저히 위생관리를 해야 한다.

〈주방위생 관리상 지켜야 할 점〉

① 주방은 1일 1회 이상 항상 깨끗하게 청소하여야 한다.

② 주방 내 조리가 이루어지는 모든 공간은 정기적인 위생 안전을 점검하여야 한다.

③ 주방은 통풍이 잘 되도록 환기시설을 잘 갖추고 정기적인 점검을 하여야 한다.

④ 주방의 실내 적정온도는 섭씨 16~18도를, 습도는 65~75%를 유지한다.

⑤ 벽면이나 주방 바닥은 세균이나 곰팡이의 번식을 최대한 막을 수 있는 타일과 세척이 용이한 재료여야 한다.

⑥ 주방에서 사용하고 남은 폐유는 하수구에 버리지 말고 따로 모아 수거하도록 한다.

⑦ 식재료 반입 시 항상 들여온 포장지는 바로 회수 처리하여 각종 오염을 예방한다.

⑧ 주방은 정기적으로 방제소독을 실시하여야 한다.

⑨ 주방에서 사용한 행주는 깨끗한 물로 세척한 후 반드시 건조해서 사용한다.

⑩ 주방 내의 실내조명은 50~100Lux 정도가 좋으며 가능한 한 자연 채광이 좋다.

⑪ 주방에서 나오는 쓰레기는 잔반류, 일반쓰레기, 캔 및 병류로 분리하여 환경오염을 최대한 막는다.

⑫ 주방에서는 잡담을 금하고 담배를 피우거나 침 뱉는 행동을 금한다.

⑬ 주방에는 외부인의 출입을 금지하며, 부득이한 경우 위생복을 착용하고 이용한다.

⑭ 자주 세척하지 않는 수저통이나 건조대 바닥은 물이 고이지 않게 관리한다.

⑮ 주방에서 칼과 도마는 식중독균이 음식에 들어가지 않도록 채소용, 육류용, 생선용, 과일용, 유제품용으로 구분하여 사용한다.

3) 식품 위생

주방에서는 각종 요리를 만들기 위해 수많은 식재료들이 공급 · 처리되고 있다. 이러한 식재료들과 직접적 또는 간접적으로 음식물과 관계된 첨가물, 식기, 기구, 용

기, 포장, 시설 등의 오염원에 의하여 간접적으로 일어나는 여러 가지 건강상의 위해를 미연에 방지하기 위하여 철저한 관리와 방제를 함으로써 우리가 만드는 음식을 안전하게 지킬 수 있다.

〈식품위생 관리상 지켜야 할 점〉

① 세균이나 전염병의 원인균에 의한 오염이 의심되는 식재료는 조리 시 사용하지 않는다.

② 오랫동안 저장된 식재료는 조리 시 반드시 부패여부를 확인하고 안전성이 확보된 후에 사용한다.

③ 식재료 반입과정과 저장기간 등의 조리과정에서 유해물의 혼입을 방지한다.

④ 조리 시 색소, 보존료, 착색제, 강화제 등 첨가물의 사용량을 초과하지 않도록 유의한다.

⑤ 대장균이나 농약성분 등은 육안으로 확인되지 않으므로 채소와 과일은 흐르는 물에 깨끗이 씻어서 사용한다.

⑥ 불량 식재료는 조리 시 절대 사용하지 않는다.

⑦ 식재료의 구매과정부터 조리까지 식재료의 흐름을 철저히 관리하고 투명화된 체계를 구축한다.

8. 주방 안전관리

1) 주방 관리

주방은 고객에게 제공할 음식을 조리할 수 있는 주방설비와 각종 주방기기를 갖춘 작업공간으로서 영업장 운영에 있어 주방의 기능은 매우 중요하다고 볼 수 있다. 또한 생산과 소비가 동시에 발생하는 특성을 가진 공간으로 영업장 수익에 중요한 역할을 한다.

이러한 관점에서 볼 때 좁은 의미의 주방관리는 음식을 조리하기 위한 주방 설계, 주방시설, 주방기기, 주방기물 등을 체계적으로 관리하는 것이며, 넓은 의미에서의 주방관리는 업장의 목표를 달성하기 위해 인사관리, 메뉴관리, 원가관리, 위생관리, 안전관리 그리고 식재료의 구매, 검수, 저장, 출고, 재고 등 구매관리가 포함된 총체적인 관리활동이라고 할 수 있다.

이러한 주방은 현대사회에서 등급이나 규모의 특성에 따라 차이가 있으며 각 영업장소의 특성과 운영방법에 따라 구분되어 운용되고 있다. 각 영업장 주방의 단위에 따라 서로 협력체계로 조리업무를 진행하고 있으며 주방의 특성에 따라 운용 스타일이 다를 수 있다.

주방관리를 위해 기본적으로 구성하고 있는 형태는 식재료의 반입에서부터 시작하여 검수 공간, 저장 공간 등 조리공정과정에서 필요한 장비와 시설물 및 작업동선 서비스 전체의 공간을 말한다. 특히 주방의 공간 활용은 조리작업동선 흐름을 효과적으로 처리하는 데 중점을 두고 주방의 공간이 구성되어야 하며 시설의 고급화 및 노후화에 따라 주방에서 사용하는 식자재 및 기기 에너지의 사용은 지출경비의 상당한 비율을 차지하고 있다.

2) 주방 안전관리

오늘날 산업화 사회로 들어서면서 산업체에서 각종 산업재해가 발생되고 있으며 작업 중 본인의 실수 또는 안전대책의 미비로 많은 조리사들이 신체상의 해를 입는 것으로 나타나고 있다. 모든 사람들이 안전을 생각하지 않으면 안 된다는 것을 잘 알고 있지만 아직도 안전의식이 부족하고, 안전의 중요성을 알고 있으면서도 안전활동을 스스로 행해야 한다는 데까지는 생각이 미치지 못하고 있다.

주방은 외형적인 시설 및 내형적인 시설에 의해 조리작업과정에서 안전사고를 유발할 수 있는 요인이 산재한 곳이기 때문에 안전관리에 따른 장치를 설치하고 주방 조리사에 대한 정기적인 안전교육이 필수적이라 할 수 있다.

현대화된 각종 조리장비들은 조리업무의 기술 향상에 많은 도움을 주고 있지만 한편으로는 산업재해의 발생요인이 되고 있다. 그 예시로 주방 내의 가스와 전기는 조리에 편리하게 사용되고 있지만 가스기기나 전기기기에 대한 연료나 기기의 성질을 정확하게 알고 사용해야 하며 화기를 다룰 때에는 절대 자리를 이탈하지 말고 철저히 주의를 기울인다. 즉 이러한 산업재해를 막기 위해서는 각종 조리시설 및 기기의 사용방법과 기능을 철저히 습득하고 이에 필요한 개인 작업수칙을 철저히 이행하는 규칙을 갖는 것이 필요하다.

또한 주방에서 발생하는 안전사고는 조리사들의 부주의에서 오는 상해 및 화재가 대형사고로 연결되는 경우를 볼 수 있다. 조리업무 수행과정에서 각종 사고를 유발할 수 있는 발생요인들이 있으므로 조리사들은 작업 시 안전수칙을 철저히 지키고 주의를 기울인다면 사고의 발생률을 줄일 수 있을 것이다.

안전관리야말로 누구를 위한 것이 아니다. 그것은 '자기 자신의 행복을 위해서' 한다는 인식과 자기 자신은 물론 여러 종사원이 철저히 인식하게 하는 것이 중요하다.

① 개인안전수칙

- 주방에서는 항상 청결하고 깨끗한 조리복과 안전화를 반드시 착용한다.
- 주방바닥의 기름이나 물기를 수시로 닦아 주방에서의 낙상사고를 방지한다.
- 주방에서는 아무리 바쁜 상황이라도 뛰지 않는다.
- 주방에서 뜨거운 용기를 이동할 때는 마른행주를 이용한다.
- 주방에서 칼을 사용할 때는 정신을 집중하고 안정된 자세로 작업에 임한다.
- 칼은 본래의 목적 외에는 절대 사용하면 안 된다.
- 칼을 사용하지 않을 때는 칼 보관함에 넣어서 보관한다.
- 칼은 보이지 않는 곳에 두거나 물이 담긴 싱크대 등에 담가두지 않는다.
- 칼을 떨어뜨렸을 경우엔 절대 잡으려 하지 말고 한 걸음 물러서서 몸을 피한다.
- 주방에서 칼을 들고 이동할 때는 칼끝이 지면을 향하도록 하여 이동한다.
- 무거운 통이나 짐을 들 때는 허리를 구부리지 말고 쪼그리고 앉아서 들고 일어나도록 한다.

② 주방기기의 안전

현대화된 각종 조리장비들은 조리업무의 능률 향상에 많은 도움을 주지만 한편으로는 산업 재해의 발생요인이 되고 있다. 즉 이러한 산업재해를 막기 위해서는 각종 기기의 작동방법과 기능을 철저히 익히고 여기에 필요한 개인 작업수칙을 철저히 이행하는 마음가짐을 갖는 것이 필요하다. 조리에 사용되는 오븐, 가스레인지 등은 불가분의 관계에 있으므로 화기로부터의 안전 역시 중요한 과제 중 하나이다. 가스와 전기는 조리에 편리하게 사용되지만 가스기기나 전기기기를 사용함에 있어서 연료나 기기의 성질을 정확하게 알고 사용해야 하며, 화기를 다룰 때에는 자리를 지키면서 철저한 주의를 기울여야 한다.

〈주방기기의 안전관리 시 주의할 점〉

- 조리기기의 작동방법을 숙지하고 사용하며 모르는 기기는 사용하지 않는다.
- 모든 장비의 보호장치와 안전장치를 숙지하고 사용해야 한다.
- 조리복은 자신에게 맞는 것을 입고 앞치마 끈을 꼭 매서 기계에 걸리지 않도록 한다.
- 그릇이나 기물은 올바르게 정리하여 안전하고 떨어지지 않게 한다.

③ 전기안전관리 시 주의할 점

- 콘센트에 플러그를 완전히 삽입하여 접촉부분에서 열이 발생되지 않도록 한다.
- 한 개의 콘센트에 여러 개의 플러그를 꽂지 않는다.
- 콘센트와 전기기구 주변에는 가연성 물질, 인화성 물질 등의 위험물을 놓지 않는다.
- 손이 젖었거나 물속에 담그고 있을 때 전열기구를 만지거나 다루지 않는다.
- 전기기구 사용 시 적정 전기용량을 초과하여 사용하지 않는다.
- 전기기구가 고장 났을 때에는 전문가에게 의뢰하고 수리하기 전까지는 사용하지 않는다.
- 전기기기는 분해하거나 세척하기 전에 반드시 플러그를 뽑는다.
- 전기기구 사용 중에는 자리를 비우지 말고 전기기구 사용 후에는 콘센트에서 플러그를 뺀다.
- 스위치 및 콘센트, 플러그의 고정나사가 풀려 흔들리면 위험하므로 사용을 중지한다.
- 주방 청소 중 호스로 물을 뿌릴 때 전기플러그에 물이 튀지 않도록 한다.

④ 가스 화재안전관리 시 주의할 점

- 주방에서 사용하는 가스의 기본적인 성질을 숙지한다.
  주방 내 소화기 위치와 사용법을 숙지해 둔다.
- 연소기기 부근에는 불 붙기 쉬운 가연성 물질(호스 등), 인화성 물질을 두지 않는다.
- 가스기기를 사용할 때에는 자리를 이동하지 않는다.

- 주방에서의 최종 퇴실자는 밸브가 잠겨 있는지 반드시 확인한다.
- LNG가스는 공기보다 0.65배 가볍다. LPG가스는 공기보다 1.2~1.3배 무겁다.
- 가스 연소 시에는 많은 공기가 필요하므로 창문을 열어 실내 환기를 시켜야 한다.
- 콕과 연결부, 호스 등을 비눗물로 수시로 검사하여 가스가 새는지 여부를 확인해야 한다.
- 가스의 사용을 중단할 경우에는 연소기구의 콕, 밸브는 확실하게 닫아둔다.
- 가스가 새서 냄새가 날 때에는 부근의 화기를 즉시 끄고 주 밸브, 용기밸브를 모두 닫고 창이나 출입구를 열어 통풍을 시키며 비상관제실에 통보한다.
- 액화석유가스가 새면 창문부터 열어 환기해야 하지만, 도시가스가 새면 방바닥을 쓸듯이 가스를 밖으로 내보내야 한다.
- 가스는 냄새나 색깔이 없는 기체이지만, 누출 시 냄새로 감지할 수 있도록 메르캅탄이라는 자극적인 냄새가 나는 화합물질을 첨가함으로써 가스가 새는 것을 알 수 있다.
- 가스가 새는 것을 탐지할 수 있도록 가스경보기를 설치하도록 하며 조리 시 넘치는 국물 및 먼지로 인하여 연소기구가 더러워지면 불완전 연소가 되어 붉은 불꽃이 나고 화력이 약해지므로 월 1회 이상 불구멍 주위를 깨끗이 청소해 준다.

⑤ 화재진압 시 주의할 점

- 화재발생 시 침착하게 행동한다.
- 화재 시 주위 사람에게 큰 소리로 “불이야!” 하고 반복하여 외친다.
- 전원스위치 및 열원을 차단하고 소화탄, 소화기를 사용하여 초기에 진압한다.
- 통보시설을 이용하여 비상관제실에 통보한다.

9. 주방의 조리기기

조리기기란 주방에서 사용하는 기계와 기구를 합해서 말하는 것으로 기계부분을 가지고 있는 것을 조리기계, 그렇지 않은 것을 조리기구라고 한다. 조리에 필요한 다양한 기기를 갖춘다는 것은 요리를 만들기 위한 하나의 직업인으로서의 자세이자 좋은 요리를 만드는 경쟁에서의 비교우위를 확보하는 것이다.

하지만 오늘날 조리기기가 매우 세분화되고, 과학화되어 있는 반면, 가격 면에 있어서 구입을 하여도 그 성능을 제대로 발휘하지 못하여 투자한 만큼 부가가치를 내지 못하는 실정이다. 주방을 구성할 때 굳이 필요하지도 않은 기기를 구입하여 창고에 방치하거나 실무자들이 쓰지 않아 제기능을 발휘하지 못하고 경제적인 손실만을 초래하는 경우가 빈번하다. 따라서 기기 사용용도를 정확히 파악하고 영업장의 규모나 그 영업장이 지향하는 요리의 성격에 따라 기구와 기기를 선택하여야 한다.

또한 조리기구는 인간이 먹을 음식을 조리할 때부터 사용되었으며 처음에는 자연상태에서 구할 수 있었던 기구들을 이용하여 음식을 익혀서 먹다가 사회가 발전하면서부터 다양한 기기들이 만들어졌다.

석기시대에는 주로 돌이나 질그릇 등이 주방기구의 주를 이루었고, 청동기와 철기시대를 거치며 금속류의 주방기구와 장비들이 만들어져 대량으로 음식을 끓이거나 구울 수 있게 되었다.

철기시대는 철제석쇠와 무쇠솥 및 번철 등 금속류의 주방기구들이 생겨났으며, 전기가 발견된 후로는 전기를 이용한 냉장고나 열기구 등이 생겨났다.

현대에는 다양한 형태의 조리기구와 조리장비들이 인체공학을 기초로 제작되고 있으며 조리방법과 기술의 발전이 동시에 이루어지고 있다.

조리에 사용되는 소도구의 종류도 다양하고 도구들의 역할은 예술적인 요리창조에 있으며 조리업무의 효율성을 높여주고 부가가치를 창출한다. 조리사가 칼로 할 수 없는 부분이나 기계를 사용하기에는 너무 범위가 좁은 조리작업을 소도구로 효율적으로 처리할 수 있다.

최근에는 조리에 사용되는 소도구의 디자인이나 재질이 우수하며 편리성이나 감각적인 면에서 대단히 뛰어난 아이디어로 내구성과 실용성을 충족시키고 있으므로 조금만 신경쓰면 많은 비용을 들이지 않고도 좋은 기술을 마음껏 발휘할 수 있다.

주방에서 사용되는 다양한 조리기기류 등과 조리 시 가장 많이 사용되는 칼, 조리용 소도구, 식재료의 계량기구, 조리기구를 운반할 때 필요한 운반기구, 열을 사용하여 조리할 때 필요한 조리용 기구 등의 용도와 사용방법, 명칭에 대해 정확히 확인한 후에 선택해야 한다.

주방기기를 구입할 때에는 제조업체의 표준상품을 보고 주방 관리자가 제조업체의 제품 카탈로그에 의해 구입하는 경우가 일반적이다. 그러나 좋은 주방기기를 구입하려면 기간을 두고 평상시에 주방장비 전시회나 상품광고 또는 새로 오픈한 주방 등에서 새로운 기기에 대한 정보를 끊임없이 수집하고 습득하는 것이 중요하다.

〈주방기기 선택 시 주의할 점〉

- 주방기기의 사용에 대한 본질적인 필요성
- 초기구입비용과 관리상 필요한 추가비용
- 사용에 따른 편리성과 기기의 규정된 성능
- 주방기기의 특별한 조건에 대한 만족도
- 주방 안전과 위생관리
- 주방기기의 모양과 디자인, 색상
- 주방의 제반시설과 적합성

1) 주방 조리기기의 재질에 따른 이해

① 금속성 재질

• 스테인리스 스틸(Stainless Steel)

스테인리스 스틸은 주방시설 재료로써 가장 많이 사용하는 재질이며 특징으로는 열전달성이 매우 빠르고 재질이 강하여 음식에 대한 화학적 변화가 거의 없으며 주로 물청소가 가능한 작업대 및 냉장고 등에 많이 사용한다.

호텔 팬, 소스통과 같이 음식물 보관용 기물로 만들어 사용하면 좋고 세척하기에 매우 편리한 점이 있으며 위생적인 면에서도 뛰어나다.

• 알루미늄(Aluminum)

열을 가하는 조리도구 중 가장 널리 사용되는 재질이며 가볍고 가격이 저렴하고 열전달이 빠른 장점을 가지고 있다.

• 구리(Copper)

구리 재질로 만든 주방기구는 일반적으로 다양하게 쓰이지는 않지만, 온도에 민감한 조리인 달걀말이 등을 할 때 사용하는 팬에 적합한 재질이다. 구리는 매우 우수한 전도체로서 열을 빠르고 균등하게 전달하는 장점이 있다. 반면에 가격이 비싸고 몇몇 식재료와 화학반응을 잘 일으키며, 재질이 약해서 긁히기 쉬우며, 무거워서 관리하기가 어렵다는 단점이 있다.

② 비금속성 재질

• 유리(Glass)

조리과정에는 육안으로 안쪽을 확인할 수 있어 실험 조리도구로 적합하고 열의 저장성은 좋으나 전도율은 낮은 편이며 음식과의 화학반응을 일으키지 않는다.

그러나 유리 도구는 깨질 위험이 높기 때문에 일반 조리도구로는 잘 이용하지 않으며 주로 전자레인지용 도구로 많이 쓰인다.

• 플라스틱(Plastic)

플라스틱 제품은 열을 가하지 않는 조리기구로 많이 사용하며 음식 및 식재료 보관용기로 사용하기에 적합하다.

10. 칼의 사용

1) 올바른 칼의 사용방법

주방에서 칼의 사용은 조리사에게 있어 가장 중요한 기술 중 하나이며 손의 역할을 담당하는 가장 중요한 도구 중 하나이다. 처음부터 올바른 사용법을 습득하는 것이 중요하므로 칼을 사용할 때에는 늘 칼날의 상태를 살펴야 한다.

칼은 식재료를 자르기 위한 가장 중요한 도구로 모든 종류의 칼은 재료를 낭비하지 않고 기능에 맞게 자를 수 있는 역할을 한다. 일반적으로 칼을 사용할 때에는 손잡이가 편리하고 전체적으로 균형이 잘 잡혀야 안전하게 칼질을 할 수 있기 때문에 칼을 잡는 방법부터 사용법들을 정확하게 숙지해야 효율적으로 작업할 수 있다.

칼을 사용하는 경우 가장 기본이 되는 것은 칼을 잡는 방법이며 어떤 칼을 잡던 사용하는 방법을 정확하게 알아야 조리작업의 효율성을 최대로 높일 수 있다. 칼은 잘못 다루면 크게 다칠 수도 있는 위험한 도구이므로 잡는 방법부터 천천히 연습할 필요가 있다. 또한 칼을 정확하게 잡고 사용해야 조리과정이 자연스럽고 질 높은 조리상품을 만들 수 있으며, 여러 종류의 채소나 육류를 절단할 때 정확도와 속도를 높일 수 있다.

칼을 잡을 때 엄지손가락과 중지 그리고 약지를 이용하고 검지손가락을 가볍게 대서 균형을 잡는다. 엄지손가락에 힘을 주면서 검지를 제외한 다른 세 손가락으로 칼을 감싸듯이 가볍게 쥐는 것이 편안하다. 칼을 자유자재로 움직이려면 칼잡이와 손가락 사이가 뜨지 않아야 안정감 있게 칼을 사용할 수 있다. 또 재료를 쥐고 있는 왼손에도 주의를 기울여 양손의 움직임을 잘 조절하도록 한다. 왼쪽의 손가락들은 끝을 다치지 않게 살짝 구부리고 칼에는 손가락에서 첫 번째의 관절이 닿도록 한다. 이렇게 하면 손의 움직임도 부드러울 뿐 아니라 다칠 염려도 없다. 손의 위치가 칼에 너무 가깝거나 멀어도 칼에 들어가는 힘이 낭비될 수 있다.

〈칼 사용 시 주의할 점〉

- 칼은 아주 예민한 도구이므로 잘못된 사용과 보수는 칼날을 망가뜨린다.
- 칼은 항상 날이 잘 서고 완벽한 상태의 것만 사용한다.
- 칼 손잡이와 손은 미끄러짐을 방지하기 위해 항상 기름기가 제거되어야 한다.
- 칼 받침대는 똑바로 놓고 미끄러지지 않게 고정한 후에 사용한다.
- 주방에서 사용하지 않는 칼은 주위에 놓지 말고 곧바로 지정된 장소에 보관한다.
- 칼날이 무뎌지는 것을 방지하려면 칼날을 수시로 갈아주어야 한다.
- 칼은 용도에 맞는 것을 선택하여 사용한다.
- 칼을 안전하게 사용하는 법을 정확히 숙지한다.
- 칼은 전용 칼꽂이를 사용해야 위생적이며, 보관상 부주의로 칼날이 무뎌지는 것을 방지할 수 있다.
- 칼은 가급적 단독으로 세척하고 다른 식기류와 함께 세척하지 않는다.
- 칼은 흐르는 물에 세척 후 브러시로 닦으며 손잡이를 물속에 오래 담가두지 않는다.
- 칼을 보관할 때에는 너무 높은 온도에 오랫동안 보관하지 않아야 한다.
- 식재료나 이물질이 칼에 배일 수 있으므로 세제를 사용해 깨끗이 세척한다.

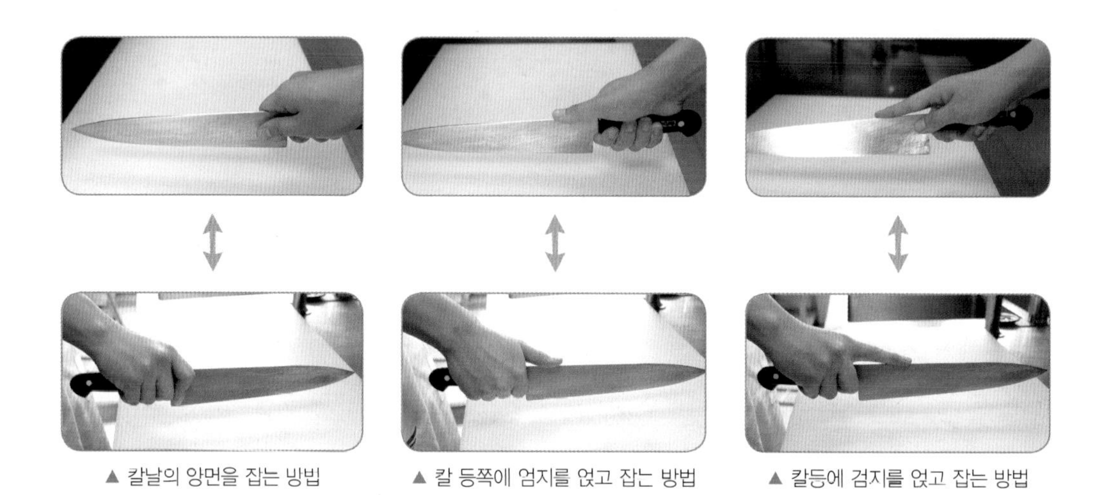

▲ 칼날의 양면을 잡는 방법　▲ 칼 등쪽에 엄지를 얹고 잡는 방법　▲ 칼등에 검지를 얹고 잡는 방법

2) 좋은 칼 고르는 법

주방에서 칼을 구입하기 전에 제일 먼저 확인할 것은 칼의 길이이다. 칼의 길이가 너무 길거나 짧으면 요리할 때 불편할 수 있다. 처음 조리를 시작하는 초보자는 20cm 길이 전후의 칼이 사용하기에 편리하다. 일단 칼을 손에 한번 쥐어보고 손잡이가 손에 맞는지 쥐기 편한지 등을 미리 확인하는 것이 좋다.

〈칼 고를 때 주의할 점〉

- 일자형과 유선형 손잡이 모양에 따라 그립감이 달라질 수 있으므로 손잡이를 잡았을 때 미끄럽지 않은지, 편안한지 살펴본다.
- 나무 소재의 칼 손잡이는 물에 자주 닿았을 때 세균 노출 우려가 있으므로 주의한다.
- 칼날의 소재는 각각의 특장점이 서로 다르기 때문에 잘 비교해서 자신에게 맞는 소재를 선택하여 사용한다.

3) 칼의 명칭

① 칼의 명칭

- 칼날 끝(Tip) : 칼의 끝부분으로 팁이라 부르기도 한다.
- 칼등(Back of Blade) : 칼날의 반대 부분인 등 쪽을 말한다.
- 칼날(Cutting Edge) : 칼의 날부분이며 자르는 부분을 말한다.
- 칼 몸(Blade) : 칼의 전체적인 부분으로 보았을 때 칼 몸통의 부분을 말한다.
- 칼 받침(Bolster) : 손잡이와 칼의 중간부분이다.
- 칼날 뒤꿈치(Edge Heel) : 손잡이 바로 앞받침의 앞부분 면을 말한다.
- 손잡이(Handle) : 칼을 사용할 때 손으로 잡아주는 부분을 말한다.
- 리벳(Rivet) : 칼의 손잡이를 움직이지 않게 고정시켜 주는 역할을 한다.

② 칼의 구조

• 칼날(Cutting Edge)

칼날에서 중앙과 칼날 끝은 가장 중요한 부분이며 모든 재료의 썰기를 할 때 사용한다. 가늘면서 뾰족한 칼날 끝은 섬세한 조리작업을 하는 데 적합하다. 현재 보편적으로 칼날의 재료로 가장 많이 쓰이는 것은 탄소함유가 높은 하이카본 스테인리스 스틸이다. 하이카본 스테인리스 스틸은 카본 스틸과 스테인리스 스틸의 장점을 결합시킨 것이며 카본의 함량을 더 높여서 칼날을 더 날카롭게 하여 스테인리스를 변색되지 않게 하고 녹을 방지하는 역할을 한다.

• 칼 몸(Blade)

칼의 몸 부분은 칼의 중간 부분이며 몸체의 두께와 형태는 칼의 유형과 기능에 따라 조금씩 차이가 있다. 일반적으로 많이 사용하는 식칼은 몸체가 두껍고 단단하며 톱니 칼이나 빵칼은 두께가 얇고 유연하게 움직인다.

• 칼 받침(Bolster)

손잡이와 몸체 사이의 두꺼운 금속 부분이며 칼의 무게중심을 잡아주고 식재료에 칼을 넣었을 때 칼 몸이 끝까지 들어가지 않도록 잡아줘 편리하게 칼질을 할 수 있게 도와준다. 손잡이와 칼 몸통을 잇는 받침부분으로 칼질을 할 때 손가락과 칼날의 거리를 적당히 유지해 준다.

• 손잡이(Handle)

조리사가 칼을 잡는 방법에 따라 정교한 작업이 가능한지 여부와 조리사의 피로도에도 큰 영향을 미친다. 칼의 손잡이는 손에 편안하게 꼭 맞는 것이어야 하고 제조업자들은 유형별로 여러 가지 손잡이를 생산하여 테스트한다. 칼을 잡을 때 손 안에 편안하게 잡히는 손잡이가 작업을 쉽고 빨리 하는 데 도움이 된다. 손잡이가 손에 잘 맞지 않으면 쉽게 피로해지며 근육에 경련이 일어나기 쉽다. 칼의 손잡이 재질로 가장 많이 사용되는 것은 장미목인데 그 이유는 매우 단단하고 매끄러워 쉽게 쪼개지지 않기 때문이다. 그리고 플라스틱 손잡이는 물이나 중성세제에도 강하다.

• 리벳(Rivet)

리벳부분은 손잡이와 손잡이 쇠를 강하게 결합시키기 위해 양쪽을 관통해 결합시키는 부품이다. 리벳 대신 아교로 붙인 손잡이는 품질이 낮은 제품이므로 피하는 것이 좋으며 리벳이 평평해야 음식물이나 이물질이 끼지 않고 세균 번식을 막을 수 있다.

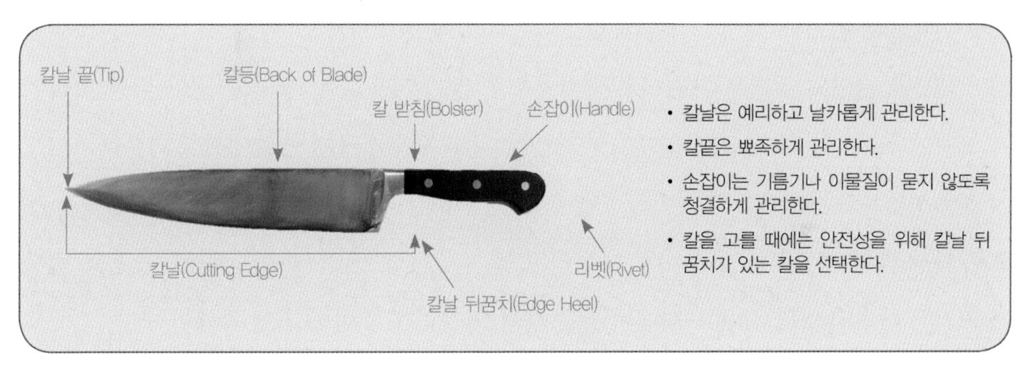

▲ 칼의 명칭 및 구성

4) 올바르게 칼 가는 법

주방에서 많이 사용하는 칼의 날은 항상 예리하고 날카롭게 세워서 사용해야 하며 무딘 칼은 예리하게 날이 선 칼보다 사용하는 데 더 위험하다. 무딘 칼은 식재료를 썰기 위해 많은 힘이 필요하므로 잘못 사용하면 크게 다칠 수 있기 때문이다.

칼을 갈 때에는 바른 자세와 정신 집중이 요구되며 먼저 숫돌과 칼날의 각도는 60~70° 정도로 칼의 앞면을 숫돌에 부착하고 오른손으로 칼의 손잡이를 잡는다. 오른손의 검지는 칼등에 대고 엄지는 칼의 뒷면에 대어 남은 세 손가락으로 칼자루를 쥐는 것이 좋은 방법이다. 칼을 제대로 잡았으면 숫돌 사이의 각도를 10~20° 정도로 하고 칼의 뒷면에 왼손을 대고 왼손의 검지, 중지, 약지 세 손가락을 칼의 뒷면에 일직선으로 대야 한다. 이때 세 손가락은 숫돌 바깥쪽으로 나가면 안 되며 숫돌의 중심에서 벗어나지 않도록 해야 한다. 만약 숫돌을 벗어난 채로 손을 대고 갈면 칼날에 장애가 생겨 손가락이 닿지 않는 곳은 숫돌에 갈아도 그 부분은 올바르게 갈리지 않는다.

칼의 날을 세우기 위해서는 숫돌에 문질러 칼날을 날카롭게 갈아주는 것이 가장 좋으며 먼저 거친 숫돌로 칼날의 방향을 앞쪽을 향하게 해서 밀 때는 힘을 주고 당길 때는 힘을 빼면서 간 후, 고운 숫돌로 날을 세운다.

일반적으로 칼을 갈 때 편날 연마일 때는 앞면 90%, 뒷면 10% 정도로 갈아주고, 양날 연마일 때는 앞면 50%, 뒷면 50%를 갈아준다.

숫돌의 종류는 용도별로 초벌, 중간, 마무리 이렇게 3가지로 나눌 수 있으며 초벌은 100~600방 사이의 것으로 거칠어서 연삭용으로 많이 사용한다. 칼을 만들고 나면 자국이나 코팅이 되어 있는데 그것을 없애고 가다듬기 위해 처음에 초벌 숫돌에서 갈아준다.

중간 숫돌은 900~2000방 사이의 숫돌을 말하는데 칼이 무뎌지기 시작할 때 사용하는 것으로 가장 많이 사용되는 숫돌이다. 마무리 숫돌은 일반적으로 3000방 이상의 숫돌로 입자가 고와서 대리석 바닥 같은 느낌이며 날을 다듬고 정리해 주며 표면에 광택이 난다.

〈올바르게 칼을 갈기 위한 방법〉

① 숫돌에 수분이 충분히 배어들기 한 시간 전부터 물에 충분히 담가둔다.

② 테이블에 젖은 행주를 깔고 그 위에 숫돌대를 놓고 숫돌이 움직이지 않게 고정시킨다.

③ 숫돌은 항상 표면이 평평하도록 문질러서 사용한다.

④ 칼을 갈기 전에 숫돌의 표면에 물을 충분히 적시고 숫돌 표면에 있는 불순물을 완전히 제거한 뒤에 사용한다.

⑤ 숫돌이 놓인 쪽과 같은 방향으로 양발의 위치를 고정시킨다.

⑥ 칼을 오른손으로 잡고 왼손의 손끝으로 칼 표면을 누르고 칼을 숫돌에 대고 천천히 간다.

⑦ 숫돌의 앞쪽 부분에서 반대쪽을 향해 칼을 이동하고 숫돌의 전면을 사용하여 칼을 갈아준다.

⑧ 양날의 경우에는 양면을 같은 횟수로 갈고 편날의 경우에는 앞쪽 면을 90%, 뒤쪽 면을 10% 정도 갈아준다.

⑨ 칼을 간 후에는 칼날 부분과 손잡이 부분을 물로 깨끗이 씻어 마른행주로 닦아주고 여분의 수분을 완전히 제거한다.

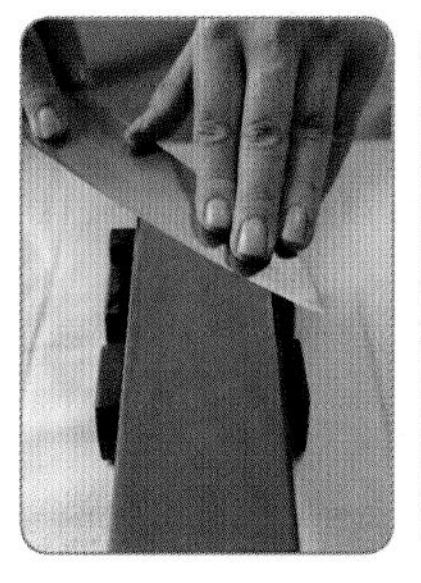 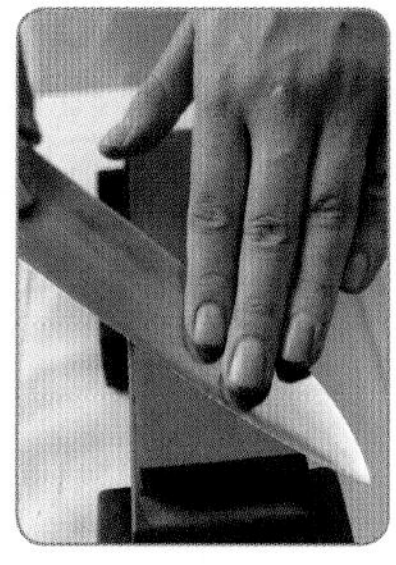 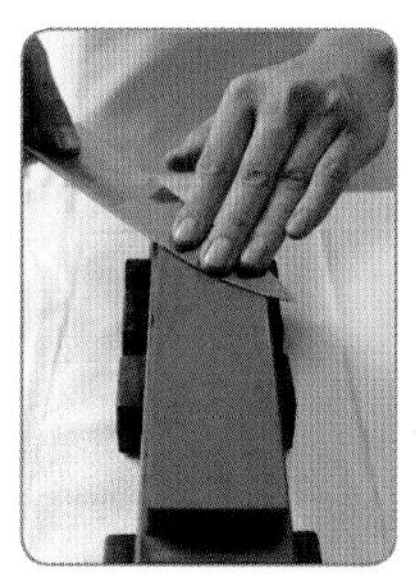 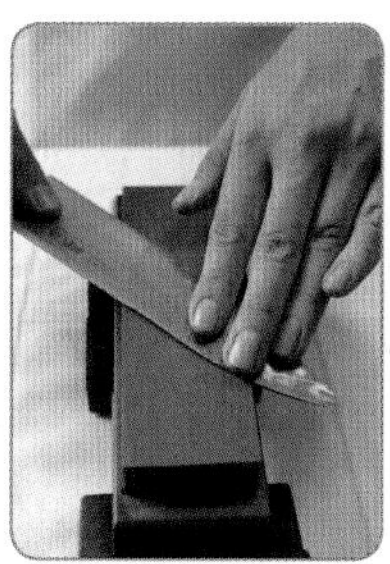 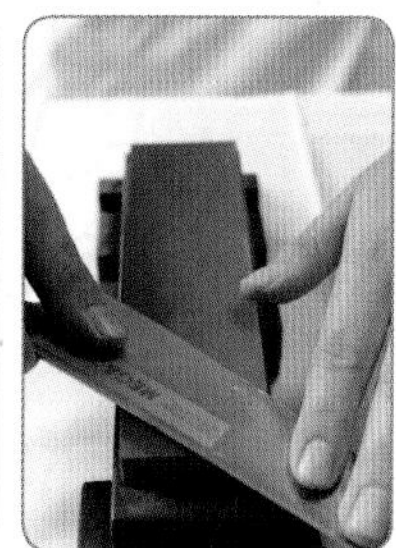

5) 칼의 종류 및 사용

① 일반 조리용 칼(Cook's Knife)

가장 일반적인 조리용 칼이며 칼날의 길이는 매우 다양하나 20~25cm를 가장 많이 쓰며 칼날의 곡선이 부드럽고 폭이 넓어 재료를 썰 때 도마와의 충격을 완화시켜 준다.

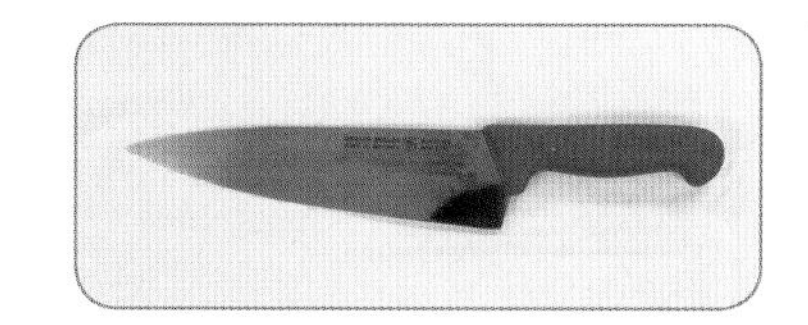

② 다용도 칼(Utility Knife)

일반적으로 여성들이 많이 사용하며 과일, 채소, 김치, 생선을 얇게 슬라이스할 때 사용하고 프렌치 칼과 비슷하나 길이가 짧고 무게가 적게 나간다.

③ 육류에 사용되는 칼

- 보닝 나이프(Boning Knife) : 가르드망제니 부치숍에서 육류, 가금류, 어류의 살을 발라내거나 절단하는 데 꼭 필요한 칼이다. 칼날이 튼튼하며 날카롭고 청결하게 유지해야 하며 칼의 길이는 15cm 정도이다.

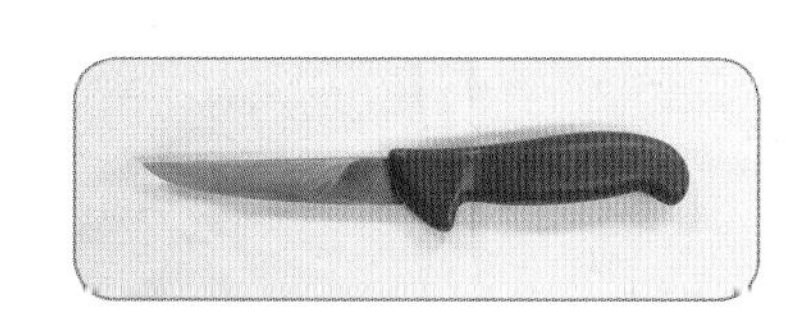

- 부처 나이프(Butcher Knife) : 육류의 해체 시 가장 편리하게 사용할 수 있는 칼이다.
- 클리버 나이프(Cleaver Knife) : 고기의 뼈를 자

를 때 사용하며 칼날이 두껍고 단단한 것이 특징이다. 칼이 무거울수록 사용하기 편하므로 가능하면 가장 무거운 것을 선택한다.

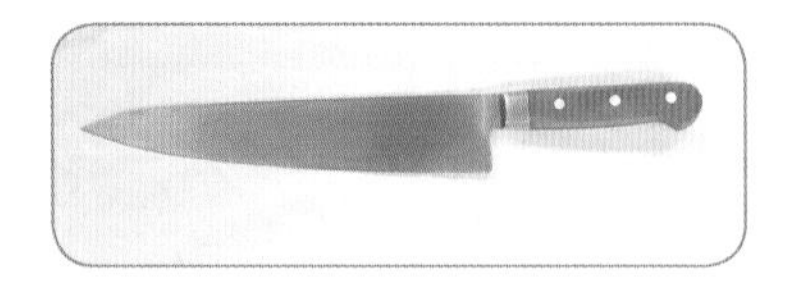

– 프렌치 나이프(French Knife) : 주방에서 가장 많이 사용하는 보편적인 칼의 종류이며 주로 육류나 생선의 큰 부위 절단에 사용된다. 칼의 길이는 32~36cm이다.

④ 채소에 사용되는 칼

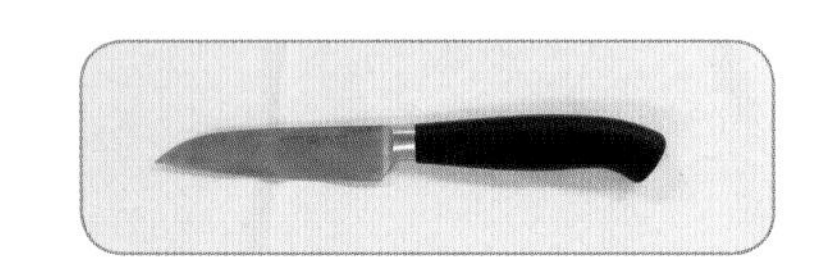

– 페어링 나이프(Paring Knife) : 칼날이 짧은 나이프로 채소나 과일을 모양내거나 다듬을 때 사용하고 칼의 길이는 15~18cm이며 껍질을 벗기는 데 사용된다.

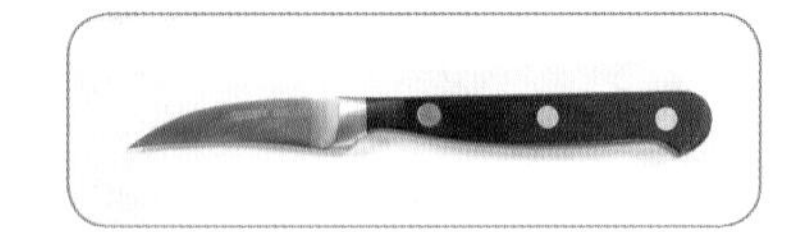

– 필링 나이프(Peeling Knife) : 칼 중 가장 작은 사이즈로 칼날 부분이 곡선 처리되어 있다. 작은 과일이나 채소의 껍질을 벗겨 모양내기에도 좋다.

⑤ 생선에 사용되는 칼

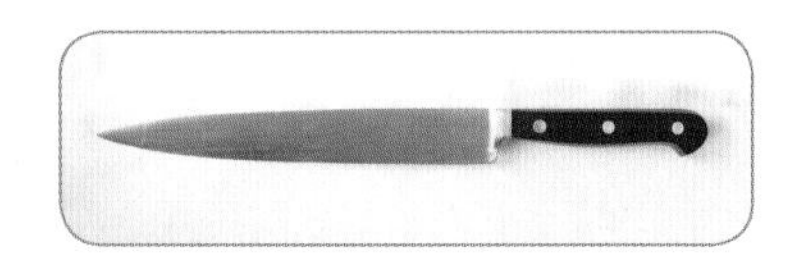

– 피시 나이프(Fish Knife) : 생선의 뼈를 발라내고 생선살을 자를 때 사용하며 칼 길이의 날이 유연하고 칼끝이 뾰족하다.

⑥ 빵에 사용되는 칼

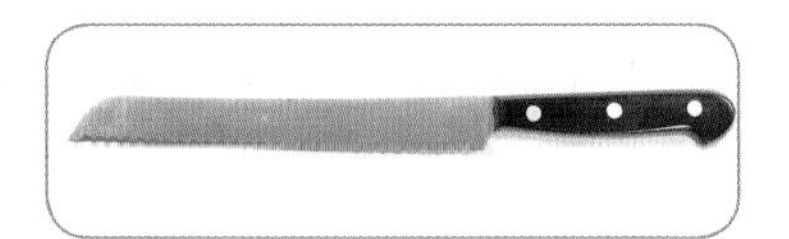

– 브레드 나이프(Bread Knife) : 베이커리 업장에서 껍질이 딱딱한 빵 종류를 자를 때 사용한다.

⑦ 카빙에 사용되는 칼

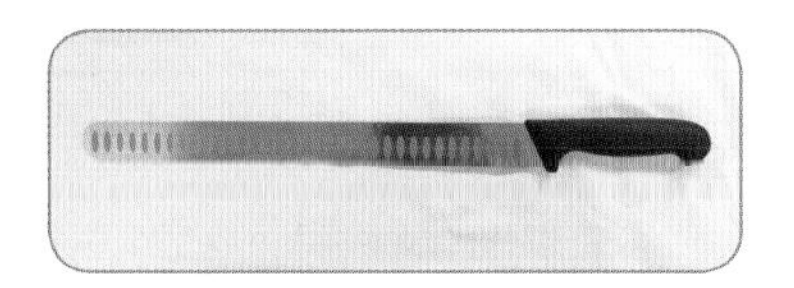

– 카빙 나이프(Carving Knife) : 카빙 테이블에서

로스트비프나 가금류를 썰 때 사용하며 회처럼 정교한 두께로 슬라이스할 때도 유용하다.

⑧ 치즈에 사용되는 칼

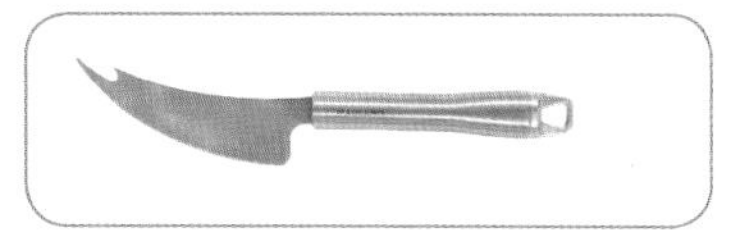

- 치즈 나이프(Cheese Knife) : 칼날에 톱니 모양으로 구멍이 나 있는 게 특징이며 치즈를 자를 때 칼날에 치즈가 달라붙지 않는 이유가 바로 이 때문이다.
  치즈를 자를 때 사용하며 칼끝이 살짝 올라간 부분은 치즈를 접시에 옮길 때 사용한다.

⑨ 다용도 칼

- 그레이터(Grater) : 치즈나 채소를 자를 때 사용한다.
- 그레이프프루츠 나이프(Grapefruits Knife) : 자몽을 웨지 모양으로 편리하게 자를 때 전용으로 사용한다.
- 달걀 절단기(Egg Slicer) : 달걀을 일정한 두께로 자를 때 사용한다.

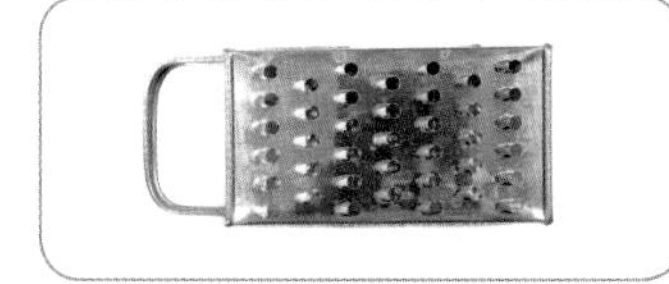

▲ 그레이터

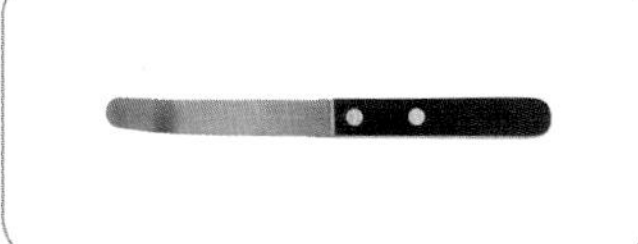

▲ 그레이프프루츠 나이프

▲ 달걀 절단기

- 데커레이팅 나이프(Decorating Knife) : 과일이나 채소를 모양내서 자를 때 사용한다.
- 버터 스크레이퍼(Butter Scraper) : 버터를 모양내서 긁을 때 사용한다.
- 볼 커터(Ball Cutter) : 당근, 감자, 과일 등을 크기에 따라 둥글게 잘라낼 때 사용한다.

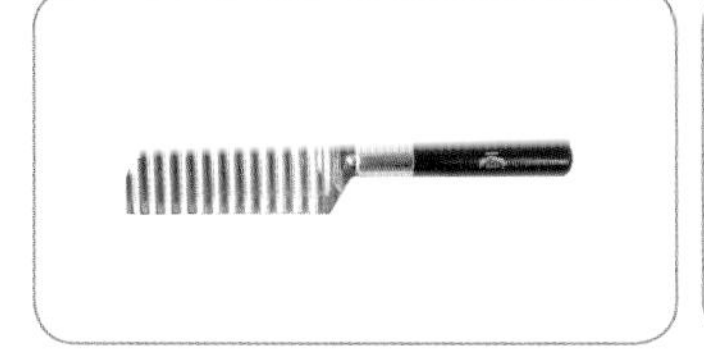

▲ 데커레이팅 나이프

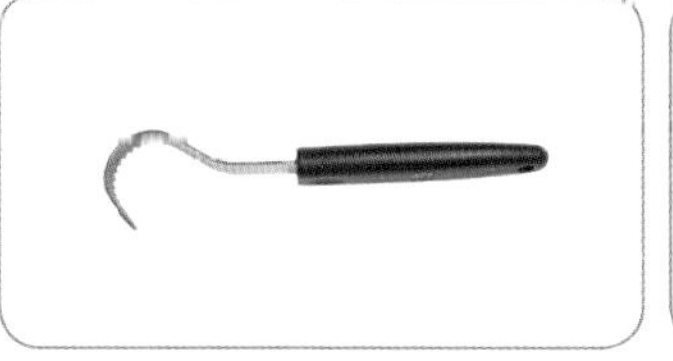

▲ 버터 스크레이퍼

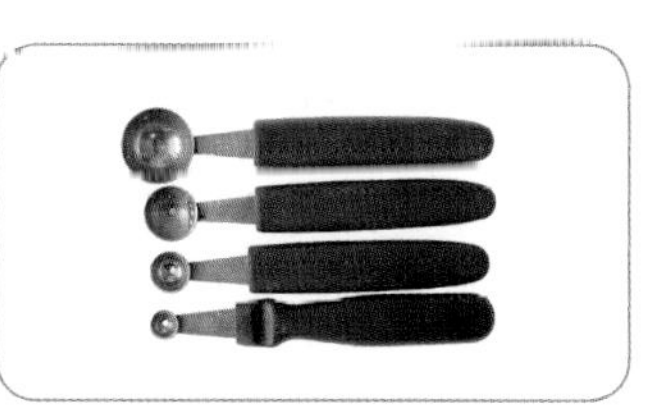

▲ 볼 커터

– 오이스터 나이프(Oyster Knife) : 굴이나 조개류의 껍질을 쉽게 벗길 수 있는 칼이다.

– 올리브 스토너(Olive Stoner) : 올리브 씨를 제거할 때 사용한다.

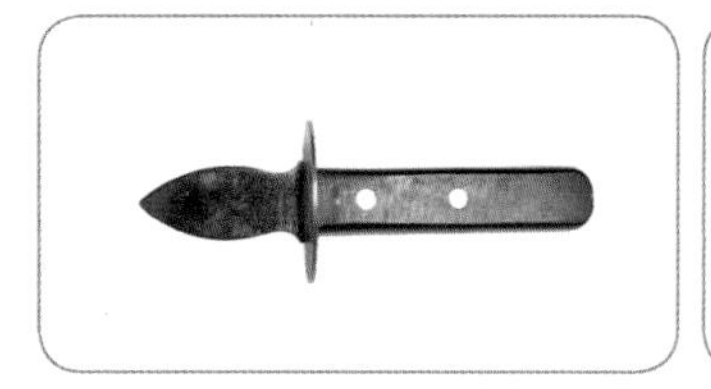

▲ 오이스터 나이프

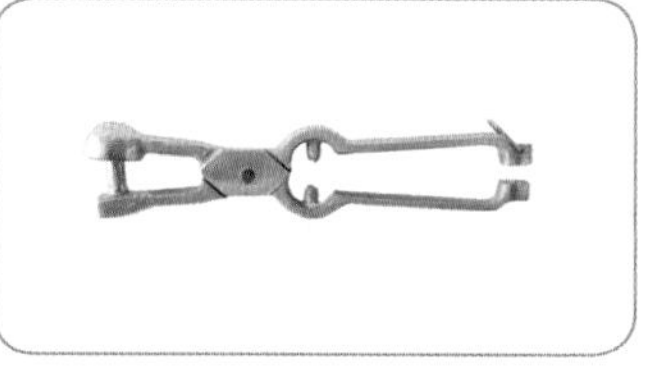

▲ 올리브 스토너

– 캔 오프너(Can Opener) : 캔 종류를 오픈할 때 사용한다.

– 포테이토 필러(Potato Peeler) : 감자나 채소의 껍질을 벗길 때 사용한다.

– 피시 본 피커(Fish Bone Picker) : 생선살에 있는 뼈를 제거할 때 사용한다.

– 피시 스케일러(Fish Scaler) : 생선의 비닐을 벗길 때 사용한다.

▲ 캔 오프너

▲ 포테이토 필러

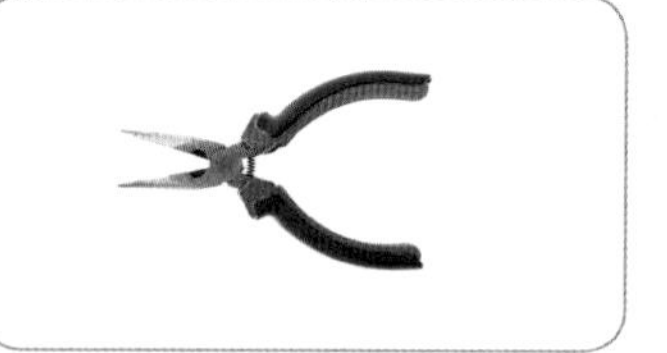

▲ 피시 본 피커

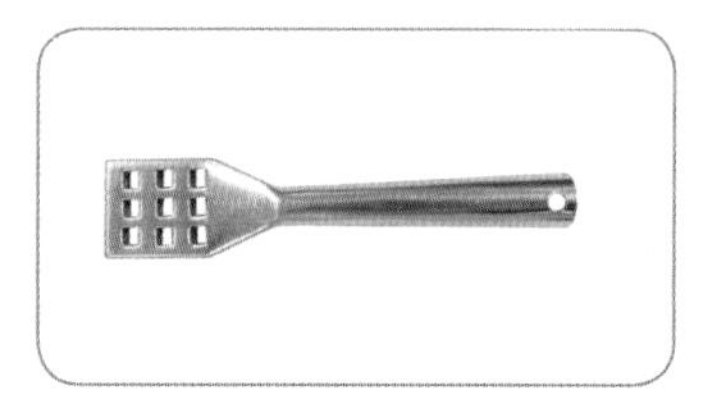

▲ 피시 스케일러

11. 채소 썰기

기본적인 채소 썰기 방법은 서양요리를 익히기 위한 첫걸음마 과정으로 볼 수 있을 정도로 중요하다. 칼을 잡고 써는 방법부터 채소의 규격에 따르는 용어, 써는 방법을 선행적으로 익히고 나서 다른 조리법을 하나씩 배워 나가야 한다. 여러 가지 채소를 일정한 크기와 모양으로 썰고 싶을 때는 칼끝을 수직으로 내려서 써는 것이 가장 중요하다. 재료를 쥔 왼손의 손가락을 누르듯이 칼의 측면에 대고 방향을 고정한다. 칼질이 손에 익지 않은 경우라면 손가락을 베일 염려가 있으므로 칼을 약간 뗀 채로 연습하는 것이 좋다. 또 재료를 깨끗하고 가지런하게 썰려면 한꺼번에 너무 많은 양을 썰려는 욕심을 내면 안 된다.

기본적인 식재료 써는 방법으로는 밀어 썰기, 당겨 썰기, 내려 썰기의 3가지 방법이 가장 많이 사용된다.

- 밀어 썰기는 칼을 잡고 밀면서 식재료를 써는 방법으로 칼의 앞쪽에 힘을 가하여 썰면 썰리는 면이 깨끗하게 썰린다.
- 당겨 썰기는 칼을 앞쪽으로 당기면서 식재료를 써는 방법으로 칼의 손잡이 쪽에 힘을 가하여 썰면 가장 빠르게 썰 수 있는 장점이 있다.
- 내려 썰기는 칼을 아래로 내려 써는 방법으로 칼끝 쪽을 도마에 붙이고 힘을 가하여 썰면 손을 다칠 확률이 낮고 주로 식재료를 다질 때 많이 사용한다.

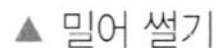
▲ 밀어 썰기

▲ 당겨 썰기

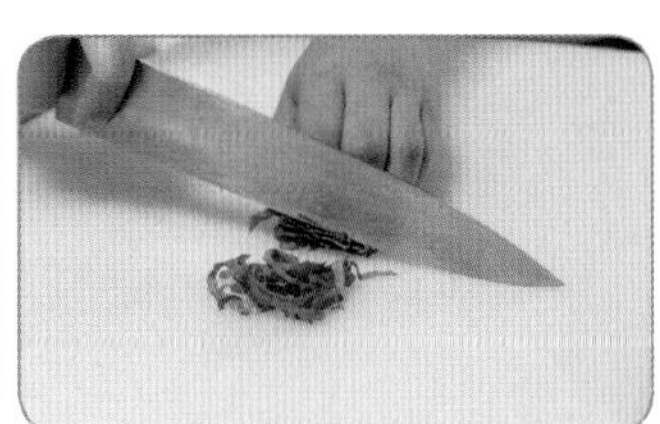
▲ 내려 썰기

또한 칼날의 부위에 따라 써는 방법으로 칼날의 안쪽 부분은 식재료를 다질 때나 딱딱한 재료를 썰 때 많이 사용하며, 칼날의 중간부분은 가장 빠르게 채 썰 때 많이 사용하고 칼날의 끝쪽 부분은 식재료를 얇게 편으로 썰거나 작은 재료를 썰 때 많이 사용한다.

1) 기본적인 채소 썰기 방법

• 라지 쥘리엔(Large Julienne)

당근, 무, 감자, 셀러리 등의 채소를 0.8cm×0.8cm×6cm 길이의 네모막대형 모양으로 써는 방법

▲ 라지 쥘리엔

• 미디엄 쥘리엔(Medium Julienne)

당근, 무, 감자, 셀러리 등의 채소를 0.3cm×0.3cm×6cm 길이의 성냥개비 모양으로 써는 방법

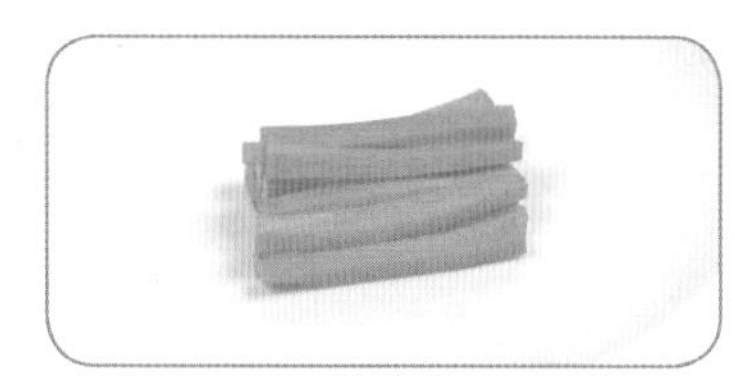

▲ 미디엄 쥘리엔

• 파인 쥘리엔(Fine Julienne)

당근, 무, 감자, 셀러리 등의 채소를 0.15cm×0.15cm×5cm 길이로 가늘게 채 써는 방법

▲ 파인 쥘리엔

• 라지 다이스(Large Dice)

채소의 크기를 2cm×2cm×2cm의 주사위 모양으로 써는 방법

▲ 라지 다이스

• 미디엄 다이스(Medium Dice)

채소의 크기를 1.2cm×1.2cm×1.2cm의 주사위 모양으로 써는 방법

▲ 미디엄 다이스

• 스몰 다이스(Small Dice)

채소의 크기를 0.6cm×0.6cm×0.6cm의 주사위 모양으로 써는 방법

▲ 스몰 다이스

• 브뤼누아즈(Brunoise)

채소의 크기를 0.3cm×0.3cm의 작은 네모 썰기로 정육면체 형태이다.

▲ 브뤼누아즈

• 파인 브뤼누아즈(Fine Brunoise)

채소의 크기를 0.15cm×0.15cm×0.15cm의 가장 작은 주사위 모양으로 써는 방법

▲ 파인 브뤼누아즈

• 페이잔느(Paysanne)

채소의 크기를 1.2cm×1.2cm×0.3cm의 납작한 네모 형태로 써는 방법

▲ 페이잔느

• 쉬포나드(Chiffonade)

실처럼 가늘게 써는 것으로 대파나 상추잎 등 주로 허브잎 등을 가늘게 써는 방법

▲ 쉬포나드

• 콩카세(Concasse)

토마토를 0.5cm 크기의 정사각형으로 써는 방법

▲ 콩카세

• 샤토(Chateau)

달걀 모양으로 가운데가 굵고 양쪽 끝을 5cm 정도의 길이로 가늘게 써는 방법

▲ 샤토

• 슬라이스(Slice)

채소를 얇게 저며서 써는 방법

▲ 슬라이스

• 찹핑(Chopping)

채소를 곱게 다지는 방법

▲ 찹핑

• 마세두안(Macedoine)

채소의 크기를 1.2cm×1.2cm×1.2cm의 주사위 형태로 써는 방법

▲ 마세두안

• 올리베트(Olivette)

중간부분이 둥글며 위스키통이나 올리브 모양으로 써는 방법

▲ 올리베트

• 투르네(Tourner)

채소를 둥글게 만드는 조리과정으로 감자나 사과, 배 등의 둥근 과일이나 뿌리채소를 돌려가며 깎아내는 방법

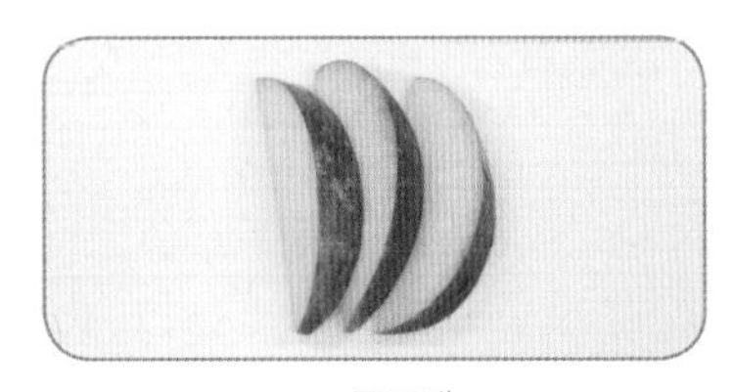
▲ 투르네

- 파리지엔(Parisienne)

  채소나 과일을 둥근 구슬 모양으로 파내는 방법

▲ 파리지엔

- 로젠지(Lozenge)

  채소의 두께를 가로 0.4cm, 세로 1~1.2cm 정도의 다이아몬드 모양으로 써는 방법

▲ 로젠지

- 퐁 뇌프(Pont Neuf)

  채소의 크기를 0.5cm×0.5cm×6cm의 길이로 써는 방법

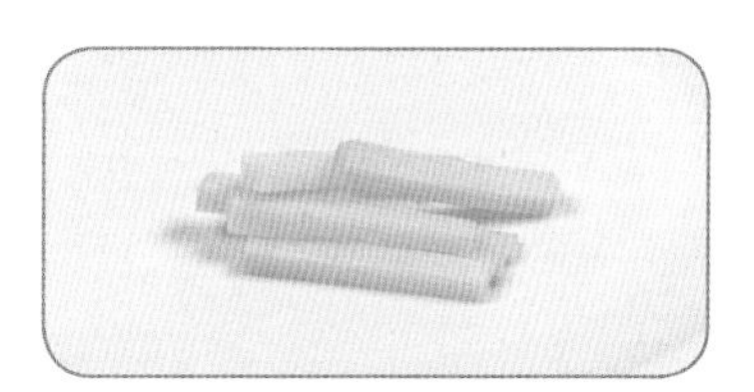

▲ 퐁 뇌프

- 뤼스(Russe)

  채소의 크기를 0.5cm×0.5cm×3cm의 길이가 짧은 막대기형으로 써는 방법

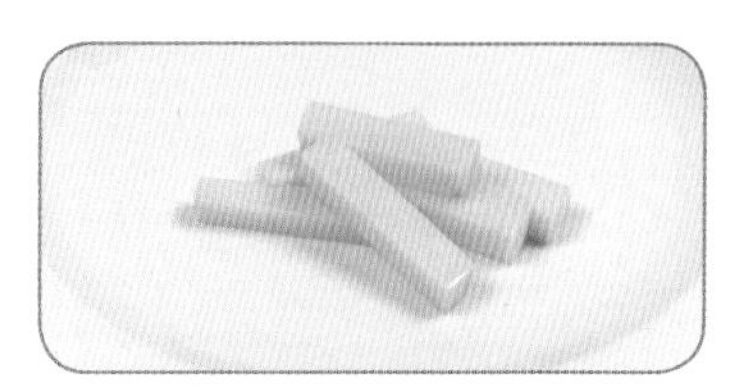

▲ 뤼스

- 캐럿 비시(Carrot Vichy)

  당근의 크기를 0.7cm 정도의 두께로 둥글게 썰어 가장자리를 비행접시 모양으로 둥글게 도려내어 모양내는 방법

▲ 캐럿 비시

• 웨지(Wedge)

둥근 형태의 과일 또는 채소를 반달모양으로 써는 방법

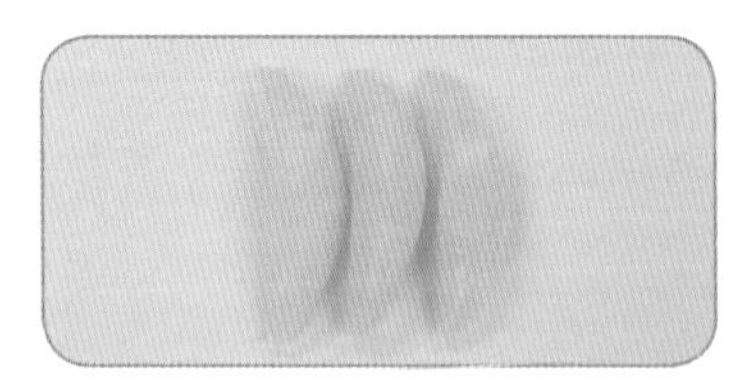

▲ 웨지

• 플러팅(Fluting)

작은 칼 끝부분을 사용하여 양송이버섯에 홈을 파서 모양을 내는 방법

▲ 플러팅

• 롱델(Rondelles)

라운드 모양으로 간단한 썰기이며 당근, 애호박, 가지와 같은 채소를 원반형으로 써는 방법

▲ 롱델

12. 감자요리

1) 감자요리의 종류

① 보일드 포테이토(Boiled Potato)

감자는 껍질을 벗겨 반으로 잘라 5조각의 럭비공 모양으로 깎아서 끓는 소금물에 삶는다. 거의 익을 무렵에 버터를 조금 넣고 맛을 가미하여 감자를 제공하기 전에 버터를 발라 다진 파슬리를 뿌려 완성한다.

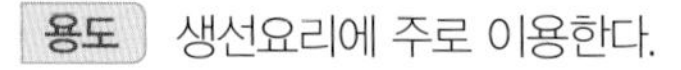

용도 생선요리에 주로 이용한다.

▲ 보일드 포테이토

② 프렌치 프라이드 포테이토(French Fried Potato)

감자의 껍질을 벗긴 다음 길이 6cm, 굵기 1cm×1cm 정도로 썰어 끓는 물에 소금을 약간 넣고 살짝 삶아서 건져 수분을 제거한다. 식용유를 180℃로 데운 후, 엷은 갈색이 날 때까지 튀긴다.

용도 샌드위치나 육류요리의 가니쉬로 사용한다.

▲ 프렌치 프라이드 포테이토

③ 매치스틱 포테이토(Matchstick Potato)

감자의 껍질을 벗긴 다음 성냥개비 길이와 굵기로 썰어서 끓는 소금물에 살짝 삶아 기름에 튀긴다.

용도 샌드위치나 육류요리에 주로 사용한다.

▲ 매치스틱 포테이토

④ 올리베트 포테이토(Olivette Potato)

감자를 1/4로 길게 가른 다음 올리브형으로 끝을 뾰족하게 깎아서 버터를 발라 오븐에 굽거나 소금물에 살짝 삶아 튀겨낸다.

용도 생선요리에는 삶아서 사용하고 육류나 가금류에는 튀겨서 사용한다.

▲ 올리베트 포테이토

⑤ 샤토 포테이토(Chateau Potato)

감자를 1/4로 길게 자른 다음 5cm 정도의 길이와 굵기 1.5~2cm의 럭비공 모양으로 만들어 살짝 삶아 정제버터에 볶거나 튀겨서 사용한다.

용도 육류요리에 많이 사용한다.

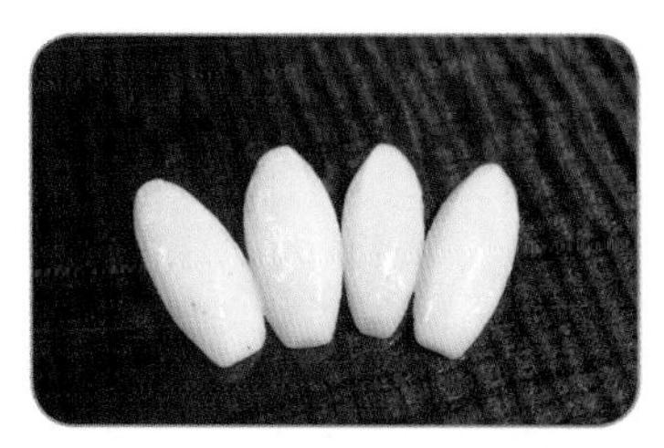

▲ 샤토 포테이토

⑥ 안나 포테이토(Anna Potato)

감자의 껍질을 벗겨 원통형으로 다듬어 직경 2.5cm 정도에 두께 0.2cm로 썰어 살짝 삶은 후 기름에 튀겨서 둥근 몰드에 감자를 돌려가며 겹겹이 쌓아 모양을 만들어 오븐에서 갈색이 나게 굽는다.

용도 육류요리에 많이 사용한다.

▲ 안나 포테이토

⑦ 맥심 포테이토(Maxim Potato)

감자는 껍질을 벗겨 사방 2cm 정도의 주사위 형태로 썰어 끓는 소금물에 살짝 삶아 180℃의 기름에 튀겨 사용한다.

용도 육류요리나 가금류에 주로 사용하며, 생선요리에는 삶아서 사용한다.

▲ 맥심 포테이토

⑧ 크로켓 포테이토(Croquette Potato)

감자를 통째로 삶아 껍질을 벗겨 으깬 후, 달걀노른자, 소금, 후추, 너트맥(nutmeg)을 넣고 골고루 섞어 길이 4cm, 두께 1.5cm 정도로 만들어 밀가루, 달걀, 빵가루를 묻혀 튀긴다.

용도 육류요리나 가금류요리에 많이 사용한다.

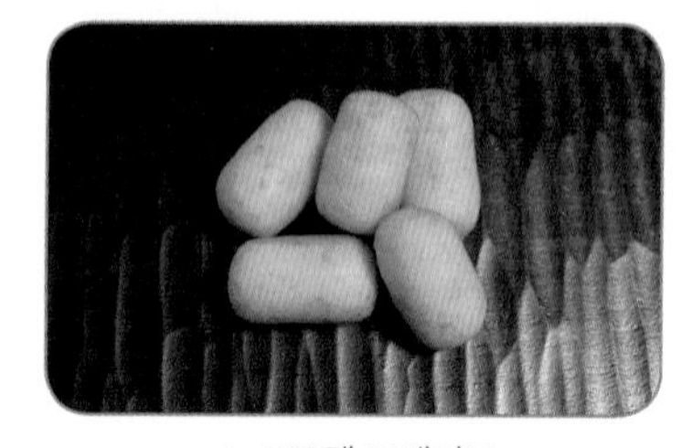

▲ 크로켓 포테이토

⑨ 윌리엄 포테이토(Williams Potatos)

감자를 통째로 삶아 껍질을 벗겨 으깬 후, 달걀노른자, 소금, 후추, 너트맥을 넣고 골고루 섞어 서양 배모양으로 만들어 밀가루, 달걀, 빵가루를 묻혀 꼭지 끝에 스파게티를 5cm 길이로 잘라 꽂은 뒤 냉장고에서 30분 이상 굳힌

▲ 윌리엄 포테이토

다음 180℃의 기름에 튀겨서 완성한다.

용도 육류요리에 많이 사용한다.

⑩ 포테이토 칩(Potato Chip)

감자는 껍질을 벗겨 만돌린을 이용해 1mm 두께로 썰어 찬물에 담갔다가 전분을 제거하고 180℃의 기름에 갈색이 나게 튀긴다.

용도 샌드위치 가니쉬나 육류요리에 사용한다.

▲ 포테이토 칩

⑪ 더치스 포테이토(Duchess Potato)

감자는 껍질을 벗겨 완전히 푹 삶아 물기를 제거하고 으깬 후 소금, 후추, 너트맥, 달걀노른자를 넣어 골고루 섞어준다. 짤주머니의 파이핑을 이용해 예쁘게 짠 후, 200℃ 오븐에 10~12분 정도 넣어 색깔을 낸다.

용도 육류요리나 가금류요리에 사용한다.

▲ 더치스 포테이토

⑫ 해시 브라운 포테이토(Hash Brown Potato)

감자는 통째로 삶아 껍질을 벗기고 강판에 갈아준다. 으깬 감자에 달걀, 우유, 다진 양파, 소금을 넣고 지름 4~5cm, 두께 1cm 정도로 만든 뒤 팬에 버터를 녹여 갈색으로 구워준다.

용도 조식에 달걀요리와 함께 제공한다.

▲ 해시 브라운 포테이토

⑬ 로레테 포테이토(Lorette Potato)

감자를 통째로 삶아 껍질을 벗겨 으깬 후 달걀노른자, 소금, 후추, 너트맥을 넣고 골고루 섞어 바나나 모양으로 만든 뒤 밀가루, 달걀, 빵가루를 묻혀 냉장고에서 30분 이상 굳힌 다음 180℃의 기름에 튀겨서 완성한다.

▲ 로레테 포테이토

용도 육류요리나 가금류요리에 사용한다.

⑭ 리오네즈 포테이토(Lyonnaise Potato)

감자는 껍질을 벗기고 둥근 막대형으로 잘라 두께 0.3cm 정도로 썰어 중간 정도로 삶은 후, 정제버터에 얇게 썬 베이컨을 볶다가 슬라이스한 양파를 볶고 감자를 넣고 색이 날 정도로 볶아 소금, 후추로 간한다. 리오네즈 포테이토는 프랑스 리옹 지방의 대표적인 감자요리로 양파가 반드시 들어가야 한다.

▲ 리오네즈 포테이토

용도 메인요리나 조식요리에 사용한다.

⑮ 와플 포테이토(Waffle Potato)

감자의 껍질을 벗겨 만돌린으로 그물모양으로 썬 뒤 기름에 튀겨서 완성한다.

▲ 와플 포테이토

용도 샌드위치 가니쉬나 육류요리에 사용한다.

⑯ 웨지 포테이토(Wedge Potato)

감자를 깨끗이 씻어 통째로 중간 정도로 삶아서 웨지형으로 자른 다음 밀가루와 케이준 스파이스, 소금, 후추로 간하여 튀긴다.

▲ 웨지 포테이토

용도 육류요리나 가금류요리에 사용한다.

⑰ 퐁당 포테이토(Fondant Potato)

감자는 껍질을 벗겨 샤토 모양보다 약간 크고 굵게 만들어 로스트 팬에 감자와 버터, 비프 스톡을 넣고 오븐에서 익힌다.

용도 육류요리나 가금류요리에 사용한다.

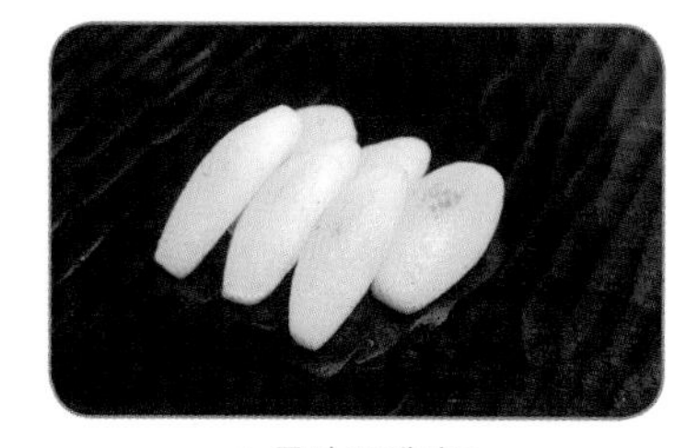

▲ 퐁당 포테이토

⑱ 파리지엔 포테이토(Parisienne Potato)

감자는 껍질을 벗겨 파리지엔 나이프를 사용하여 둥글게 볼을 만들어 버터로 볶거나 구워서 사용한다.

용도 육류요리나 가금류요리에 사용한다.

▲ 파리지엔 포테이토

⑲ 스킨 스터프트 포테이토(Skin Stuffed Potato)

감자는 깨끗이 씻어서 통째로 삶아 반으로 자른 뒤 감자 속을 둥글게 파낸 후, 기름에 튀겨낸다. 다진 베이컨과 양파를 볶아서 으깬 감자와 버터, 너트맥, 소금, 후추로 간하여 튀겨낸 감자 속에 채워 넣고 빵가루나 파마산(파르메산) 치즈를 뿌려 오븐에서 굽는다.

용도 육류요리나 가금류요리에 사용한다.

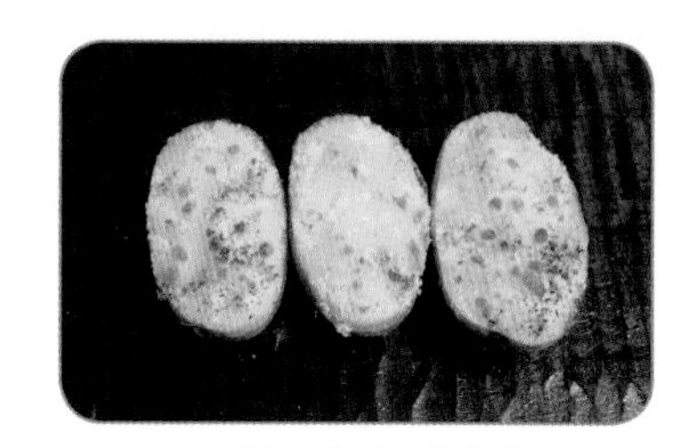

▲ 스킨 스터프트 포테이토

⑳ 파르망티에 포테이토(Parmentier Potato)

감자는 껍질을 벗겨 가로세로 1.5cm의 크기로 썬 뒤 기름에 튀겨 오븐에서 노릇하게 구워 버터, 다진 파슬리를 뿌려 골고루 버무린다.

용도 육류요리나 조식요리에 가니쉬로 사용한다.

▲ 파르망티에 포테이토

㉑ 베르니 포테이토(Berny Potato)

감자 크로켓 반죽을 지름 2.5cm의 공 모양으로 만들어 밀가루에 굴린 후, 달걀, 빵가루와 아몬드를 묻혀 180℃의 기름에 튀겨서 완성한다.

용도 육류요리나 가금류요리에 사용한다.

▲ 베르니 포테이토

㉒ 매시트포테이토(Mashed Potato)

감자는 통째로 삶아 껍질을 벗겨 으깬다. 양파, 마늘, 베이컨을 볶아 백포도주에 조린 뒤 으깬 감자와 달걀노른자, 소금으로 간하여 골고루 섞어준다.

용도 육류요리, 가금류요리, 생선요리 등에 사용한다.

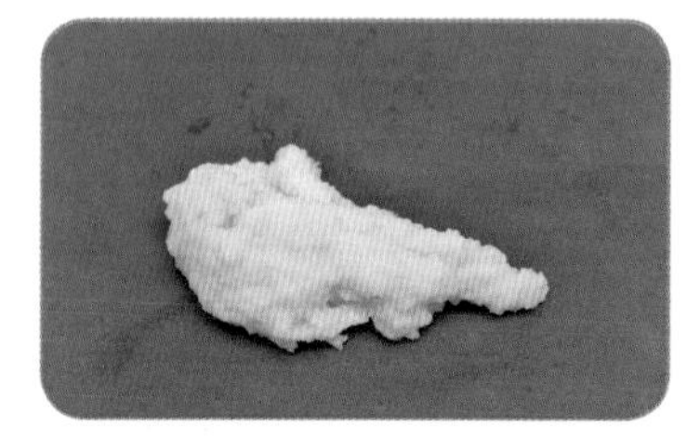

▲ 매시트포테이토

㉓ 베이키드 포테이토(Baked Potato)

통감자를 깨끗이 씻어 소금을 뿌려 쿠킹 호일로 감싼 후, 180~200℃의 오븐에서 서서히 굽는다. 구운 감자는 열십자형으로 칼집을 내어, 장미꽃 모양으로 벌린 다음 사워크림, 버터, 베이컨, 파슬리 촙을 뿌려 완성한다.

용도 육류요리, 가금류요리에 사용한다.

▲ 베이키드 포테이토

㉔ 그라탱 포테이토(Gratin Potato)

감자는 껍질을 벗겨 0.2mm 정도로 아주 얇게 슬라이스하고 그릇 밑부분에 버터를 바르고 잘게 다진 마늘을 뿌린 후, 감자를 넣고 소금, 후추, 너트맥으로 간하여 조린 생크림을 붓고 그뤼에르 치즈를 뿌려 오븐에서 익힌다.

용도 육류요리, 가금류요리, 생선요리 등에 사용한다.

▲ 그라탱 포테이토

13. 서양식 기본 조리방법

조리란 요리를 만드는 데 있어서 식품을 먹기 쉽게 하기 위해 가공하는 것을 말한다. 그러기 위해서는 음식을 어떻게 조리하는지에 대한 지식과 음식의 맛을 내기 위한 훈련된 미각과 후각 그리고 음식의 형태뿐만 아니라 색과 향을 조화롭게 만들 수 있어야 한다.

조리법은 식품의 종류와 음식에 따라 여러 형태로 변형된다. 좋은 조리법이란 재료 자체의 자연스러운 맛을 충분히 살릴 수 있으며 그 모양도 좋아야 한다. 크게 두 가지 조리법으로 나뉘는데 생으로 먹는 생식조리법과 가열과정을 거쳐 익히는 가열조리법이 있다. 가열조리법은 적정온도에서 재료를 넣고 끓여야 하며, 시간에 맞춰 재료가 충분히 익도록 하며 지나치지 않도록 해야 한다. 생식조리법은 재료를 생으로 조리하여 맛을 그대로 살려 먹게 하는 조리법이다.

1) 생식조리법

식품 그대로의 신선함과 질감, 맛을 느끼기 위한 조리방법으로 채소나 과일을 생으로 먹거나 신선한 육류, 어패류 등을 가열하지 않고 회로 먹을 경우 신선도와 위생적인 처리가 필요하다. 식품의 영양성분 손실이 적으며 식품 본래의 색이나 향, 풍미를 그대로 살릴 수 있다.

▲ 샐러드 조리법

▲ 신선한 채소 세척

2) 가열조리법

식품 조리 시 적정온도에서 적정시간 익혀야 하며 지나치게 익히면 영양의 손실, 연료의 낭비뿐만 아니라 식품의 풍미를 떨어뜨린다. 식품에 열을 가하면 미생물이나 병원균 및 기생충, 독소 등이 제거되어 위생적이고 안전하며 식품의 조직을 부드럽게 하여 소화에 도움을 준다.

▲ 건열조리법

▲ 습열조리법

① 습열조리법

뜨거운 수증기를 이용해 재료를 넣고 익히는 조리방법으로 대류와 전도의 원리를 이용한 것이다. 물속에 담가 직접적으로 조리하기도 하지만 수증기를 일정한 곳에 담아 그 안에서 압력과 함께 익혀서 조리하는 방법이다. 일반적으로 재료의 형태를 유지하기 좋으며, 부드러운 음식을 만들 때 효율적이다.

• 글레이징(Glazing)

글레이징은 샐러맨더나 오븐 또는 팬에 버터, 설탕, 육수 등을 넣고 서서히 졸여서 색이 나게 하는 조리법이다. 채소를 글레이징할 때는 물, 설탕, 버터를 넣고 채소는 마지막에 넣은 후 약한 불에서 채소가 타지 않도록 서서히 졸여주면 된다.

▲ 글레이징

• 보일링(Boiling)

▲ 보일링

식재료를 물과 육수에 넣고 익히는 방법으로 일반적으로 많이 사용되는 조리법이다. 물을 끓여 식재료를 삶을 때 서로 달라붙지 않도록 내용물이 물의 40%를 넘지 않는 게 좋다. 보일링은 식재료를 데칠 때 많이 사용되는데 물을 100℃까지 끓여서 가열하는 조리법으로 식재료를 완전히 담갔다가 살짝 익히는 방법으로 빨리 건져내어 찬물에 식혀야 한다.

• 스티밍(Steaming)

▲ 스티밍

뜨거운 수증기가 가득한 공간에 액체가 직접 닿지 않게 하여 재료를 익히는 것이다. 음식의 신선도를 유지하기 좋은 온도는 100℃ 이상이며, 보통은 200~250℃ 정도의 뜨거운 상태에서 조리해서 빠른 시간 안에 요리를 완성할 수 있다.

• 시머링(Simmering)

▲ 시머링

끓는 물의 온도 85~95℃에서 재료를 넣고 서서히 익히는 조리법이다. 시머링은 보일링(Boiling)과 달리 덜 수축하고 덜 증발하기 때문에 생선과 같이 부드러운 살을 가진 재료를 부서지지 않게 익힐 수 있으며, 소스와 같은 액체를 졸이기 위해 사용된다. 시머링은 맑은 육수(Stock)를 끓일 때 대표적으로 사용되며, 육류요리를 할 때는 잘 사용되지 않지만 끓는 물에 데칠 때 사용되기도 한다.

• 포칭(Poaching)

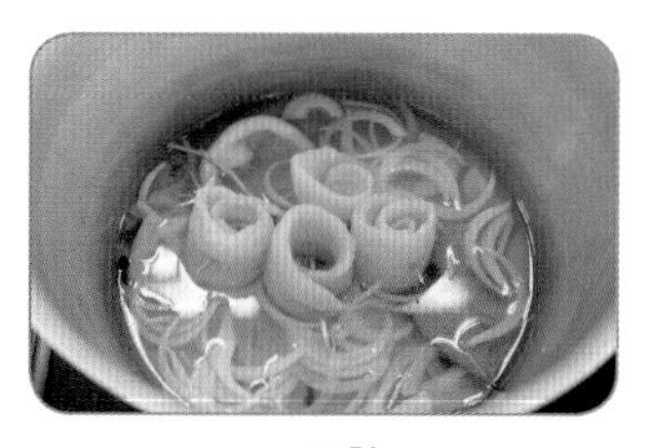
▲ 포칭

낮은 온도인 65~83℃에서 재료를 넣고 서서히 익히는 조리법이다. 포칭은 서서히 익히는 요리과정으로 음식이 건조되는 것을 막으며 80℃ 이상의 온도일 경우 재료의 단백질 및 비타민이 손상될 수 있으니 온도에 각별히 주의해야 한다. 일반적으로 달걀이나 생선을 조리할 때 많이 쓰이며, 음식에 같이 제공되는 소스로 포도주나 샬롯, 허브 종류를 넣고 조리하기도 한다.

② 건열조리법

건열조리법은 재료를 직접 가열하거나 간접적으로 불을 사용하는 조리방법이다. 재료에 열을 가하여 색이나 모양을 달리해 조리하기도 한다.

- 그릴링(Grilling)

식재료를 가스 · 전기 · 나무 같은 곳에 석쇠를 올려 익히는 조리방법이다. 재료를 신속하게 높은 열에서 조리할 수 있는 건열조리방법이다. 그릴링은 고기가 얇으면 높은 온도에서 재빨리 굽고 두꺼우면 불을 약하게 해서 서서히 익혀야 하며 스테이크를 구울 경우 음식이 달라붙지 않고 격자무늬를 만들기 위해 그릴에 45도로 비스듬히 올려서 굽는다.

▲ 그릴링

스테이크를 굽는 온도는 다음과 같다.

– Rare : 52℃

– Medium Rare : 55℃

– Medium : 60℃

– Medium Well Done : 65℃

– Well Done : 70℃

- 딥 프라잉(Deep Frying)

딥 프라잉(Deep Frying)은 180~190℃의 기름에 재료를 튀기는 조리방법이다. 식재료를 뜨거운 기름에 잠기게 하여 고온의 기름 속에서 단시간에 익힘으로써 영양소나 열량이 더해지면서 기름의 풍미가 더해진다. 식재료를 바로 튀기기보다는 빵가루 또는 튀김반죽을 입혀 재료의 모양이나 색

▲ 딥 프라잉

의 변형을 방지하고 기름을 흡수하므로 노릇노릇하게 해준다. 튀길 때는 항상 온도에 유의하며, 재료의 수분을 제거해 주어야 한다.

• 로스팅(Roasting)

오븐 속에서 뜨겁고 건조하게 공기에 의해서 음식을 익히는 조리법이다. 로스팅을 할 때 주로 사용되는 재료는 육류나 가금류이다. 로스팅은 팬에 높은 열을 가하여 뜨거워질 때 기름을 넣고 재료의 표면에 골고루 색을 낸 후 오븐에 넣어 로스팅하는데, 가열온도에 따라 맛이나 색에 영향을 미치며, 육류의 경우 낮은 온도에서 장시간 구우면 수분이나 지방이 손실된다. 로스팅을 할 때에는 재료에 가열한 열로 표면을 빠르게 구워 맛을 유지해 준다.

▲ 로스팅

• 소테(Saute)

팬을 뜨겁게 가열하여 기름이나 재료를 넣고 순간적으로 익히는 조리방법이다. 높은 온도에서 소테를 하는 이유는 재료의 색을 알맞게 할 수 있으며, 균일하게 조리되기 때문이다. 적은 양의 재료를 넣고 팬을 충분히 달구어 익히기 때문에 재료의 영양소가 파괴되거나 육류의 육즙이 없어지는 것을 방지한다. 소테를 하기 알맞은 재료로는 생선, 연한 살코기, 채소, 과일 등이 있는데 빠르게 조리할 수 있으며, 익히고 난 후 풍미를 유지할 수 있다.

▲ 소테

③ 복합조리법

• 브레이징(Braising)

오븐 속에서 뚜껑을 덮고 소량의 액체와 고기를 넣어 낮은 온도에서 구워 고기를 연하게 하는 조리법이다. 브레이징은 습열과 건열을 동시에 사용한 혼합방법이다. 또한 브

▲ 브레이징

레이징은 저온에서 서서히 끓여야 하고, 온도 조절이 중요하다. 서서히 끓이면 부드러워지면서 연하게 되지만, 저지방의 육류일 경우에는 질겨지기 때문에 유의한다. 식재료는 기름을 두른 팬이나 오븐에 넣고 갈색으로 색깔을 내어 소량의 액체 속에서 부드러워질 때까지 익힌다. 액체는 주로 스톡 이외에도 와인이나 물을 사용한다.

• 스튜잉(Stewing)

육류나 채소 등의 식재료를 넣고 기름에 볶아 육수나 소스를 넣고 농도를 걸쭉하게 하여 끓이는 조리법이다. 습열 방식으로 서서히 조리하면 육류가 연해지고 육즙이 풍부해져 맛이 깊어진다. 스튜를 만들 때 육류와 채소를 먼저 갈색이 되도록 볶은 후, 육수나 물을 넣고 서서히 끓이면 색깔이나 맛이 훨씬 좋아진다.

▲ 스튜잉

④ 전자레인지(Microwave Cooking)

전자레인지의 가열 조리원리는 전자기파의 일종인 마이크로파를 이용한 조리기구로 식품 내부에서 열을 발생시켜 식품을 가열하는 특징이 있다. 식품 조리 시 일반 조리법과의 차이점은 식품 가열시간이 짧고 영양소 파괴가 적다는 것이다. 조리가열 시 일반 조리에서는 용기부터 뜨거워지지만 전자레인지 가열 시에는 음식부터 뜨거워진다. 해동과 데우기에 많이 사용한다.

⑤ 훈연법(Smoke)

식품을 스모크(smoke, 연기)에 노출시켜서 향미를 주는 조리방법으로 콜드 스모킹(cold smoking)과 핫 스모킹(hot smoking)이 있다. 콜드 스모킹은 저온에서 식품이 익지 않고, 질감에 약한 탈수현상이 일어날 수 있으며 21~38℃의

▲ 훈연법

낮은 온도에서 스모킹한다.

핫 스모킹은 스모킹 과정 동안 식품이 익으며 소시지, 돼지 등심, 햄, 삼겹살, 가금류(오리, 칠면조, 닭고기) 등을 71~104℃에서 스모킹한다.

스모크 안에는 약 200개의 화학적 혼합물이 있어 육류에 스모킹을 하면 색깔을 부여하고 향미가 나며 저장성이 좋아진다.

14. 식품의 계량 및 온도 계산법

식품을 계량할 때는 계량기구를 이용하여 정확한 양을 잰다. 고체는 중량으로 하며 가루나 액체는 부피를 측정하는 것이 일반적 계량측정방법이라 할 수 있다. 중량을 측정할 때는 저울을, 부피를 잴 때는 계량컵과 계량스푼을 이용한다.

1) 식품 계량도구

- 일반적으로 가장 많이 사용하는 계량도구에는 저울, 계량컵, 계량스푼이 있다.
- 자동 저울 : 중량을 측정하고 g, kg으로 표시한다.
- 계량스푼 : 계량스푼은 1Ts(테이블스푼=밥숟가락), 1ts(티스푼), 1/2ts, 1/3ts, 1/4ts 등이 한 세트로 이루어져 있다.
- 대한민국 교육부에서는 1C(컵)을 200ml로 지정하고 있는 데 반해 국제 표준용량에서의 1C은 240ml(1/4쿼크)이다. 따라서 외국의 1C은 240ml이고 국내에서 표기한 1C은 200ml임에 유의해야 한다.

표준 계량단위

1ts (teaspoon, 티스푼, 작은술)	5ml
1Ts (tablespoon, 테이블스푼, 큰술)	15ml (=3ts)
1oz (ounce, 온스)	30ml (=2Ts) / 28.35g(그램)
1C (cup, 컵)	200ml / 서양은 240ml (= 16Ts = 8oz)
1pint (파인트)	480ml (= 2C)
1quarter (쿼터)	960ml (= 4C = 32oz)
1L (liter, 리터)	1000ml
1gallon (갤런)	3.78L = 16C = 128oz
1pound (파운드)	454g (= 16oz)

식품 중량 및 용량 단위

설탕 1C	202g	물 1C	200g
오일 1C	225g	버터 1ts	4g
간장 1ts	6g	달걀(전란) 1C	4개
고추장 1ts	18g	쌀 1C	225g
고춧가루 1ts	6g	밀가루(강력, 중력) 1C	113.5g
크림 1Ts	9.5g	밀가루(박력) 1C	120g
우유 1C	180g	옥수수전분 1Ts	8.5g

*ea = each(개, 개수)
*pc = piece(조각)
*cl = clove(쪽)

온도 계산법(섭씨: ℃, centigrade/ 화씨: °F, Fahrenheit)

섭씨(℃) → 화씨(°F) 변환 공식: ℃ = 5/9(°F−32)

화씨(°F) → 섭씨(℃) 변환 공식: °F = 9/5℃ + 32

15. 스톡

1) 스톡의 개요

스톡의 색은 맑아야 하며 풍미와 질감을 가지고 있어야 한다. 탁월한 풍미의 원천은 값비싼 고기이고 젤라틴의 공급원은 뼈와 껍질에 있다. 풍미가 좋고 비싼 스톡은 고기로 만든 것이고, 질감이 좋고 값싼 스톡은 뼈로 만든 것이다.

풍미는 살코기에서 추출한 아미노산과 감칠맛 성분 때문이고 질감은 뼈에서 추출한 젤라틴이 스톡에 스며들어 묵직함을 느끼게 한다.

스톡을 몇 시간씩 끓여 준비해 놓고 맛을 보면 단맛, 짠맛, 신맛, 매운맛, 쓴맛이 없는 중성의 맛을 가졌으며 냄새도 평범하다. 이 중성적인 맛이 모든 요리에 어울리는 맛의 기초가 된다.

스톡에 사용되는 고기와 뼈의 경우, 가열 정도에 따라 고기 내부에 존재하는 휘발성 물질의 상실, 당의 캐러멜화, 지방의 용해 및 분해 그리고 단백질의 분해 등을 일으켜 풍미에 변화를 준다. 끓이는 동안 국물에 우러나 맛을 내는 성분은 수용성 단백질, 지방, 무기질, 젤라틴 등이다. 뼈를 첨가하여 고기와 같이 끓이면 지방 속에 함유되어 있던 맛 성분이 우러나 풍미를 향상시킨다. 뼈를 끓일 때 국물이 뽀얗게 되는 이유는 뼈에서 우러난 포스폴리피드가 일종의 유화작용을 일으키기 때문이다.

스톡을 만들 때 고기의 독특한 냄새를 제거하기 위하여 셀러리, 양파, 파, 양배추, 당근 등의 채소를 첨가하여 끓이며 이러한 채소류는 황 또는 화합물을 함유하기 때문에 조리과정에서 강한 자극성 냄새를 발한다.

2) 스톡의 종류

스톡은 부용과 퐁으로 나누며 부용은 값비싼 고기에 찬물을 부어 은근히 끓여 만든 스톡이고 퐁은 뼈와 손질하고 남은 고기부위와 채소를 이용해 만든 스톡이다.

부용은 미트 부용과 쿠르부용으로 나누는데 미트 부용은 값비싼 살코기에 찬물을 부어 은근히 끓여 만드는 스톡으로 수프로도 사용되는 육수이다.

쿠르부용에는 두 가지가 있는데 물, 와인, 채소, 향료 등을 넣어 만든 채소 부용과 어패류를 포칭할 때 사용하는 생선 부용이 있다.

퐁은 스톡을 뜻하는 불어이고 화이트 스톡과 브라운 스톡으로 나뉜다. 주재료를 데쳐서 찬물을 부어 은근히 끓인 것을 화이트 스톡이라 하며 화이트 스톡은 피시 스톡과 비프 스톡, 가금류를 이용한 스톡, 송아지 스톡으로 나눌 수 있다.

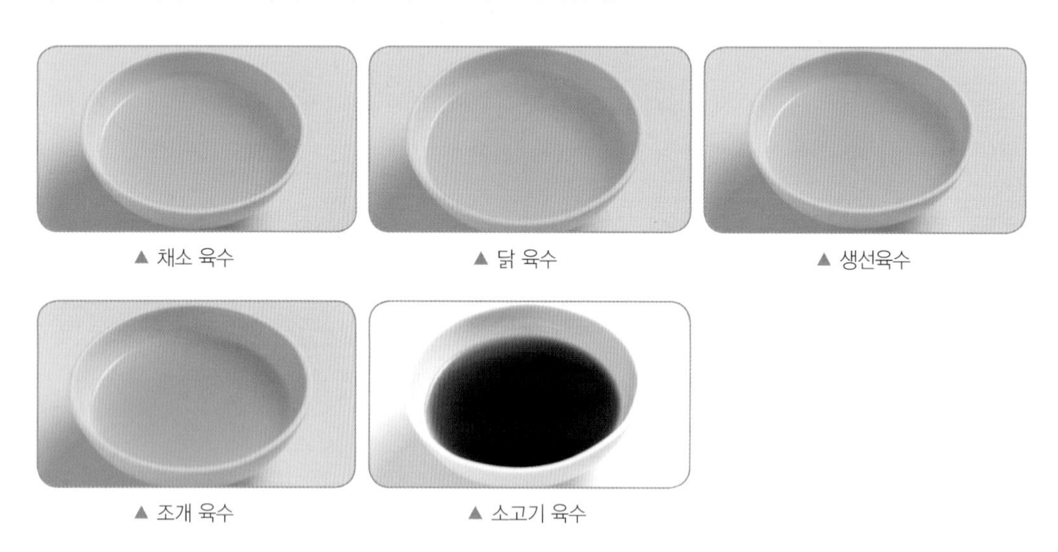

▲ 채소 육수 ▲ 닭 육수 ▲ 생선육수

▲ 조개 육수 ▲ 소고기 육수

① 소고기 육수(Beef Stock)

소는 연한 근육질과 맑은 색의 지방에 심이 섬세한 것이 가장 좋은 고기라고 말한다. 소고기 스톡은 질긴 소고기 재료로부터 최대한의 맛을 뽑아낼 수 있게끔 오랫동안 은근히 끓여야 한다. 스톡은 표면에 떠오르는 기름이나 회색빛 거품을 제거하기 위해서 한 번 끓인 후, 천천히 끓여서 식혀야 한다. 식히는 동안 육수가 혼탁해질 우려가 있으므로 절대 팔팔 끓여서는 안 된다.

소고기 육수 조리과정

▲ 소뼈 핏물 제거 ▲ 소뼈 굽기 ▲ 채소 볶기

▲ 소고기 육수 끓이기 ▲ 소고기 육수 거르기

② 닭 육수(Chicken Stock)

닭 육수는 우리말로 닭 국물이라고 하며 닭뼈, 닭고기 등을 이용하여 저렴한 비용으로 만들 수 있다. 요리할 때 닭 국물을 사용하면 맛이 부드럽고 구수한 뒷맛을 느낄 수 있으며 식은 후에 묵같이 엉킬 정도면 소스나 수프에 사용하면 좋다.

닭은 백색육의 가금류로 어린 닭은 소화가 잘 되고 단백질, 지방, 비타민, 무기질 등을 다량 함유하고 있다.

닭 육수 조리과정

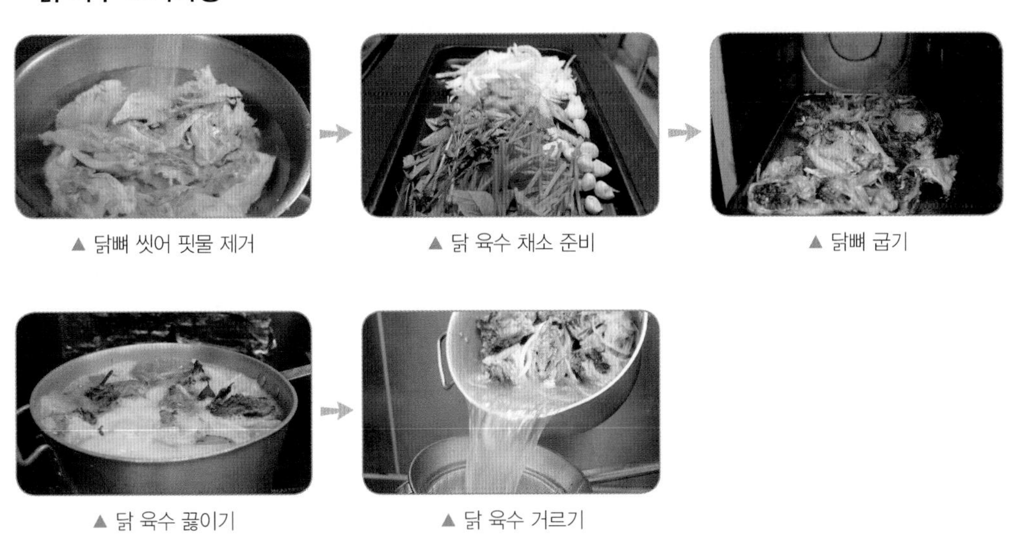

▲ 닭뼈 씻어 핏물 제거 ▲ 닭 육수 채소 준비 ▲ 닭뼈 굽기

▲ 닭 육수 끓이기 ▲ 닭 육수 거르기

③ 생선육수(Fish stock)

생선 육수의 경우 뼈를 일정기간 모았다가 육수를 만드는데 보관과정이 나쁘거나 흰살생선 뼈가 아닌 것이 들어가면 맛없는 생선 육수가 된다. 생선 육수를 만들어 소스를 만들려면 시간적으로 어려울 때가 있다. 급할 때 조개, 홍합 국물을 이용하여 수프, 생선 소스를 만들어도 좋은 요리를 만들 수 있다. 시원하게 끓인 어패류 국물을 약간만 졸여서 사용하면 생선 육수 대용으로 좋다.

기초 육수가 나쁘면 파생되는 소스의 맛도 나빠진다. 신선한 생선은 맑고 선명하며 아가미는 붉은 핑크빛을 띤다. 냄새와 점액이 없고, 맑은 비늘이 단단하게 붙어 있으며, 불쾌한 냄새가 나지 않는다. 또한 생선은 산란기를 전후하여 맛이 떨어진다는 것을 알아둬야 한다.

생선육수 조리과정

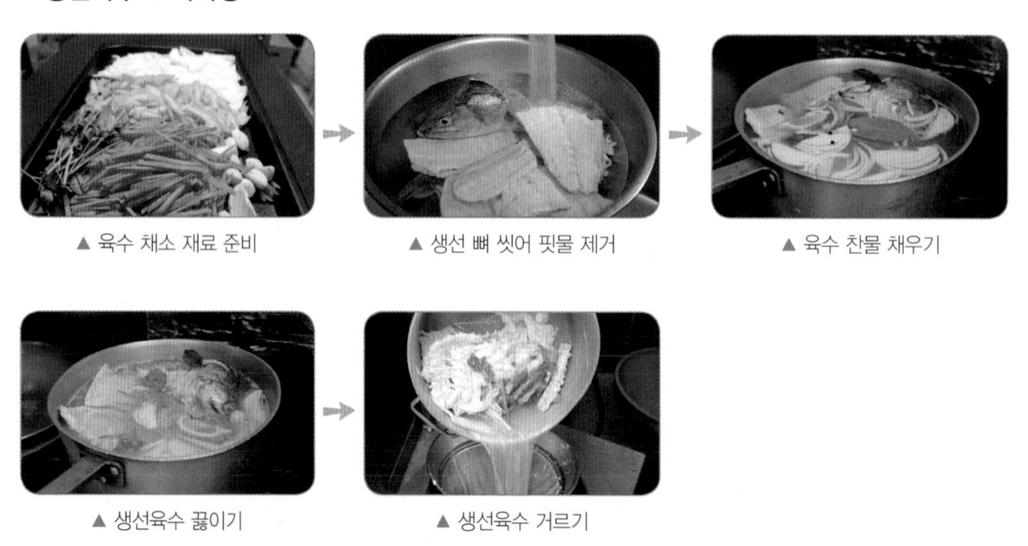

▲ 육수 채소 재료 준비 ▲ 생선 뼈 씻어 핏물 제거 ▲ 육수 찬물 채우기

▲ 생선육수 끓이기 ▲ 생선육수 거르기

④ 부용(Bouillon)

부용은 '끓이다'라는 뜻의 부이르(bouillir)에서 나온 용어로 수프를 끓이는 데 쓰인다. 부용과 육수의 차이점은 육수에는 소뼈를 넣고, 부용에는 안 넣는 것이다. 진한 육수는 맛이 진한 것이고 부용은 맛이 약한 육수라고 보면 간단하다. 육수 하면 냉면에 이용하는 것으로 인식되지만 부용이야말로 국물이라는 용어가 맞을 것이다.

3) 스톡의 제조과정

스톡은 일반제조과정을 거쳐 끓인 기본 스톡, 더블 스톡, 트리플 스톡으로 나눌 수 있다. 더블 스톡은 기본 스톡에 한 번 더 재료를 넣어 스톡을 끓인 것이고, 트리플 스톡은 더블 스톡에 재료를 다시 넣어 끓인 것이다. 더블 스톡과 트리플 스톡은 일반적인 스톡보다 풍미와 질감이 좋다.

스톡을 끓이는 경우 처음에는 찬물로 끓여야 한다. 찬물은 식재료 중에 있는 맛, 향 등의 성분을 잘 용해시켜 주기 때문이다. 뜨거운 물로 가열하면 스톡을 맑게 하는 알부민, 단백질이 식재료 속에서 나오지 못하고 강한 열로 고기 뼈의 섬유조직이 파괴되어 스톡이 탁해진다.

둘째로 거품을 제거하는데 혼탁하지 않게 향신료와 채소는 첫 거품을 제거한 후에 넣는 것이 좋다.

셋째로 약한 불에 끓이는데 85~95℃에서 은근히 끓여야 맑고 풍미 있게 만들 수 있다.

넷째로 채소는 스톡을 불에서 내리기 1시간 전에 넣고 향신료는 불에서 내리기 30분 전에 넣어야 주재료인 육수의 맛을 최대한 유지시켜 준다.

다섯째로 스톡의 종류에 따라 끓이는 시간을 조정하는데 소고기 스톡은 8~12시간, 닭고기 스톡은 2~4시간, 송아지 스톡은 6~8시간, 생선 스톡은 30분~1시간 정도 끓인다.

여섯째로 내용물이 가라앉은 상태에서 조심스럽게 스톡을 거른다.

일곱째로 스톡을 흐르는 찬물이나 얼음물에 빠르게 식혀준다.

여덟째로 보관 시 냉장보관은 2~3일, 냉동보관은 4주 정도 가능하다.

16. 소스 및 드레싱

1) 소스

① 소스의 개요

소스의 어원은 라틴어의 "Sal"에서 유래되었으며 소금을 의미하는 말이다. 소스는 냉장 기능이 없을 당시 음식의 맛이 약간 변질되었을 때 맛을 감추기 위해 요리사들이 만들어낸 것이라고 한다. 고기의 질과 냉장 기술이 발달된 오늘날에도 요리의 풍미를 더해주고 맛과 외형, 수분 등을 돋우기 위해 소스의 중요성은 강조되고 있다.

소스의 기원은 인간이 동물을 수렵하여 단순히 불에 구워 먹던 시절을 훨씬 지나 어느 정도 요리라고 할 수 있는 형태의 식사를 했을 때부터 만들어졌을 것으로 보는 견해가 일반적이다. 소스는 주재료를 이용한 스톡과 형태를 갖추게 하는 리에종의 결합으로 이루어진 유상 액을 말하며, 부재료의 첨가에 따라 여러 가지 파생소스가 만들어진다.

또한 맛이나 색을 내기 위해 생선, 육류, 가금류, 채소 등 각종 요리의 용도에 적합하게 사용되고 있다. 소스를 맛있게 하려면 좋은 재료로 만든 기초 육수가 좋아야만 기초소스, 즉 모체소스의 맛이 좋아지게 되며, 파생소스는 모체소스의 질에 따라 맛이 좌우되고 요리 또한 소스에 의해 결정될 수 있다.

소스는 육수(stock)와 농후제(thickening)로 구성되어 있으며 다른 재료들과 잘 결합해야만 소스의 맛을 제대로 낼 수 있게 된다. 영양 면에 있어 소화와 흡수를 쉽게 하며, 다양한 식재료의 이용으로 새로운 맛을 창조할 수 있다. 이러한 소스는 색상, 맛, 농도, 윤기 등 모든 요소가 주요리와 조화를 잘 이루게 하는 것이 중요하다.

② 소스의 분류

소스는 17세기 프랑스에서 차가운 소스와 더운 소스로 분류하였으며 모체소스와 파생소스를 구분하면서 다시 갈색 소스와 흰색 소스로 체계화시켜 수많은 소스를 만들었다. 소스는 재료 한 가지만 달라져도 재분류되어야 하며, 일반적으로 색에 의한 분류, 용도에 의한

분류, 기초소스에 의한 분류, 요리에 따른 분류, 주재료에 따른 분류로 구분할 수 있다. 소스 색에 의한 분류는 대표적인 5가지 색으로 분류되며, 흰색은 베샤멜 소스를 모체로 하고 블론드 색은 벨루테 소스, 갈색 소스는 데미글라스, 적색은 토마토 소스, 노란색 소스는 홀랜다이즈 소스를 모체로 한다.

첫째, 베샤멜 소스는 짙은 크림색으로 우유와 루에 향신료를 가미한 소스로 프랑스 소스 중 가장 먼저 모체소스로 사용되었다.

둘째, 벨루테 소스는 피시 스톡과 치킨 스톡 또는 빌 스톡으로 이루어진다. 생선 벨루테는 화이트와인 소스, 노르망디 소스, 아메리칸 소스로 나뉘며, 치킨 또는 송아지 벨루테는 알망데 소스와 슈프림 소스로 나뉜다. 주로 생선, 갑각류, 달걀, 가금류, 돼지고기, 송아지, 흰 살 육류, 로스트 비프 등에 사용한다.

셋째, 데미글라스 소스는 육류와 뼈 및 채소를 오븐에서 볶아 색을 내어 갈색 육수를 만든 다음 여러 가지 재료를 첨가하여 기본 소스로 사용한다.

넷째, 토마토 소스는 토마토를 주재료로 하며 완성했을 때에는 붉은색을 지니며 토마토는 이탈리아 요리에 많이 이용되고, 토마토 소스를 만들기 위해서는 토마토, 채소, 스톡, 허브, 토마토 페이스트가 사용된다. 토마토 소스는 다른 소스와는 달리 입자가 있는 것이 특징이다.

다섯째, 홀랜다이즈 소스는 기름의 유화작용을 이용해 만든 소스이다. 달걀노른자와 따뜻한 버터, 소량의 물, 레몬 주스, 식초 등이 서로 혼합되어 완성된다. 소량의 액체와 달걀노른자를 섞으면서 따뜻한 버터를 첨가하면 난황 속의 유화제가 기름의 입자 하나하나를 감싸서 수분과 함께 고정시키는 역할을 한다.

소스의 분류

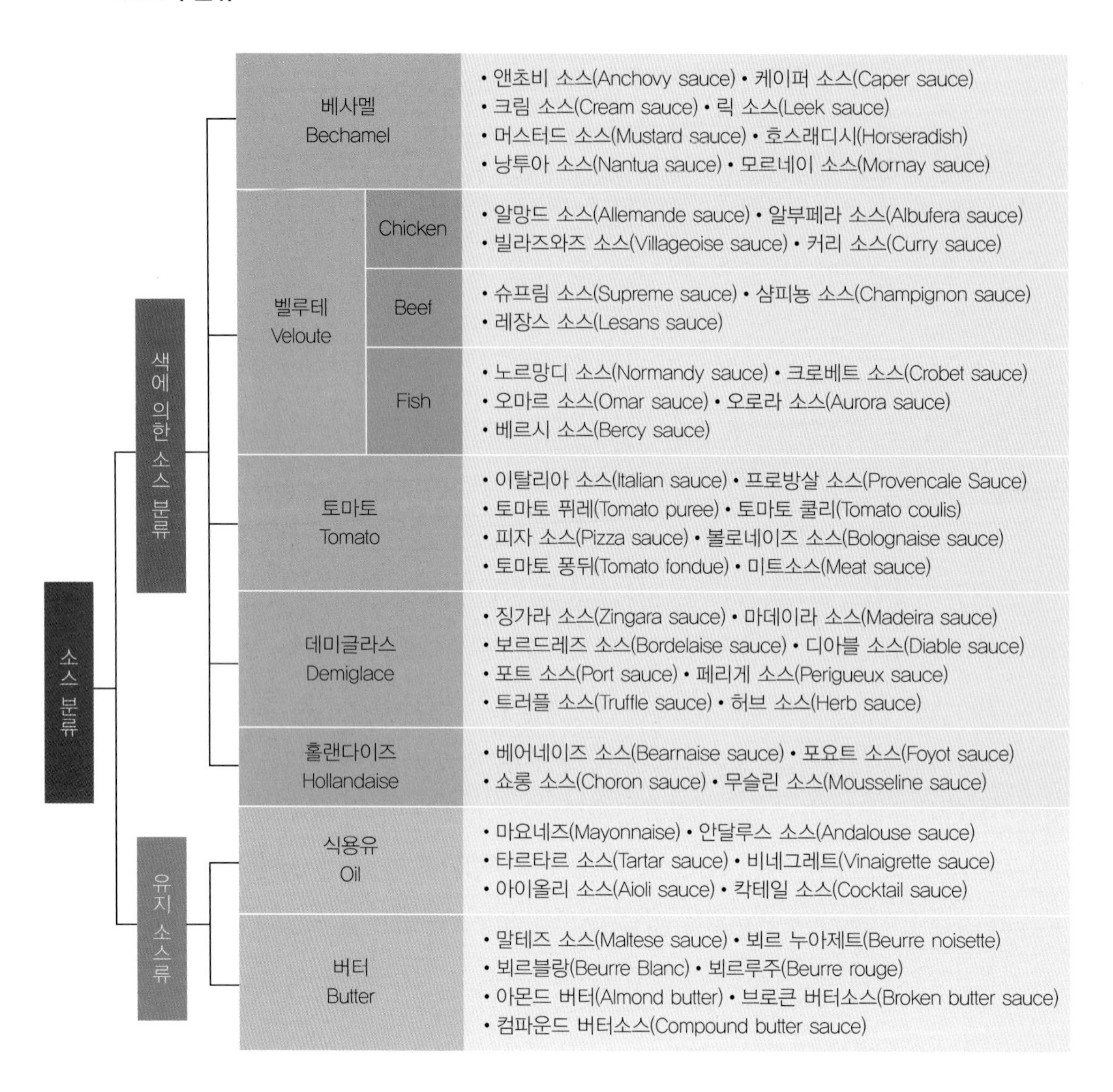

소스 분류	분류	모체 소스	세부	파생 소스
소스 분류	색에 의한 소스 분류	베사멜 Bechamel		• 앤초비 소스(Anchovy sauce) • 케이퍼 소스(Caper sauce) • 크림 소스(Cream sauce) • 릭 소스(Leek sauce) • 머스터드 소스(Mustard sauce) • 호스래디시(Horseradish) • 낭투아 소스(Nantua sauce) • 모르네이 소스(Mornay sauce)
		벨루테 Veloute	Chicken	• 알망드 소스(Allemande sauce) • 알부페라 소스(Albufera sauce) • 빌라즈와즈 소스(Villageoise sauce) • 커리 소스(Curry sauce)
			Beef	• 슈프림 소스(Supreme sauce) • 샴피뇽 소스(Champignon sauce) • 레장스 소스(Lesans sauce)
			Fish	• 노르망디 소스(Normandy sauce) • 크로베트 소스(Crobet sauce) • 오마르 소스(Omar sauce) • 오로라 소스(Aurora sauce) • 베르시 소스(Bercy sauce)
		토마토 Tomato		• 이탈리아 소스(Italian sauce) • 프로방살 소스(Provencale Sauce) • 토마토 퓌레(Tomato puree) • 토마토 쿨리(Tomato coulis) • 피자 소스(Pizza sauce) • 볼로네이즈 소스(Bolognaise sauce) • 토마토 퐁뒤(Tomato fondue) • 미트소스(Meat sauce)
		데미글라스 Demiglace		• 징가라 소스(Zingara sauce) • 마데이라 소스(Madeira sauce) • 보르드레즈 소스(Bordelaise sauce) • 디아블 소스(Diable sauce) • 포트 소스(Port sauce) • 페리게 소스(Perigueux sauce) • 트러플 소스(Truffle sauce) • 허브 소스(Herb sauce)
		홀랜다이즈 Hollandaise		• 베어네이즈 소스(Bearnaise sauce) • 포요트 소스(Foyot sauce) • 쇼롱 소스(Choron sauce) • 무슬린 소스(Mousseline sauce)
	유지 소스류	식용유 Oil		• 마요네즈(Mayonnaise) • 안달루스 소스(Andalouse sauce) • 타르타르 소스(Tartar sauce) • 비네그레트(Vinaigrette sauce) • 아이올리 소스(Aioli sauce) • 칵테일 소스(Cocktail sauce)
		버터 Butter		• 말테즈 소스(Maltese sauce) • 뵈르 누아제트(Beurre noisette) • 뵈르블랑(Beurre Blanc) • 뵈르루주(Beurre rouge) • 아몬드 버터(Almond butter) • 브로큰 버터소스(Broken butter sauce) • 컴파운드 버터소스(Compound butter sauce)

2) 드레싱

샐러드에 끼얹어 맛을 더하는 드레싱은 'dressed'에서 온 단어로 샐러드 위에 뿌린 소스가 흘러내리는 모습이 마치 드레스를 입은 것과 같다고 해서 붙여진 이름이다. 드레싱은 오일과 식초를 기본으로 설탕, 소금을 이용해서 여러 가지 재료들을 넣어 맛과 향을 가미하여 만든다. 드레싱은 어떤 재료를 가지고 어떤 비율로 섞느냐에 따라 맛과 향도 제각각이며 무향의 오일을 넣어 다른 재료의 향을 살리기도 하고 참기름과 같이 향이 짙은 오일을 써서 오일의 향을 충분히 느끼게 한다. 오일과 더불어 드레싱의 중요한 요소인 식초는 수분이 많은 샐러드에 신맛과 적당한 자극을 더하는 중요한 역할을 한다. 또한 드레싱에 사용되는 오일은 샐러드에 풍미를 더하기도 하지만 식초의 강한 신맛을 중화시켜 샐러드를 먹기 좋게 하며 음식에 깊은 맛과 풍미를 더해준다. 샐러드는 채소가 주재료이며 신선한 채소에 과일이나 해산물, 육류, 파스타 등을 곁들이면 다양한 샐러드의 맛을 즐길 수 있다. 드레싱은 채소와 다른 재료들이 조화로운 맛을 이루게 하고 원재료의 맛을 상승시키며 부족한 맛을 보충시키고 자칫 밋밋한 맛으로 끝날 수 있는 샐러드를 풍미 가득한 한 끼 식사로 입맛을 바꿔주는 재료이다.

드레싱, 소스

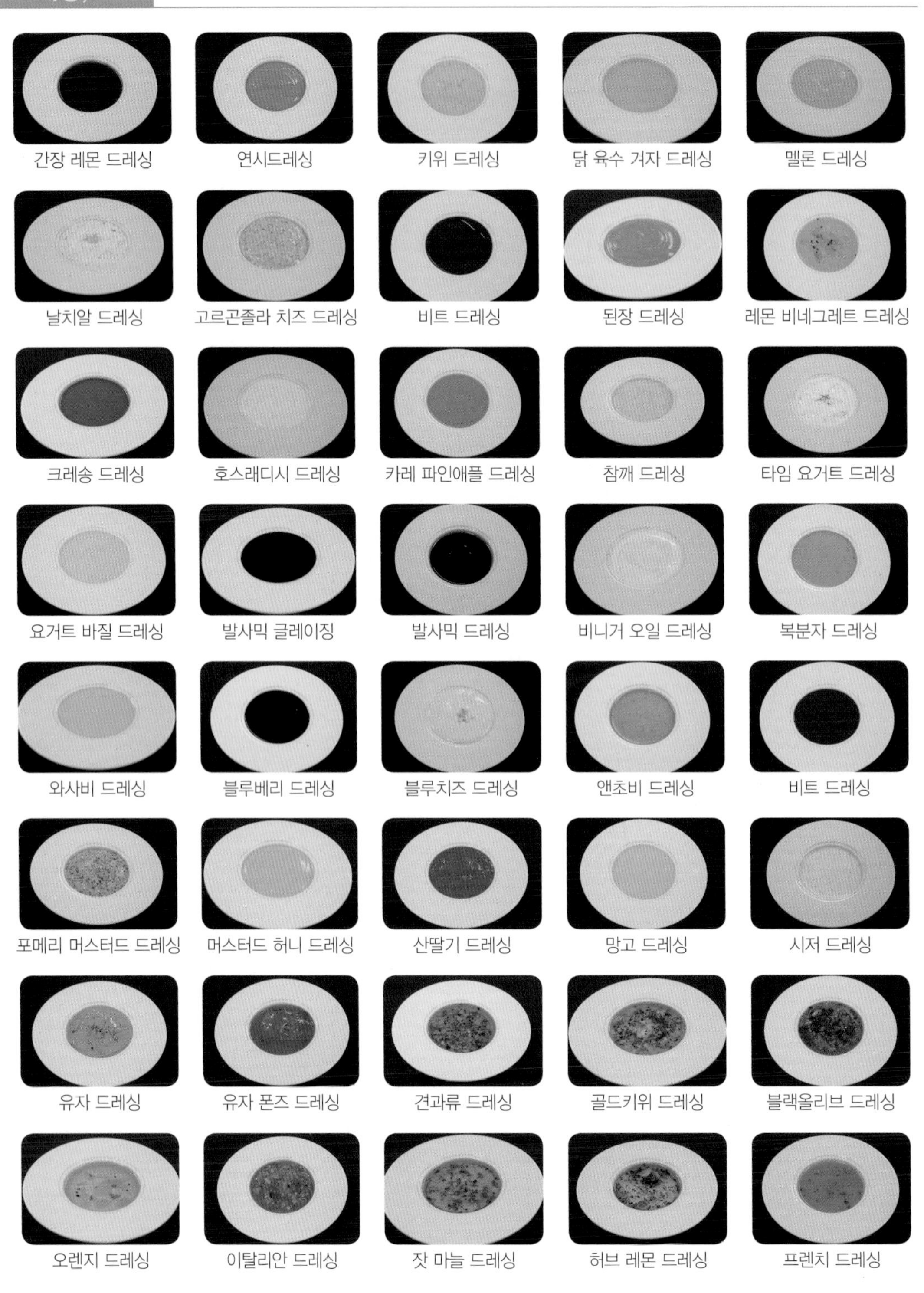

간장 레몬 드레싱 / 연시드레싱 / 키위 드레싱 / 닭 육수 겨자 드레싱 / 멜론 드레싱

날치알 드레싱 / 고르곤졸라 치즈 드레싱 / 비트 드레싱 / 된장 드레싱 / 레몬 비네그레트 드레싱

크레송 드레싱 / 호스래디시 드레싱 / 카레 파인애플 드레싱 / 참깨 드레싱 / 타임 요거트 드레싱

요거트 바질 드레싱 / 발사믹 글레이징 / 발사믹 드레싱 / 비니거 오일 드레싱 / 복분자 드레싱

와사비 드레싱 / 블루베리 드레싱 / 블루치즈 드레싱 / 앤초비 드레싱 / 비트 드레싱

포메리 머스터드 드레싱 / 머스터드 허니 드레싱 / 산딸기 드레싱 / 망고 드레싱 / 시저 드레싱

유자 드레싱 / 유자 폰즈 드레싱 / 견과류 드레싱 / 골드키위 드레싱 / 블랙올리브 드레싱

오렌지 드레싱 / 이탈리안 드레싱 / 잣 마늘 드레싱 / 허브 레몬 드레싱 / 프렌치 드레싱

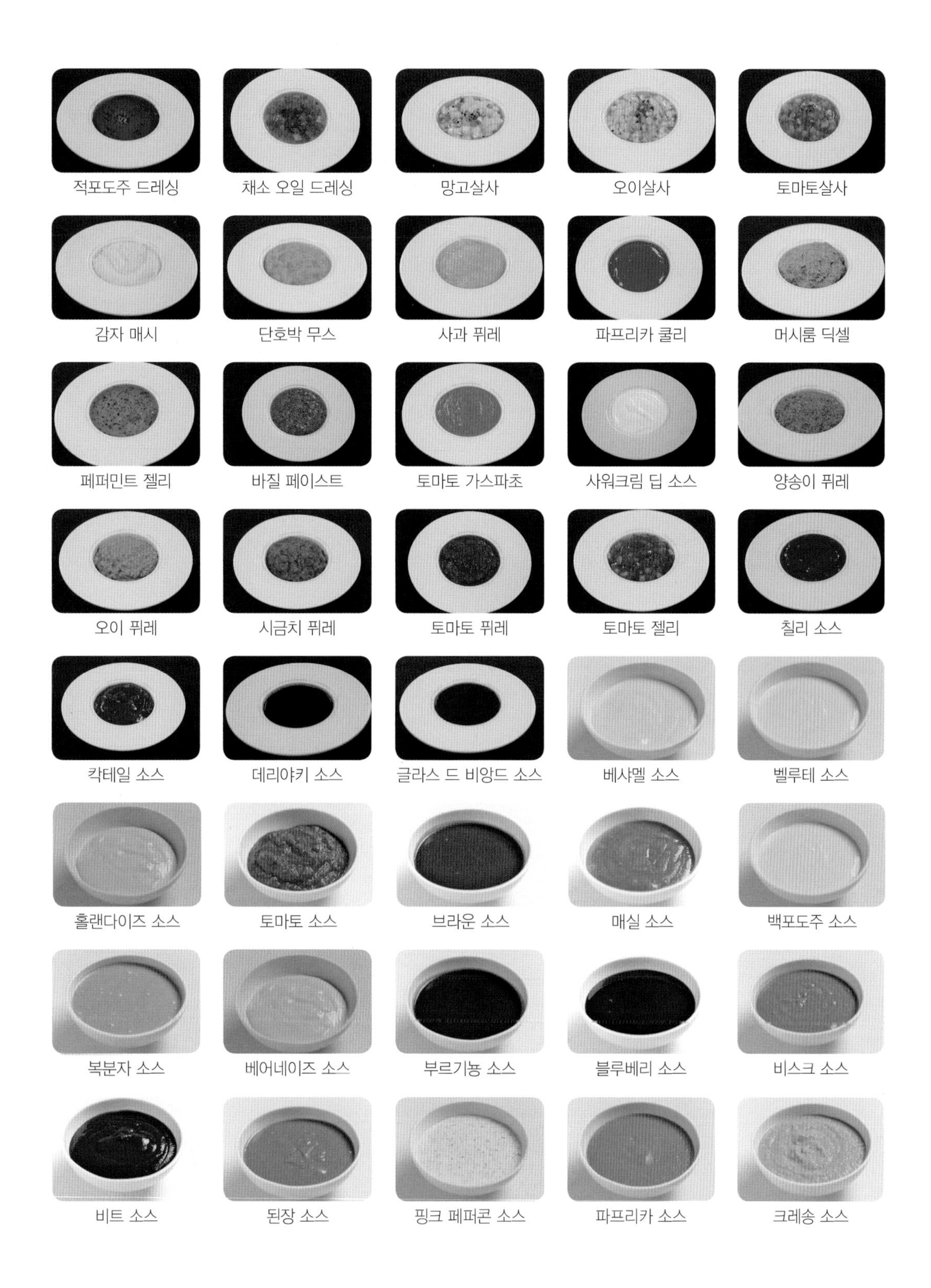
적포도주 드레싱 채소 오일 드레싱 망고살사 오이살사 토마토살사
감자 매시 단호박 무스 사과 퓌레 파프리카 쿨리 머시룸 딕셀
페퍼민트 젤리 바질 페이스트 토마토 가스파초 사워크림 딥 소스 양송이 퓌레
오이 퓌레 시금치 퓌레 토마토 퓌레 토마토 젤리 칠리 소스
칵테일 소스 데리야키 소스 글라스 드 비앙드 소스 베샤멜 소스 벨루테 소스
홀랜다이즈 소스 토마토 소스 브라운 소스 매실 소스 백포도주 소스
복분자 소스 베어네이즈 소스 부르기뇽 소스 블루베리 소스 비스크 소스
비트 소스 된장 소스 핑크 페퍼콘 소스 파프리카 소스 크레송 소스

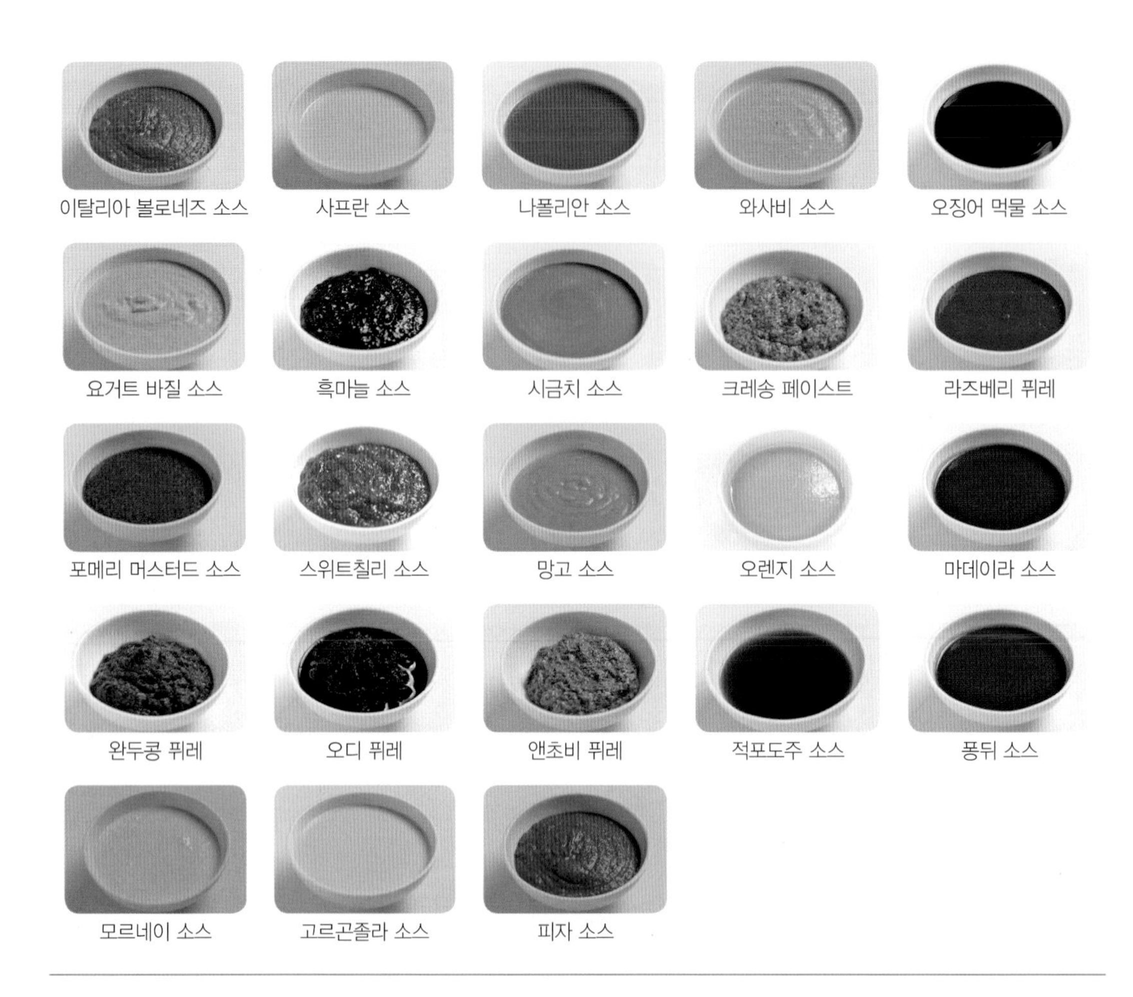
이탈리아 볼로네즈 소스
사프란 소스
나폴리안 소스
와사비 소스
오징어 먹물 소스
요거트 바질 소스
흑마늘 소스
시금치 소스
크레송 페이스트
라즈베리 퓌레
포메리 머스터드 소스
스위트칠리 소스
망고 소스
오렌지 소스
마데이라 소스
완두콩 퓌레
오디 퓌레
앤초비 퓌레
적포도주 소스
퐁뒤 소스
모르네이 소스
고르곤졸라 소스
피자 소스

17. 향신료 및 허브

1) 향신료

(1) 향신료의 개요

향신료는 요리의 맛과 색, 향을 내기 위해 사용하는 식물의 일부분이며 식품의 향미를 돋우거나 아름다운 색을 나타내어 식욕을 증진시키고 소화기능을 돋우어준다.

육류나 생선의 나쁜 냄새를 억제해 주는 향신료는 식재료에 상큼하고 신선한 향기를 부여하며 방부작용과 산화방지 등 식품의 보존성을 높여주고 매운맛, 쌉쌀한 맛 등을 통하여 소화액 분비를 촉진시켜 식욕을 증진시키는 기능이 있다.

또한 향신료는 각종 병의 치료와 예방에 사용되는 등 그 효용이 높고 음식의 풍미를 촉진시키는 식물성 물질이며, 영어로는 "스파이스"라 한다. 스파이스의 어원은 후기 라틴어로 "약품"이라는 뜻인데, 우리말의 양념에 해당된다.

대부분의 향신료는 상쾌한 방향이 있고 자극을 가진 것으로 대부분 뿌리껍질, 잎, 과실 등 식물의 일부분에서 얻어지는 것이다. 그러나 현재는 통상 향신료라고 하면 향초를 포함하여 부르는 경우가 많으며 최근에는 향초가 허브로서 또 다른 시점에서 보급되고 있어 향신료와 향초를 구별하여 생각하기도 한다.

향신료는 꽃이 피기 시작할 때 따서 말리는 것이 좋으며, 이때가 향기가 가장 좋은 시기이다. 또한 건조한 날 채취해서 강한 햇빛을 피해 따뜻한 방에 보관하거나 약한 오븐에서 말리는 것이 좋다. 말린 잎과 꽃은 종이타월로 문질러 체에 내린 뒤 밀폐된 용기에 넣어 햇빛을 피해 서늘한 장소에 보관한다. 하지만 말린 향신료는 시간이 지남에 따라 향기를 잃는다.

(2) 향신료의 역사

향신료는 음식에 풍미를 줄 뿐만 아니라 종교의식에 사용되고 의학적인 약품으로도 사용되면서 다방면에서 인간의 삶에 영향을 미친다. 유럽 사람들에게 향신료는 미지의 세계에 대한 호기심과 함께 자신의 부를 과시하는 용도로 과하게 사용되는 모습도 볼 수 있다.

유럽에 향신료의 원산지가 알려진 것은 13세기 실크로드를 통해 중국에 들어간 마르코 폴로가 쓴 〈동방견문록〉이 15세기 독일어로 번역되면서부터이다. 동방견문록이 늦게 번역된 것은 베니스 상인들이 향신료 무역 독점권을 더욱 오래 유지하기 위해 다른 나라 서책의 출간을 늦추었기 때문이다.

유럽인들이 향신료를 사용하기 시작한 것은 로마가 이집트를 정복한 후부터이며, 당시 향신료는 인도산의 후추와 계피였다. 인도양을 건너 홍해로 북상하여 이집트에 달하는 항로가 개발되었기 때문이다.

그 후 이슬람교도가 강력하게 팽창한 후부터는 유럽이 원하는 향신료는 모두 아랍 상인의 손을 경유하였으며 그때부터 정향(Clove)과 육두구(Nutmeg) 두 종류가 중요한 향신료로 등장하게 되었다. 이 두 종류가 모두 밀라카 제도의 특산물이었기 때문에 위험을 무릅쓰고 운송하여 들어왔다. 1150년 프랑스에 나타난 향신료(Spice)라는 말이 프랑스어 'especе(돈)'를 가리키는 라틴어 Species에서 나온 말이라는 것에서도 알 수 있듯이 향신료는 고대부터 역사 속에서 금과 함께 가장 값진 제물의 동의어로 남게 된다. 시바의 여왕이 솔로몬에게 바친 재물들에 이 향신료들이 대표적인 물품으로 목록을 차지하는 것처럼 책에서 보면 왕이나 교황을 알현하는 사람은 향신료를 바쳤다고 한다. 또한 중국 한 왕조의 관리들은 왕을 알현하기 전에 정향을 씹어 입 냄새를 정화하고 만나기도 했다고 한다.

(3) 향신료의 사용법

① 미르포아

▲ 미르포아

미르포아는 양파, 당근, 셀러리의 혼합물이며 기본적으로 양파 50%, 당근 20%, 셀러리 25%의 비율로 한다. 미르포아를 사용하는 목적은 요리의 특별한 맛이나 향기를 더해주는 데 있으며 미르포아는 거의 먹지 않기 때문에 양파를 제외한 나머지는 껍질을 벗길 필요가 없다. 셀러리와 당근은 깨끗이 씻어서 사용하고 채소는 다듬고 남은 부분을 용기에 모아서 소스나 스톡을 끓일 때 사용하기도 하며 크기는 보통 요리의 형태에 따라 달라진다. 조리

시간이 짧은 요리는 슬라이스하거나 다이스로 잘게 잘라서 사용한다.

브라운 스톡이나 데미글라스같이 오래 걸리는 것은 채소를 좀 더 크게 자르거나 통째로 사용하기도 한다. 특별한 경우는 미르포아에 다른 재료를 더할 수도 있고 양파 대신 대파를, 파슬리와 같은 다른 뿌리채소를 당근 대신 사용할 수도 있다.

미르포아 변형에는 화이트 미르포아 마티뇽이 있으며 화이트 미르포아에는 파슬리, 양파와 대파, 양송이를 사용하고 베샤멜 소스나 생선 스톡 등에도 많이 사용된다.

② 부케가르니

프랑스 요리 시 부케가르니를 많이 이용하는데 부케가르니는 프랑스에서는 '향신료 다발'이라는 뜻이다. 부케가르니를 만들 때는 신선한 허브의 잎과 줄기는 조리용 끈으로 묶거나 치즈를 만드는 소창에 넣어 싸서 만든다. 주로 스톡, 소스, 수프, 스튜 등과 같은 조리를 할 때 향과 맛, 풍미를 더해주기 위하여 많이 사용하고 있다.

▲ 부케가르니

요리의 종류나 용도에 따라 선택된 향신료와 허브는 셀러리, 대파, 파슬리 줄기, 월계수 잎, 타임, 로즈메리 등으로 묶을 수 있다. 또한 묶을 수 없이 작은 입자를 가진 재료들은 소창이나 천을 사용하여 마치 복주머니처럼 묶어서 조리 시에 사용하며 요리의 마지막 과정에 주로 걸러준다.

③ 향신료 주머니

향신료 주머니는 불어로 '사세 데피스'이며, 파슬리 줄기, 말린 타임, 월계수잎, 통후추 등을 소창에 넣어서 조리용 끈으로 묶은 것이다. 요리에 따라 들어가는 향신료를 달리할 수 있으며 충분히 향을 우려낸 후에 걸러준다.

▲ 향신료 주머니(사세 데피스)

④ 양파 피케

양파 피케는 반으로 썰거나 통으로 정향을 끼운 후, 칼집을 넣어서 그 사이에 월계수잎을 끼워 사용하며 주로 베샤멜 소스와 벨루테 소스에 사용된다.

▲ 양파 피케

⑤ 양파 브흐리

양파 브흐리는 양파를 두껍게 잘라 달궈진 팬에 검은색이 날 때까지 구워서 사용하고 갈색 스톡이나 콘소메 수프에 사용한다.

▲ 양파 브흐리

(4) 향신료의 종류

향신료의 분류

향신료	
잎 Leaves/Herb	• 오레가노(Oregano) • 타라곤(Tarragon) • 바질(Basil) • 세이지(Sage) • 처빌(Chervil) • 타임(Thyme) • 코리앤더(Coriander) • 민트(Mint) • 마조람(Marjoram) • 파슬리(Parsley) • 스테비아(Stevia) • 레몬 밤(Lemon Balm) • 로즈메리(Rosemary) • 월계수잎(Bay Leaf) • 딜(Dill)
씨앗 Seed	• 펜넬 씨(Fennel Seed) • 아니스 씨(Anise Seed) • 너트맥(Nutmeg) • 캐러웨이 씨(Caraway Seed) • 양귀비 씨(Poppy Seed) • 커민씨(Cumin Seed) • 코리앤더 씨(Coriander Seed) • 머스터드 씨(Mustard Seed) • 셀러리 씨(Celery Seed) • 딜 씨(Dill Seed) • 흰 후추(White Pepper) • 메이스(Mace)
열매 Fruit/Spice	• 올스파이스(Allspice) • 검은 후추(Black Pepper) • 파프리카(Paprika) • 주니퍼 베리(Juniper Berry) • 카옌 페퍼(Cayenne Pepper) • 스타 아니스(Star Anise) • 바닐라(Vanilla) • 카더멈(Cardamom)
꽃 Flower/Spice	• 보리지(Borage) • 아카시아(Acacia) • 사프란(Saffron) • 정향(Clove) • 케이퍼(Caper) • 히솝(Hyssop) • 미르틀(Myrtle) • 네스트리움(Nasturtium)
줄기 & 껍질 Stalk & Skin	• 샬롯(Shallot) • 차이브(Chive) • 계피(Cinnamon) • 달래(Wild onion) • 레몬 그라스(Lemon Grass) • 안젤리카(Angelica) • 아로마틱(Aromatic) • 콰시아(Quassia)
뿌리 Root/Spice	• 생강(Ginger) • 호스래디시(Horseradish) • 터메릭(Turmeric) • 시나몬(Cinnamon) • 와사비(Wasabi) • 마늘(Garlic) • 가랑갈(Galangal)

① 마조람(Marjoram)

연한 장미꽃 색을 지닌 식물로 달콤하면서 아린 맛이 난다. 잎사귀는 회색을 띤 녹색이며 꽃이 핀 후에 말려서 분말을 내어 사용한다.

▲ 마조람

용도 수프, 소스, 달팽이요리, 가금류요리, 육류요리 등에 주로 사용한다.

② 딜(Dill)

캐러웨이와 비슷하며 씨의 각 사면에는 양피지 같은 표피가 있고 가지째 이용한다.

▲ 딜

용도 피클, 샐러드, 수프, 소스 등에 주로 사용한다.

③ 오레가노(Oregano)

박하과의 한 종류로 향이 강하고 상쾌한 맛을 가지고 있으며 건조시킨 잎사귀는 연한 녹색을 띤다.

▲ 오레가노

용도 피자, 파스타 등 이태리요리나 멕시코요리에 많이 사용된다.

④ 타라곤(Tarragon)

다년생 초본으로 잎의 길이가 길고 얇으며 올리브색과 비슷하며 꽃은 작고 단추 같다.

▲ 타라곤

용도 피클, 다양한 소스류 등에 사용한다.

⑤ 타임(Thyme)

나무의 키가 10cm 정도 자라면 잎을 잘라서 건조시켜 사용하며 말린 잎은 불그스름한 라일락 색이며 입술모양의 꽃을 가진 작은 식물이다.

▲ 타임

용도 소스, 수프, 스튜, 토끼구이 등에 양념으로 사용한다.

⑥ 로즈메리(Rosemary)

솔잎을 닮았으며 녹색 잎을 가진 키가 큰 잡목으로 보라색이고 잎을 그대로 쓰기도 하고 분말을 내어 사용한다.

용도 육류요리, 가금요리, 스튜, 수프, 샐러드 등의 다양한 요리에 사용한다.

▲ 로즈메리

⑦ 바질(Basil)

일년생 식물로 높이 45cm까지 자라며 주로 어린 잎을 적기에 따내어 사용하고 엷은 신맛이 난다.

용도 스파게티, 수프, 소스 등에 주로 사용한다.

▲ 바질

⑧ 커민 씨(Cumin Seed)

향신료의 향을 모두 감출 정도로 맛이 강하면서 톡 쏘는 자극적인 향과 매운맛이 특징이다.

용도 케밥, 과자류, 생선요리, 육류요리에 주로 사용한다.

▲ 커민 씨

⑨ 아니스(Anise)

씨는 작고 단단하며 녹갈색으로 중국요리에 많이 사용되는 향신료로 달콤한 향미가 강하나 약간의 쓴맛과 떫은맛도 느껴진다.

용도 천연재료로 돼지고기와 오리고기의 누린내를 없애는 데 주로 사용한다.

▲ 아니스

⑩ 정향(Clove)

유일하게 꽃봉오리를 쓰는 향신료로 자극적이지만 상쾌하고 달콤한 향이 특징이며, 방부 효과와 살균력이 가장 강해서 중국에서는 약재로 사용된다.

▲ 정향

용도 돼지고기요리, 육류요리, 스튜, 수프, 케이크, 빵, 쿠키 등 다양한 요리에 사용한다.

⑪ 피클링 스파이스(Pickling Spice)

혼합 스파이스의 일종으로 재료는 기호에 따라 선택해서 사용 가능하다.

용도 소시지, 피클을 담글 때 주로 사용한다.

▲ 피클링 스파이스

⑫ 검은 후추(Black Pepper)

페퍼콘이라고 하는 열매는 완전히 익었을 때 붉은색으로 변하며 외피가 주름지고 검은색으로 변할 때까지 햇볕에 말려서 사용한다.

용도 육류요리, 생선요리, 가금류요리 등에 다양하게 사용한다.

▲ 검은 후추

⑬ 흰 후추(White Pepper)

음식에 적당량 넣으면 식욕을 돋우고 소화를 촉진시킨다.

용도 생선요리, 육류요리, 가금류요리 등에 다양하게 사용되며 향신료 중 가장 많이 사용한다.

▲ 흰 후추

⑭ 올스파이스(Allspice)

열대에서 자생하는 키 작은 상록수의 열매에서 추출하며 향은 클로브(정향), 너트맥, 시나몬의 향과 비슷하고 자메이카 후추로 많이 알려져 있다.

용도 절임, 스튜, 수프, 소시지 등에 주로 사용한다.

▲ 올스파이스

⑮ 캐러웨이(Caraway)

이년생 식물로 많은 가지를 가지고 있으며 하얀 꽃이 피는 열매로 익었을 때에는 회갈색을 띠며 암술은 5개의 얇은 고랑이가 있다.

용도 보리빵, 스튜, 수프 등에 주로 사용한다.

▲ 캐러웨이

⑯ 너트맥(Nutmeg)

열매는 복숭아와 비슷하며 속살이 많고 껍질과 핵 사이에 불그스름한 황색으로 덮여 있다. 육두구는 그 열매의 핵이나 씨를 말한다.

용도 감자요리, 육류요리, 송아지요리, 버섯요리, 디저트 등에 주로 사용한다.

▲ 너트맥

⑰ 케이퍼(Caper)

작물의 꽃봉오리로 열매는 크기에 따라 분류하며 크기가 작은 것일수록 질이 좋다. 소금물에 저장했다가 물기를 빼서 식초에 담갔다가 사용한다.

용도 훈제연어, 소스, 청어절임 등에 주로 사용한다.

▲ 케이퍼

⑱ 커리 파우더(Curry Powder)

커리의 맛은 생강과 고추의 함량에 따라 순한 맛, 중간 맛, 매운맛으로 나눌 수 있는데 남인도지방에서 생산되는 커리가 맵기로 유명하다.

용도 육류요리, 생선요리, 가금류요리, 달걀요리, 해산물요리, 채소 등에 다양하게 사용한다.

▲ 커리 파우더

⑲ 계핏가루(Cinnamon Powder)

계수나무의 뿌리, 줄기, 가지 등의 껍질을 벗겨 말리거나 건조시켜 가루로 만든 것이며 쓴맛, 매운맛을 가지고 있다.

용도 아이스크림, 케이크, 푸딩, 페이스트리, 음료, 빵, 캔디 등에 사용한다.

▲ 계핏가루

⑳ 터메릭(Turmeric)

강황은 뿌리부분을 건조시켜 갈아 만든 가루를 말하며 쓴맛이 나고 노란색으로 착색된다. 동양의 사프란으로 알려져 있으며 향과 색을 내는 데 쓰인다.

용도 커리, 쌀요리, 절임 등에 사용한다.

▲ 터메릭

㉑ 파프리카 시즈닝(Paprika Seasoning)

헝가리 고추 또는 피멘토라고 하며 헝가리산 파프리카는 얼얼한 맛을 내며 검붉은색이고 아주 매운 것과 은근히 매운 것이 있다.

용도 갑각류요리와 치킨요리 등에 사용한다.

▲ 파프리카 시즈닝

㉒ 주니퍼(Juniper)

삼나무과에 속하는 나무로 관목 상록수이며 검푸른 열매는 완두콩만 하다.

용도 육류요리, 생선요리 등의 양념을 재울 때 주로 사용한다.

▲ 주니퍼

㉓ 레몬 그라스(Lemon Grass)

향료를 채취하기 위해 열대지방에서 재배하며 레몬 향기가 나고 잎과 뿌리를 증류하여 얻은 레몬 그라스유에는 시트랄 성분이 들어 있다.

용도 수프, 생선요리, 가금류 요리와 레몬향의 차, 캔디류 등에 사용한다.

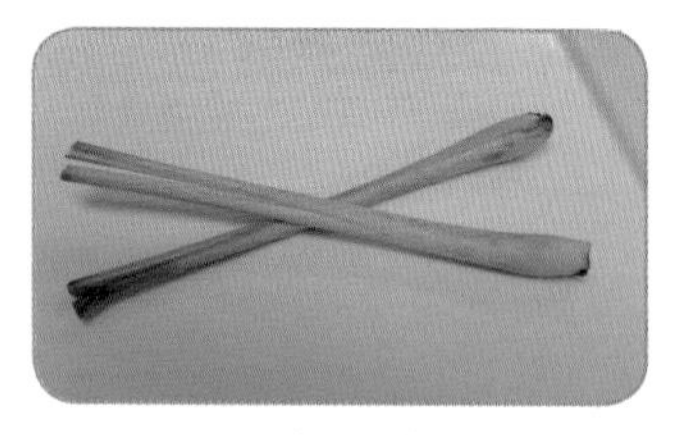

▲ 레몬 그라스

㉔ 바닐라빈(Vanilla Bean)

바닐라콩을 끓는 물에 담가 서서히 건조시킨 후, 가공하고 이것을 밀폐된 상자나 주석 관에 보관한다.

용도 차가운 과일수프, 쿠키, 케이크, 아이스크림 캔디 등에 사용한다.

▲ 바닐라빈

㉕ 계피(Cinnamon)

계수나무의 뿌리, 줄기, 가지 등의 껍질을 벗겨 말리거나 건조시킨 것이며 쓴맛, 매운맛을 가지고 있다. 계피나무의 껍질은 계피, 옥계, 대계 등으로 부른다.

용도 과일조림, 피클, 수프 등에 주로 사용한다.

▲ 계피

㉖ 레드 페퍼(Red Pepper)

식물의 열매는 선홍색이고 크기와 모양은 다양하며 햇볕에 말려 사용하기도 하고 건조시켜 가루를 내어 사용하기도 한다.

용도 타바스코, 피클, 육류절임, 샐러드, 바비큐 등 다양한 요리에 사용한다.

▲ 레드 페퍼

㉗ 사프란(Saffron)

식품에 넣었을 때 강한 노란색을 띠며 맛은 순하고 씁쓸하며 단맛이 난다.

용도 소스, 수프, 쌀요리, 감자요리, 빵 등에 사용한다.

▲ 사프란

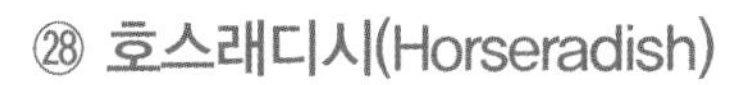

㉘ 호스래디시(Horseradish)

생채로 갈아서 사용하거나 건조시켜 사용하기도 한다.

용도 훈제연어, 로스트비프, 생선요리, 소스 등에 주로 사용한다.

▲ 호스래디시

㉙ 치킨 파우더(Chicken Powder)

닭고기를 익힌 후, 건조시켜 갈아서 사용한다.

용도 스톡, 수프, 소스 등에 주로 사용한다.

▲ 치킨 파우더

㉚ 카옌 페퍼(Cayenne Pepper)

음식을 준비할 때 고기의 맛을 감추기 위해 넣으며 매운 맛이 아주 강하다.

용도 육류요리, 생선요리, 가금류요리, 소스 등에 주로 사용한다.

▲ 카옌 페퍼

㉛ 코리앤더 파우더(Coriander Powder)

소화를 도우며 레몬향 및 감귤류와 비슷한 옅은 단맛이 난다.

용도 생선요리, 육류요리, 수프, 빵, 케이크, 절임, 커리 등에 주로 사용한다.

▲ 코리앤더 파우더

㉜ 커민 파우더(Cumin Powder)

장내에 가스 차는 것을 막아주는 효능이 있으며 소화를

▲ 커민 파우더

촉진시키고 맵고 톡 쏘는 쓴맛이 나며 진한 향이 난다.

용도 수프, 스튜, 피클, 빵 등에 주로 사용한다.

2) 허브

허브의 어원은 라틴어인 "Herba"에서 유래되었으며, Herba는 풀, 목초, 잎, 꽃봉오리와 약초라는 뜻을 지니고 있다. 고대에는 향과 약초만을 일컫는 단어였지만 현대에 와서는 약, 요리, 향료, 살균, 살충 등에 사용되는 식물 전부를 의미하게 되었다. 요리에서 허브는 식물의 잎만을 사용할 때 부르는 이름이라고 하는 일부 학자도 있으나 성분을 보면 식품이나 음료 등에 보존용 향신료 또는 건강 증진제로 첨가되는 식물과 이들 식품, 음료 외에 향수, 화장품 등이 제품에 세정효과를 위해 사용되는 식물의 전부라고 확대해도 무방하다. 허브는 주로 따뜻한 지방에서 자라며, 줄기, 잎, 봉오리 등 부드러운 부분을 이용하고 사람들의 생활에 도움이 되며, 향기가 있는 식물의 총칭이다.

(1) 허브의 종류

① 월계수잎(Bay Leaf)

나무의 높이는 15m 정도이며 생잎은 약간 쓰고 주로 건조시켜 사용한다.

용도 향이 좋아 육수, 육류요리, 가금류요리 등 다양한 요리에 향신료로 사용한다.

▲ 월계수잎

② 로즈메리(Rosemary)

솔잎을 닮았으며 녹색 잎을 가진 키가 큰 잡목으로 보라색이고 잎을 그대로 쓰기도 하고 분말을 내어 사용한다.

용도 육류요리, 가금요리, 스튜, 수프, 샐러드 등의 다양한 요리에 사용한다.

▲ 로즈메리

③ 바질(Basil)

일년생 식물로 높이 45cm까지 자라며 주로 어린 잎을 적기에 따내어 사용하고 엷은 신맛이 난다.

용도 스파게티, 수프, 소스 등에 주로 사용한다.

▲ 바질

④ 처빌(Chervil)

미나리과의 향초로 매우 강한 방향성을 가진 처빌은 소화 촉진과 저혈압 개선에 도움이 된다.

용도 양고기요리, 수프, 샐러드, 소스 등에 주로 사용한다.

▲ 처빌

⑤ 팬지(Pansy)

식용식물로 제비꽃이라 불리며 보라색, 적색, 자색 등 다양한 색이 있다.

용도 샐러드, 메인요리 등을 장식할 때 주로 사용한다.

▲ 팬지

⑥ 블랙올리브(Black Olive)

생올리브는 특유의 쓴맛이 있지만 일정 기간 소금물이나 알칼리 용액에 절이면 쓴맛이 없어지고 고유의 풍미가 살아나며 질감이 부드러워진다.

용도 샐러드, 소스 등에 사용한다.

▲ 블랙올리브

⑦ 호스래디시(Horseradish)

뿌리의 색은 황갈색이며 길이는 약 45cm이고 내부는 흰색이다. 풍미가 매우 강하고 맛이 얼얼하며 뿌리는 껍질을 벗겨 갈아서 사용한다.

용도 훈제한 연어, 소스, 생선요리, 육류요리 등에 주로 사용한다.

▲ 호스래디시

⑧ 마조람(Marjoram)

▲ 마조람

연한 장미꽃 색을 지닌 식물로서 달콤하면서 아린 맛이 난다. 잎사귀는 회색을 띤 녹색이며 꽃이 핀 후에 말려서 분말로 사용한다.

용도 수프, 소스, 달팽이요리, 가금류요리, 육류요리 등에 주로 사용한다.

⑨ 레몬밤(Lemon Balm)

▲ 레몬밤

향신료의 잎이 무성하게 자라며 향이 짙어 레몬과 유사한 향이 난다.

용도 차나 샐러드, 육류요리 등에 사용한다.

⑩ 세이지(Sage)

▲ 세이지

꽃은 푸른색이고 잎은 흰 녹색이며 잎부분만 사용한다. 향이 강하고 약간의 씁쓸한 맛이 난다.

용도 육류요리, 가금류요리, 소스, 양념, 송아지요리 등에 주로 사용한다.

⑪ 스테비아(Stevia)

▲ 스테비아

국화과의 여러해살이풀로 습한 산간지에서 자라며 잎에는 무게의 6~7% 정도 감미물질인 스테비오시드가 들어 있다.

용도 차, 음료, 감미류 등에 사용한다.

⑫ 오레가노(Oregano)

▲ 오레가노

박하과의 한 종류로 향이 강하고 상쾌한 맛이 있으며 건조시킨 잎사귀는 연한 녹색을 띤다.

용도 피자, 파스타 등 이태리 요리나 멕시코 요리에 많이 사용된다.

⑬ 딜(Dill)

캐러웨이와 비슷하며 씨의 각 사면에는 양피지 같은 표피가 있고 가지째로 이용한다.

용도 피클, 샐러드, 수프, 소스 등에 주로 사용한다.

▲ 딜

⑭ 이태리 파슬리(Italian Parsley)

보통 파슬리에 비해 진한 녹색의 빛깔을 띠고 향과 맛이 좋다.

용도 수프, 소스, 장식용 등으로 사용한다.

▲ 이태리 파슬리

⑮ 차이브(Chives)

부추과의 식물로 순한 향을 가진 잎사귀와 불그스름한 꽃송이를 가지고 있으며 잎사귀는 주로 다져서 쓰고 가니쉬로 많이 사용한다.

용도 샐러드, 생선요리, 수프, 애피타이저 등에 사용한다.

▲ 차이브

⑯ 민트(Mint)

꿀풀과의 숙근초로 품종에 따라 향, 꽃, 풍미, 색, 형태가 다르며 전 유럽에서 재배된다.

용도 육류요리, 빵, 아이스크림, 음료, 소스, 양고기의 냄새 세거에 사용한다.

▲ 민트

⑰ 초코민트(Chocomint)

식물의 높이가 30~60cm이며 주로 생잎을 사용하고 초콜릿향과 박하향이 섞인 향이 난다.

▲ 초코민트

용도 샐러드, 메인요리, 디저트를 장식할 때 사용한다.

⑱ 코리앤더(Coriander)

딱딱한 줄기를 가진 식물로 높이가 60cm 정도이며 흰색 꽃이 피고 건조된 열매는 후추콩 크기와 같으며 외부에 주름이 잡혀 있고 적갈색을 띤다.

▲ 코리앤더

용도 소스, 샐러드 등에 사용하며 강한 향을 가지고 있어 향신료로 많이 사용한다.

⑲ 크레송(Cresson)

닐냉이과의 다년생 초본으로 잎은 크고 진한 녹색이며 줄기는 가늘고 냄새도 좋으며 매운맛이 난다.

▲ 크레송

용도 샐러드, 생선요리 등에 주로 사용한다.

⑳ 타라곤(Tarragon)

다년생 초본으로 잎의 길이가 길고 얇으며 올리브색과 비슷하며 꽃은 작고 단추 같다.

▲ 타라곤

용도 피클, 다양한 소스류 등에 사용한다.

㉑ 파슬리(Parsley)

미나리과의 두해살이풀로 세로줄이 있고 털이 없으며 짙은 녹색으로 윤기가 난다. 파슬리의 잎과 꽃에는 비타민이 풍부하여 소화에 도움을 준다.

▲ 파슬리

용도 샐러드, 수프, 육류요리, 생선요리 등에 사용한다.

㉒ 라벤더(Lavender)

▲ 라벤더

전체에 흰색 털이 있으며 꽃, 잎, 줄기를 덮고 있는 털들 사이에서 향기가 난다. 향기는 마음을 진정시켜 평온하게 하는 효과가 있다.

용도 향료식초에 사용하고 간질병, 현기증 등 환자들에게 약으로도 사용한다.

㉓ 페퍼민트(Peppermint)

▲ 페퍼민트

특이한 향과 작살모양의 잎사귀를 가진 페퍼민트는 향이 있으며 메탄올을 함유하고 있다.

용도 아이스크림, 음료, 소스, 양고기의 냄새 제거에 사용한다.

㉔ 방풍싹(Ledebouriella Seseloides)

▲ 방풍싹

쌍떡잎식물로 높이가 60cm 정도이고 줄기가 1.5cm로 굵고 담녹색이며 주로 어린 잎이나 뿌리를 사용한다.

용도 중풍에 효과가 있어 약용으로 사용한다.

㉕ 타임(Thyme)

▲ 타임

나무의 키가 10cm 정도 자라면 잎을 잘라서 건조시켜 사용하며 말린 잎은 불그스름한 라일락 색이며 입술모양의 꽃을 가진 작은 식물이다.

용도 소스, 수프, 스튜, 토끼구이 등에 양념으로 사용한다.

New International Western Cuisine

Part 2

양식조리기능사 실기시험 과제

| 양식조리기능사 실기시험 세부안내 |

1. 시험응시자격 기준

- 응시자격에 제한 없음

2. 자격증 취득방법

- 필기시험 : 객관식 4지 택일형 60문항(60분)
- 실기시험 : 작업형(60~70분 정도)
- 합격기준 : 100점 만점에 60점 이상
- 시행처 : 한국산업인력공단

3. 2021년 시험과목 기준

국가기술자격법 시행규칙 개정('18.6.22)에 따라 해당 종목의 필기, 실기시험 과목이 2020년부터 아래와 같이 시행됩니다.

구분		내용	비교
시험과목	필기시험	양식 재료관리, 음식조리 및 위생관리	국가직무능력표준(NCS)을 활용하여 현장직무중심으로 개편
	실기시험	양식조리 실무	

4. 주요 평가내용

- 위생상태(개인위생 및 조리과정 위생)
- 조리의 기술(조리기구 취급, 조리순서, 동작, 재료손질 방법)
- 작품의 평가(맛, 색, 담기, 정리정돈 및 청소)

5. 실기시험 평가 항목 채점 기준

- **점수 배점**

① 실기시험 메뉴 2가지×45점+개인위생 3점, 식품위생 및 안전 7점=100점 중 60점 합격

- **공동채점(10점)**

① 위생상태(3점)

▶ 위생복을 착용하고 개인 위생상태가 좋으면 : 3점

▶ 불량하면 : 0점

② 조리과정 위생(4점)

▶ 조리순서가 맞고 재료 및 기구 취급상태가 숙련하면 : 4점

▶ 조리순서가 맞고 재료 및 기구 취급상태가 미숙하면 : 2점

▶ 조리과정이 전반적으로 미숙하면 : 0점

③ 정리정돈상태(3점)

▶ 지급된 조리기구류 및 주위 청소상태가 양호하면 : 3 점

▶ 불량하면 : 0 점

- **조리기술 및 작품평가(90점)**

① 1과제당 45점×2=90점

② 조리기술

▶ 조리기술 재료 손질, 다듬기, 썰기, 볶기, 익히기, 조리기술의 숙련도에 따라 : 30점

③ 작품평가

▶ 작품평가 작품의 맛과 색깔, 모양에 따라 : 15점

| 개인위생상태 및 안전관리 세부기준 안내 |

Ⅰ. 개인위생상태 세부기준

순번	구분	세부기준
1	위생복	• 상의 : 흰색, 긴소매(※티셔츠는 위생복에 해당하지 않음) • 하의 : 색상 무관, 긴바지 • 짧은 소매, 긴 가운, 반바지, 짧은 치마, 폭넓은 바지 등 안전과 작업에 방해가 되는 모양이 아니어야 하며, 조리용으로 적합할 것
2	위생모	• 흰색 • 일반 조리장에서 통용되는 위생모
3	앞치마	• 흰색 • 무릎 아래까지 덮이는 길이
【위생복, 위생모, 앞치마(이하 위생복) 착용에 대한 기준】 ① 위생복 미착용 → 실격(채점대상 제외) 처리 ② 유색의 위생복 착용 → "위생상태 및 안전관리" 항목 배점 0점 처리 ※ 위생복을 착용하였더라도 세부기준을 준수하지 않았을 경우 감점 처리		
4	위생화 또는 작업화	• 색상 무관 • 위생화, 작업화, 발등이 덮이는 깨끗한 운동화 • 미끄러짐 및 화상의 위험이 있는 슬리퍼류, 작업에 방해가 되는 굽이 높은 구두, 속 굽 있는 운동화 등이 아닐 것
5	장신구	• 착용 금지 • 시계, 반지, 귀걸이, 목걸이, 팔찌 등 이물, 교차오염 등의 식품위생 위해 장신구는 착용하지 않을 것
6	두발	• 단정하고 청결할 것 • 머리카락이 길 경우, 머리카락이 흘러내리지 않도록 단정히 묶거나 머리망 착용할 것
7	손톱	• 길지 않고 청결해야 하며 매니큐어, 인조손톱 등을 부착하지 않을 것

※ 개인위생, 조리도구 등 시험장 내 모든 개인물품에는 기관 및 성명 등의 표시가 없어야 합니다.

Ⅱ. 안전관리 세부기준

1. 조리장비 · 도구의 사용 전 이상 유무 점검

2. 칼 사용(손 빔) 안전 및 개인 안전사고 시 응급조치 실시

3. 튀김기름 적재장소 처리 등

2021년 양식조리기능사 수험자 지참준비물 안내 목록

번호	재료명	규격	단위	수량	비고
1	강판	–	EA	1	
2	거품기(whipper)	–	EA	1	자동 및 반자동 제외
3	계량스푼	–	EA	1	
4	계량컵	–	EA	1	
5	국대접	–	EA	1	
6	국자	–	EA	1	
7	냄비	–	EA	1	시험장에도 준비되어 있음
8	다시백	–	EA	1	
9	도마	흰색 또는 나무도마	EA	1	시험장에도 준비되어 있음
10	랩	–	EA	1	
11	면보	–	장	1	
12	밥공기	–	EA	1	
13	볼(bowl)	–	EA	1	시험장에도 준비되어 있음
14	비닐팩	위생백, 비닐봉지 등 유사품 포함	장	1	
15	상비의약품	손가락골무, 밴드 등	EA	1	
16	쇠조리(혹은 체)	–	EA	1	
17	숟가락	–	EA	1	
18	앞치마	흰색(남녀공용)	EA	1	*위생복장(위생복 · 위생모 · 앞치마)을 착용하지 않을 경우 채점대상에서 제외(실격)됩니다*
19	연어나이프		EA	1	필요시 지참, 일반 조리용 칼로 대체 가능
20	위생모 또는 머릿수건	흰색	EA	1	*위생복장(위생복 · 위생모 · 앞치마)을 착용하지 않을 경우 채점대상에서 제외(실격)됩니다*
21	위생복	상의–흰색/긴소매, 하의–긴바지(색상 무관)	벌	1	*위생복장(위생복 · 위생모 · 앞치마)을 착용하지 않을 경우 채점대상에서 제외(실격)됩니다*
22	위생타월	행주, 키친타월, 휴지 등 유사품 포함	장	1	
23	이쑤시개	–	EA	1	
24	젓가락		EA	1	
25	종이컵	–	EA	1	
26	주걱	–	EA	1	
27	채칼(box grater)	–	EA	1	시저샐러드용으로만 사용
28	칼	조리용 칼, 칼집 포함	EA	1	눈금 표시칼 사용 불가
29	테이블스푼	–	EA	2	숟가락으로 대체 가능
30	호일	–	EA	1	
31	프라이팬	–	EA	1	시험장에도 준비되어 있음

※ 지참준비물의 수량은 최소 필요수량으로 수험자가 필요시 추가지참 가능합니다.
※ 길이를 측정할 수 있는 눈금 표시가 있는 조리기구는 사용불가합니다.
※ 지참준비물은 일반적인 조리용을 의미하며, 기관명, 이름 등 표시가 없는 것이어야 합니다.
※ 지참준비물 중 수험자 개인에 따라 과제를 조리하는데 불필요한 조리기구는 지참하지 않아도 무방합니다.
※ 수험자 지참준비물 이외의 조리기구를 사용한 경우 채점대상에서 제외(실격)됩니다.

Spanish Omelet

스페니쉬 오믈렛

오믈렛은 달걀을 풀어 얇게 부쳐 만든 요리이며 사용되는 재료에 따라 크게 두 종류로 짭조름한 맛을 내는 세이보리 오믈렛(Savory Omelette)과 달콤한 맛을 내는 스위트 오믈렛(Sweet Omelette)으로 나뉜다.

※ 주어진 재료를 사용하여 다음과 같이 스페니쉬 오믈렛을 만드시오.

1. 토마토, 양파, 청피망, 양송이, 베이컨은 0.5cm 정도의 크기로 썰어 오믈렛 소를 만드시오.
2. 소가 흘러나오지 않도록 하시오.
3. 소를 넣어 나무젓가락과 팬을 이용하여 타원형으로 만드시오.

❶ 오믈렛에 내용물이 골고루 들어가고 터지지 않도록 유의한다.
❷ 오믈렛을 만들 때 타거나 단단해지지 않도록 유의한다.
❸ 오믈렛 만드는 순서가 틀리지 않게 하여야 한다.
❹ 만드는 순서에 유의하며, 위생과 숙련된 기능평가를 위하여 조리작업 시 맛을 보지 않는다.
❺ 지정된 수험자 지참준비물 이외의 조리기구나 재료를 시험장 내에 지참할 수 없다.
❻ 지급재료는 시험 전 확인하여 이상이 있을 경우 시험위원으로부터 조치를 받고 시험 중에는 재료의 교환 및 추가지급은 하지 않는다.
❼ 요구사항 및 지급재료의 규격은 "정도"의 의미를 포함하며, 재료의 크기에 따라 가감하여 채점된다.
❽ 위생복, 위생모, 앞치마를 착용하여야 하며, 시험장비 · 조리기구 취급 등 안전에 유의한다.
❾ 다음 사항에 대해서는 **채점대상에서 제외하니** 특히 유의하기 바란다.

(가) 기권: 수험자 본인이 시험 도중 시험에 대한 포기 의사를 표현하는 경우

(나) 실격
- 가스레인지 화구를 2개 이상(2개 포함) 사용한 경우
- 불을 사용하여 만든 조리작품이 작품특성에 벗어나는 정도로 타거나 익지 않은 경우
- 위생복, 위생모, 앞치마를 착용하지 않은 경우
- 지정된 수험자 지참준비물 이외의 조리기구를 사용한 경우
- 시험 중 시설 · 장비(칼, 가스레인지 등) 사용 시 시험위원 및 타 수험자의 시험 진행에 위해를 일으킬 것으로 시험위원 전원이 합의하여 판단한 경우

(다) 미완성
- 시험시간 내에 과제 두 가지를 제출하지 못한 경우
- 문제의 요구사항대로 과제의 수량이 만들어지지 않은 경우

(라) 오작
- 구이를 조림 등으로 조리하여 완성품을 요구사항과 다르게 만든 경우
- 해당과제의 지급재료 이외의 재료를 사용하거나 석쇠 등 요구사항의 조리기구를 사용하지 않은 경우

(마) 요구사항에 표시된 실격, 미완성, 오작에 해당하는 경우

❿ 항목별 배점은 위생상태 및 안전관리 5점, 조리기술 30점, 작품의 평가 15점이다.
⓫ 시험 시작 전 가벼운 몸 풀기(스트레칭) 동작으로 긴장을 풀고 시험을 시작한다.

❶ 재료 썰기 ☞ ❷ 채소 볶기, 케첩 넣어 볶기 ☞ ❸ 달걀물 만들기

식재료 지급목록

• 토마토(중, 150g 정도)	1/4개
• 양파(중, 150g 정도)	1/6개
• 청피망(중, 75g 정도)	1/6개
• 양송이(1개)	10g
• 베이컨(길이 25~30cm)	20g
• 토마토 케첩	20g
• 검은 후추	2g
• 소금(정제염)	5g
• 달걀	3개
• 식용유	20ml
• 버터(무염)	20g
• 생크림(조리용)	20ml

1 재료 썰기

① 토마토를 끓는 물에 살짝 데쳐 찬물에 담근 후 껍질을 벗겨 속 씨를 제거하고 0.5cm 크기로 썬다.

② 양파, 양송이, 청피망, 베이컨을 0.5cm 크기로 일정하게 썰어준다.

2 채소 볶기, 케첩 넣어 볶기

① 달궈진 팬에 버터를 녹여 베이컨을 볶다가 양파, 피망, 양송이, 토마토 순서로 타지 않게 볶는다.

② 볶은 채소에 케첩 넣고 한 번 더 볶은 후 소금, 후추로 간한다.

3 달걀물 만들기

① 달걀 3개를 볼에 깨뜨려 넣고 젓가락으로 충분히 저어 고운체에 내린 후 생크림을 넣고 소금, 후추로 간한다.

4 스크램블 만들기

① 오믈렛 팬에 식용유를 두른 뒤 달궈지면 달걀을 넣고 나무젓가락으로 저어 스크램블을 만든다.

5 스페니쉬 오믈렛 만들기

① 스크램블이 반 정도 익으면 팬을 두드려 달걀과 팬이 분리되게 한다.

② 속 재료를 스크램블 가운데로 길게 배열하여 넣은 후 팬을 가볍게 두드려가며 타원 모양으로 말아준다.

③ 완성된 스페니쉬 오믈렛을 접시 가운데에 담는다.

5

6

7

8

9

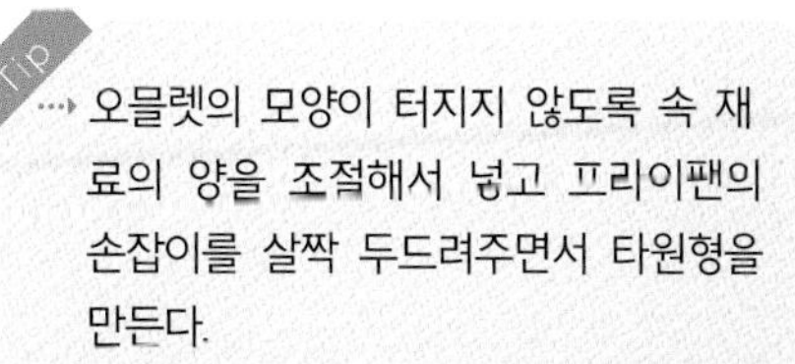

Tip

⋯› 오믈렛의 모양이 터지지 않도록 속 재료의 양을 조절해서 넣고 프라이팬의 손잡이를 살짝 두드려주면서 타원형을 만든다.

⋯› 팬의 온도가 낮은 상태에서 가열해야 하며 색이 많이 나지 않도록 주의해야 한다.

Cheese Omelet

치즈 오믈렛

오믈렛은 주로 아침식사 메뉴에 제공되는 달걀요리의 하나이며 따뜻하게 먹어야 달걀요리의 제맛을 느낄 수 있다.

오믈렛의 유래는 다음과 같다. 스페인 왕이 시골길을 산책하던 중 배가 고파서 식사를 준비하라고 하자 재빠르게 준비하여 내오는 모습을 보고 왕이 "Quel homme leste!"(정말 재빠른 남자)라고 부른 것이 후에 Hommelest(오믈레스트)에서 Qmelette(오믈렛)으로 불리게 되었다.

※ **주어진 재료를 사용하여 다음과 같이 치즈 오믈렛을 만드시오.**

1. 치즈는 사방 0.5cm 정도로 자르시오.
2. 치즈가 들어가 있는 것을 알 수 있도록 하고, 익지 않은 달걀이 흐르지 않도록 만드시오.
3. 나무젓가락과 팬을 이용하여 타원형으로 만드시오.

❶ 익힌 치즈 오믈렛이 갈라지거나 굳어지지 않도록 유의한다.

❷ 치즈 오믈렛에서 달걀물이 흘러나오지 않도록 유의한다.

❸ 치즈 오믈렛 만드는 순서가 틀리지 않게 하여야 한다.

❹ 만드는 순서에 유의하며, 위생과 숙련된 기능평가를 위하여 조리작업 시 맛을 보지 않는다.

❺ 지정된 수험자 지참준비물 이외의 조리기구나 재료를 시험장 내에 지참할 수 없다.

❻ 지급재료는 시험 전 확인하여 이상이 있을 경우 시험위원으로부터 조치를 받고 시험 중에는 재료의 교환 및 추가지급은 하지 않는다.

❼ 요구사항 및 지급재료의 규격은 "정도"의 의미를 포함하며, 재료의 크기에 따라 가감하여 채점된다.

❽ 위생복, 위생모, 앞치마를 착용하여야 하며, 시험장비 · 조리기구 취급 등 안전에 유의한다.

❾ 다음 사항에 대해서는 **채점대상에서 제외하니** 특히 유의하기 바란다.

(가) 기권: 수험자 본인이 시험 도중 시험에 대한 포기 의사를 표현하는 경우

(나) 실격
- 가스레인지 화구를 2개 이상(2개 포함) 사용한 경우
- 불을 사용하여 만든 조리작품이 작품특성에 벗어나는 정도로 타거나 익지 않은 경우
- 위생복, 위생모, 앞치마를 착용하지 않은 경우
- 지정된 수험자 지참준비물 이외의 조리기구를 사용한 경우
- 시험 중 시설 · 장비(칼, 가스레인지 등) 사용 시 시험위원 및 타 수험자의 시험 진행에 위해를 일으킬 것으로 시험위원 전원이 합의하여 판단한 경우

(다) 미완성
- 시험시간 내에 과제 두 가지를 제출하지 못한 경우
- 문제의 요구사항대로 과제의 수량이 만들어지지 않은 경우

(라) 오작
- 구이를 조림 등으로 조리하여 완성품을 요구사항과 다르게 만든 경우
- 해당과제의 지급재료 이외의 재료를 사용하거나 석쇠 등 요구사항의 조리기구를 사용하지 않은 경우

(마) 요구사항에 표시된 실격, 미완성, 오작에 해당하는 경우

❿ 항목별 배점은 위생상태 및 안전관리 5점, 조리기술 30점, 작품의 평가 15점이다.

⓫ 시험 시작 전 가벼운 몸 풀기(스트레칭) 동작으로 긴장을 풀고 시험을 시작한다.

만드는 법 ❶ 치즈 썰기 ☞ ❷ 달걀물 만들기 ☞ ❸ 달걀물에 생크림, 치즈 넣어 혼합하기

식재료 지급목록

달걀	3개
식용유	20ml
생크림(조리용)	20ml
치즈(가로, 세로 8cm 정도)	1장
버터(무염)	30g
소금(정제염)	2g

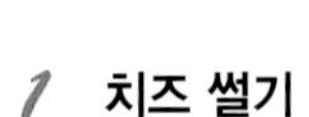

1 치즈 썰기

① 치즈를 사방 0.5cm 크기로 잘라 서로 달라붙지 않도록 한다.

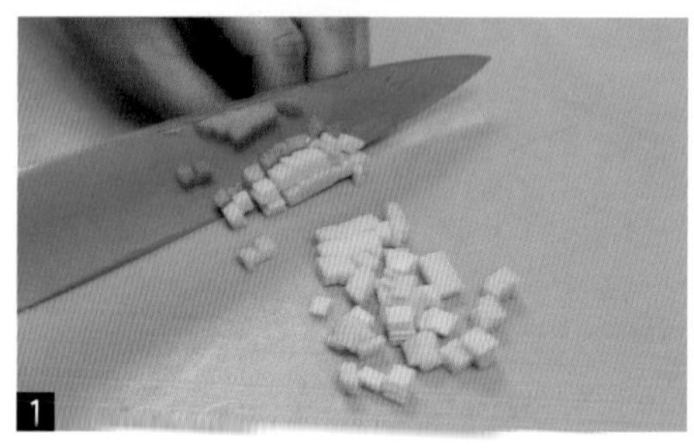

2 달걀물 만들기

① 그릇에 달걀 3개를 깨뜨려 젓가락으로 충분히 저어준 후, 거품기로 풀어준다.

② 고운체에 달걀을 내려 부드럽게 만든다.

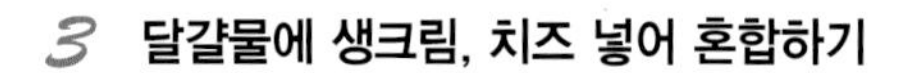

3 달걀물에 생크림, 치즈 넣어 혼합하기

① 체에 내린 달걀물에 생크림, 소금을 넣고 저어준다.

② ①의 달걀물에 치즈 1/2을 넣어 골고루 섞어준다.

4 스크램블 만들기

① 오믈렛 팬에 식용유를 두른 뒤 달궈지면 달걀을 넣고 젓가락으로 저어 스크램블을 만든다.

5

5 치즈 오믈렛 만들기

① 반숙된 스크램블 가운데로 남은 치즈 1/2을 넣고 나무젓가락을 이용하여 팬을 가볍게 두드리며 럭비공 모양으로 오믈렛을 만든 후 버터를 둘러 마무리한다.

6

7

6 치즈 오믈렛 담기

① 완성된 치즈 오믈렛을 접시 가운데에 담는다.

8

Tip

- 스크램블 시 달걀이 달라붙지 않게 팬을 두느려 평평하게 펴준 후 달걀이 많이 익기 전에 럭비공 모양으로 말아주어야 원하는 모양을 만들 수 있다.
- 치즈 오믈렛이 터지지 않도록 마지막에는 약한 불에서 천천히 익혀준다.

Shrimp Canape

쉬림프 카나페

카나페는 다양한 모양과 두께로 자른 식빵에 버터나 스프레드를 발라 생선, 과일, 치즈, 달걀 등 각종 재료를 얹어 한입에 먹을 수 있는 전채요리 중 하나이다. 어원은 18세기 프랑스 레카미에 부인이 긴 의자에 앉아 있는 모습이 마치 구운 빵 위에 올린 음식과 비슷하다고 해서 부르기 시작한 이름이다.

※ 주어진 재료를 사용하여 다음과 같이 쉬림프 카나페를 만드시오.

1. 새우는 내장을 제거한 후 미르포아를 넣고 삶아서 껍질을 제거하시오.
2. 달걀은 완숙으로 삶아 사용하시오.
3. 식빵은 직경 4cm 정도의 원형으로 하고 쉬림프 카나페는 4개를 제출하시오.

❶ 새우를 부서지지 않도록 하고 계란 삶기에 유의한다.

❷ 식빵의 수분 흡수에 유의한다.

❸ 조리작품 만드는 순서는 틀리지 않게 하여야 한다.

❹ 만드는 순서에 유의하며, 위생과 숙련된 기능평가를 위하여 조리작업 시 맛을 보지 않는다.

❺ 지정된 수험자 지참준비물 이외의 조리기구나 재료를 시험장 내에 지참할 수 없다.

❻ 지급재료는 시험 전 확인하여 이상이 있을 경우 시험위원으로부터 조치를 받고 시험 중에는 재료의 교환 및 추가지급은 하지 않는다.

❼ 요구사항 및 지급재료의 규격은 "정도"의 의미를 포함하며, 재료의 크기에 따라 가감하여 채점된다.

❽ 위생복, 위생모, 앞치마를 착용하여야 하며, 시험장비 · 조리기구 취급 등 안전에 유의한다.

❾ 다음 사항에 대해서는 **채점대상에서 제외하니** 특히 유의하기 바란다.

㈎ 기권: 수험자 본인이 시험 도중 시험에 대한 포기 의사를 표현하는 경우

㈏ 실격

- 가스레인지 화구를 2개 이상(2개 포함) 사용한 경우
- 불을 사용하여 만든 조리작품이 작품특성에 벗어나는 정도로 타거나 익지 않은 경우
- 위생복, 위생모, 앞치마를 착용하지 않은 경우
- 지정된 수험자 지참준비물 이외의 조리기구를 사용한 경우
- 시험 중 시설 · 장비(칼, 가스레인지 등) 사용 시 시험위원 및 타 수험자의 시험 진행에 위해를 일으킬 것으로 시험위원 전원이 합의하여 판단한 경우

㈏ 미완성

- 시험시간 내에 과제 두 가지를 제출하지 못한 경우
- 문제의 요구사항대로 과제의 수량이 만들어지지 않은 경우

㈑ 오작

- 구이를 조림 등으로 조리하여 완성품을 요구사항과 다르게 만든 경우
- 해당과제의 지급재료 이외의 재료를 사용하거나 석쇠 등 요구사항의 조리기구를 사용하지 않은 경우

㈒ 요구사항에 표시된 실격, 미완성, 오작에 해당하는 경우

❿ 항목별 배점은 위생상태 및 안전관리 5점, 조리기술 30점, 작품의 평가 15점이다.

⓫ 시험 시작 전 가벼운 몸 풀기(스트레칭) 동작으로 긴장을 풀고 시험을 시작한다.

만드는 법 ❶ 달걀 삶기 ☞ ❷ 채소 썰기 ☞ ❸ 새우 손질 및 삶기

식재료 지급목록

새우(30g~40g)	4마리
흰 후춧가루	2g
식빵(샌드위치용으로 제조일로부터 하루 경과한 것)	1조각
레몬(길이 장축으로 등분)	1/8개
달걀	1개
이쑤시개	1개
파슬리(잎, 줄기 포함)	1줄기
당근(둥근 모양이 유지되게 등분)	15g
셀러리	15g
버터(무염)	30g
양파(중, 150g 정도)	1/8개
토마토 케첩	10g
소금(정제염)	5g

1 달걀 삶기

① 찬물에 달걀과 소금을 넣고 끓기 전까지 수저로 노른자가 중앙에 오도록 굴리면서 저어주고 끓기 시작하면 12분간 삶아 찬물에 식힌다.

2 채소 썰기

① 파슬리는 찬물에 담가 놓는다.

② 양파, 당근, 셀러리, 레몬(일부)은 미르포아용으로 채 썰어 놓는다.

3 새우 손질 및 삶기

① 새우는 등 쪽 두 번째 마디에 이쑤시개를 이용하여 내장을 제거한다.

② 냄비에 찬물과 미르포아(셀러리, 양파, 당근)와 파슬리 줄기, 레몬, 소금을 넣고 끓이다가 새우를 넣고 살짝 삶은 후 건져서 체에 밭쳐 식힌다.

1

2

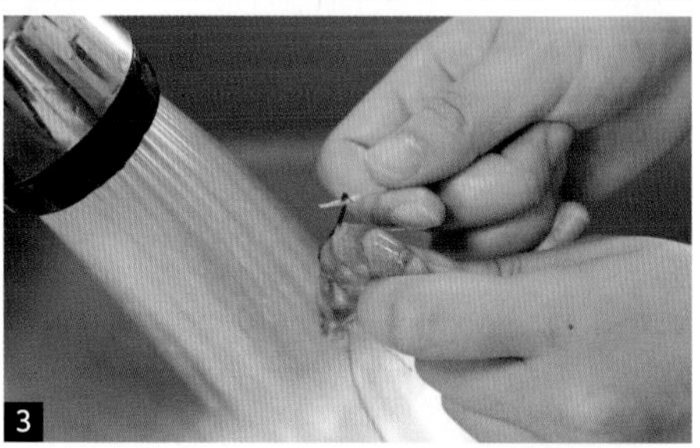

3

4

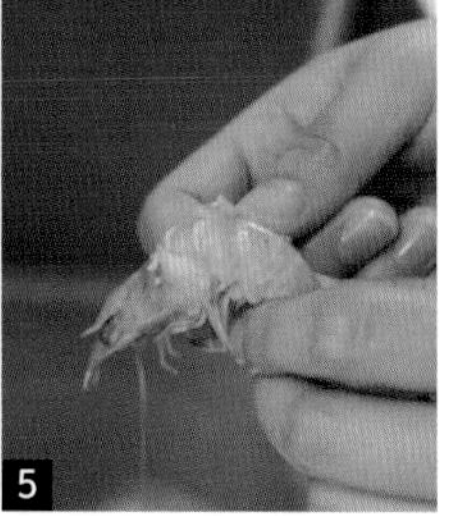

5

4 새우껍질 벗기기

① 식은 새우는 머리를 제거하고 껍질과 꼬리를 벗긴 후 등 쪽에 칼집을 넣어 세운다.

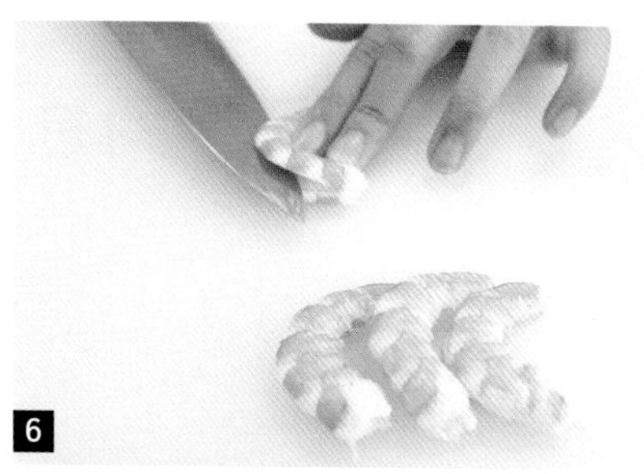
6

5 달걀 썰기

① 삶은 달걀은 0.5cm 두께로 4개를 썰어 소금, 후추로 밑간을 한다.

7

6 식빵 썰어 버터 바르기

① 식빵은 4등분 한 뒤 직경 4cm 정도의 원형을 만들어 달구어진 팬에 앞뒤로 노릇하게 구워 버터를 바른다.

8

9

7 쉬림프 카나페 완성하기

① 구운 식빵에 달걀, 새우 순으로 올리고 새우 가운데에 토마토 케첩을 소량 놓는다.

② 장식으로 파슬리를 꽂아준다.

10

Tip

- 달걀을 삶을 때 깨지지 않도록 잘 굴려 노른자가 정중앙에 오도록 하고 반숙이나 오버쿡이 되지 않게 삶는다.
- 미르포아는 양파, 당근, 셀러리를 채 썰어 넣고 끓이는 과정이다.
- 쿠르부용은 미르포아 채소와 파슬리 줄기, 레몬, 소금을 넣고 끓인 육수이다.
- 새우는 쿠르부용 육수에 삶아 식힌다. (찬물에 헹구면 감점 요인)

Tuna Tartar with Salad Bouquet and Vegetable Vinaigrette

샐러드 부케를 곁들인 참치타르타르와 채소 비네그레트

타르타르는 유럽에서 몽골 사람을 가리키던 말로 몽골족의 요리에서 유래된 것으로 짐작되며 각종 재료에 따라 여러 종류의 타르타르 요리가 있다.

※ **주어진 재료를 사용하여 다음과 같이** 샐러드 부케를 곁들인 참치타르타르와 채소 비네그레트**를 만드시오.**

1. 참치는 꽃소금을 사용하여 해동하고, 3~4mm 정도의 작은 주사위 모양으로 썰어 양파, 그린올리브, 케이퍼, 처빌 등을 이용하여 타르타르를 만드시오.
2. 채소를 이용하여 샐러드 부케를 만드시오.
3. 참치타르타르는 테이블 스푼 2개를 사용하여 퀜넬(Quenelle)형태로 3개를 만드시오.
4. 비네그레트는 채소를 가로세로 2mm 정도의 작은 주사위 모양으로 썰어서 사용하고 파슬리와 딜은 다져서 사용하시오.

❶ 참치를 썰어 핏물 제거와 색의 변화에 유의한다.

❷ 샐러드 부케 만드는 것에 유의한다.

❸ 조리작품 만드는 순서가 틀리지 않게 하여야 한다.

❹ 만드는 순서에 유의하며, 위생과 숙련된 기능평가를 위하여 조리작업 시 맛을 보지 않는다.

❺ 지정된 수험자 지참준비물 이외의 조리기구나 재료를 시험장 내에 지참할 수 없다.

❻ 지급재료는 시험 전 확인하여 이상이 있을 경우 시험위원으로부터 조치를 받고 시험 중에는 재료의 교환 및 추가지급은 하지 않는다.

❼ 요구사항 및 지급재료의 규격은 "정도"의 의미를 포함하며, 재료의 크기에 따라 가감하여 채점된다.

❽ 위생복, 위생모, 앞치마를 착용하여야 하며, 시험장비 · 조리기구 취급 등 안전에 유의한다.

❾ 다음 사항에 대해서는 **채점대상에서 제외하니** 특히 유의하기 바란다.

㈎ 기권: 수험자 본인이 시험 도중 시험에 대한 포기 의사를 표현하는 경우

㈏ 실격
- 가스레인지 화구를 2개 이상(2개 포함) 사용한 경우
- 불을 사용하여 만든 조리작품이 작품특성에 벗어나는 정도로 타거나 익지 않은 경우
- 위생복, 위생모, 앞치마를 착용하지 않은 경우
- 지정된 수험자 지참준비물 이외의 조리기구를 사용한 경우
- 시험 중 시설 · 장비(칼, 가스레인지 등) 사용 시 시험위원 및 타 수험자의 시험 진행에 위해를 일으킬 것으로 시험위원 전원이 합의하여 판단한 경우

㈐ 미완성
- 시험시간 내에 과제 두 가지를 제출하지 못한 경우
- 문제의 요구사항대로 과제의 수량이 만들어지지 않은 경우

㈑ 오작
- 구이를 조림 등으로 조리하여 완성품을 요구사항과 다르게 만든 경우
- 해당과제의 지급재료 이외의 재료를 사용하거나 석쇠 등 요구사항의 조리기구를 사용하지 않은 경우

㈒ 요구사항에 표시된 실격, 미완성, 오작에 해당하는 경우

❿ 항목별 배점은 위생상태 및 안전관리 5점, 조리기술 30점, 작품의 평가 15점이다.

⓫ 시험 시작 전 가벼운 몸 풀기(스트레칭) 동작으로 긴장을 풀고 시험을 시작한다.

만드는 법 ❶ 재료 손질하기 ☞ ❷ 채소 썰기 ☞ ❸ 비네그레트 소스 만들기

식재료 지급목록	
• 붉은색 참치살(냉동지급)	80g
• 그린 치커리(fresh)	2줄기
• 양파(중, 150g 정도)	1/8개
• 그린올리브	2개
• 케이퍼	5개
• 올리브오일	25ml
• 레몬(길이 장축으로 등분)	1/4개
• 핫소스	5ml
• 처빌(fresh)	2줄기
• 꽃소금	5g
• 흰 후춧가루	3g
• 차이브(fresh, 실파로 대체 가능)	5줄기
• 롤로로사(lollo rossa)	2잎
• 붉은색 파프리카(150g 정도, 5~6cm 정도 길이)	1/4개
• 노란색 파프리카(150g 정도, 5~6cm 정도 길이)	1/8개
• 오이(가늘고 곧은 것 20cm 정도, 길이로 반을 갈라 10등분)	1/10개
• 파슬리(잎, 줄기 포함)	1줄기
• 딜(fresh)	3줄기
• 식초	10ml

• **지참준비물 추가** : 테이블스푼 2개(퀜넬용 머리부분 가로 6cm, 세로(폭) 3.5~4cm 정도)

1 재료 손질하기

① 치커리, 롤로로사, 처빌, 딜, 차이브는 찬물에 담가 싱싱하게 해놓는다.

② 냄비에 물을 끓여 일부의 차이브를 살짝 데친 후 찬물에 헹궈 물기를 제거한다.

③ 냉동된 참치는 연한 꽃소금물에 살짝 담근 후 마른 소창으로 감싸 자연해동하면서 보관한다.

1

2 채소 썰기

① 노란 파프리카, 붉은 파프리카를 소량 채 썰어 찬물에 담가 놓는다.

● **타르타르용 채소**

① 양파, 그린올리브, 케이퍼, 처빌은 곱게 다진다.

2

3

4

● **비네그레트용 채소**

① 양파, 노란 파프리카, 붉은 파프리카는 0.2cm 정도의 작은 주사위 모양으로 썰어 놓는다.

② 오이는 껍질 부분을 0.2cm 정도의 작은 주사위 모양으로 썰어 놓는다.

③ 파슬리는 곱게 다져 물기를 제거한다.

④ 딜은 곱게 다진다.

3 비네그레트 소스 만들기

① 믹싱 볼에 올리브오일 3ts, 식초 1ts, 양파, 파프리카, 오이, 파슬리, 딜을 넣어 골고루 섞어준 후 소금, 흰 후추로 간한다.

4 샐러드 부케 만들기

① 오이는 2~2.5cm 높이로 잘라 표면을 매끈하게 한 후 가운데 속을 파준다.

② 물에 담가 놓은 채소는 물기를 제거하고 치커리, 롤로로사, 딜, 채 썬 파프리카 순으로 감싸 데친 차이브로 묶어 부케를 만든 후 속을 파낸 오이에 꽂아 고정시켜 만든다.

5 참치 타르타르 만들기

① 해동시킨 참치는 사방 2~3mm 정도의 주사위 모양으로 썰어 물기를 제거한다.

② 믹싱 볼에 참치, 양파, 그린올리브, 케이퍼, 처빌을 넣어 섞는다.

③ 참치에 올리브오일 1ts, 핫소스 1ts, 레몬즙을 넣고 골고루 버무린 후 소금, 후추로 간한다.

6 참치 타르타르 완성하기

① 참치 타르타르는 두 개의 테이블스푼을 이용하여 퀜넬(럭비공)모양으로 3개를 만든다.

② 접시에 참치 타르타르를 담아 샐러드 부케로 장식하고 비네그레트 소스를 뿌려 마무리한다.

5

6

7

Tip

⋯› 냉동 참치를 해동시킬 때 색의 변화에 유의하고 물기를 제거한다.

⋯› 샐러드 부케는 여러 가지 채소를 하나로 모아 부케 모양을 만든 것으로 메인 참치에 비해 크지 않게 만든다.

Waldorf Salad

월도프 샐러드

월도프 샐러드는 1893~1896년 사이에 뉴욕의 월도프 아스토리아 호텔에서 웨이터 장인이 처음 만든 샐러드이다. 사과와 셀러드, 호두(견과류) 등을 주로 사용하여 마요네즈를 베이스로 만든 드레싱에 버무린 샐러드이다.

※ **주어진 재료를 사용하여 다음과 같이 월도프 샐러드를 만드시오.**

1. 사과, 셀러리, 호두알을 사방 1cm 정도의 크기로 써시오.
2. 사과의 껍질을 벗겨 변색되지 않게 하고, 호두알의 속껍질을 벗겨 사용하시오.
3. 상추를 깔고 월도프 샐러드를 담아내시오.

❶ 사과의 변색에 유의한다.

❷ 월도프 샐러드 만드는 순서가 틀리지 않게 하여야 한다.

❸ 만드는 순서에 유의하며, 위생과 숙련된 기능평가를 위하여 조리작업 시 맛을 보지 않는다.

❹ 지정된 수험자 지참준비물 이외의 조리기구나 재료를 시험장 내에 지참할 수 없다.

❺ 지급재료는 시험 전 확인하여 이상이 있을 경우 시험위원으로부터 조치를 받고 시험 중에는 재료의 교환 및 추가지급은 하지 않는다.

❻ 요구사항 및 지급재료의 규격은 "정도"의 의미를 포함하며, 재료의 크기에 따라 가감하여 채점된다.

❼ 위생복, 위생모, 앞치마를 착용하여야 하며, 시험장비 · 조리기구 취급 등 안전에 유의한다.

❽ 다음 사항에 대해서는 **채점대상에서 제외하니** 특히 유의하기 바란다.

(가) 기권: 수험자 본인이 시험 도중 시험에 대한 포기 의사를 표현하는 경우

(나) 실격
- 가스레인지 화구를 2개 이상(2개 포함) 사용한 경우
- 불을 사용하여 만든 조리작품이 작품특성에 벗어나는 정도로 타거나 익지 않은 경우
- 위생복, 위생모, 앞치마를 착용하지 않은 경우
- 지정된 수험자 지참준비물 이외의 조리기구를 사용한 경우
- 시험 중 시설 · 장비(칼, 가스레인지 등) 사용 시 시험위원 및 타 수험자의 시험 진행에 위해를 일으킬 것으로 시험위원 전원이 합의하여 판단한 경우

(다) 미완성
- 시험시간 내에 과제 두 가지를 제출하지 못한 경우
- 문제의 요구사항대로 과제의 수량이 만들어지지 않은 경우

(라) 오작
- 구이를 조림 등으로 조리하여 완성품을 요구사항과 다르게 만든 경우
- 해당과제의 지급재료 이외의 재료를 사용하거나 석쇠 등 요구사항의 조리기구를 사용하지 않은 경우

(마) 요구사항에 표시된 실격, 미완성, 오작에 해당하는 경우

❾ 항목별 배점은 위생상태 및 안전관리 5점, 조리기술 30점, 작품의 평가 15점이다.

❿ 시험 시작 전 가벼운 몸 풀기(스트레칭) 동작으로 긴장을 풀고 시험을 시작한다.

만드는 법 ❶ 재료 손질하기 ☞ ❷ 사과 썰기 및 변색방지 처리 ☞ ❸ 셀러리 다듬기 및 썰기

식재료 지급목록

• 사과(200~250g 정도)	1개
• 셀러리	30g
• 호두(중, 겉껍질 제거한 것)	2개
• 레몬(길이 장축으로 등분)	1/4개
• 소금(정제염)	2g
• 흰 후춧가루	1g
• 마요네즈	60g
• 양상추(2잎 정도, 잎상추로 대체 가능)	20g
• 이쑤시개	1개

1 재료 손질하기

① 양상추는 찬물에 담가 싱싱하게 한다.

② 호두는 뜨거운 물에 불려놓는다.

1

2

2 사과 썰기 및 변색방지 처리

① 사과는 껍질을 벗기고 씨를 제거하여 사방 1cm의 크기로 썰어준다.

② 설탕물에 레몬즙을 넣어 썰어놓은 사과를 담가 놓는다.

3

3 셀러리 다듬기 및 썰기

① 셀러리를 깨끗이 씻어 섬유질을 제거한 후 1cm로 썰어둔다.

4

4 호두알 다듬기 및 썰기

① 불린 호두를 이쑤시개로 껍질을 벗겨 1cm로 자른다.

② 남은 자투리 호두는 고명으로 곱게 다진다.

5 사과 셀러리 버무리기

① 그릇에 사과, 호두, 셀러리를 담아 마요네즈 2Ts, 소금, 흰 후추, 레몬즙을 넣고 골고루 버무린다.

6 월도프 샐러드 완성하기

① 완성 접시에 양상추를 깔고 버무린 샐러드를 보기 좋게 담는다.

② 담은 샐러드에 다진 호두가루를 올려준다.

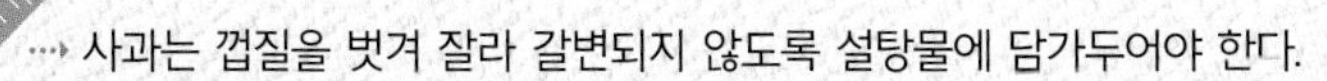

Tip

⋯› 사과는 껍질을 벗겨 잘라 갈변되지 않도록 설탕물에 담가두어야 한다.

⋯› 호두는 껍질부분이 잘 벗겨지도록 따뜻한 물에 담갔다가 벗긴다.

⋯› 샐러드 재료의 크기가 일정하도록 맞춰준다.

Potato Salad

포테이토 샐러드

샐러드는 생채소에 소금을 뿌려 먹던 습관에서 생긴 것으로 그리스 · 로마시대부터 먹던 음식이다. 샐러드의 기본 요소는 바탕, 본체, 소스 곁들임으로 구성되며 바탕은 바닥에 놓은 채소, 본체는 샐러드의 주재료로 색의 균형과 정확한 조리법에 따라 요리되어야 한다. 소스는 샐러드의 맛을 더한층 높여주는 역할을 하며 곁들임은 음식을 아름답게 보이기 위해 올린 장식을 말한다.

※ **주어진 재료를 사용하여 다음과 같이 포테이토 샐러드를 만드시오.**

1. 감자는 껍질을 벗긴 후 1cm 정도의 정육면체로 썰어서 삶으시오.
2. 양파는 곱게 다져 매운맛을 제거하시오.
3. 파슬리는 곱게 다져서 사용하시오.

❶ 감자는 잘 익고 부서지지 않도록 유의하고 양파의 매운맛 제거에 유의한다.

❷ 양파와 파슬리는 뭉치지 않도록 버무린다.

❸ 조리과정 만드는 순서는 틀리지 않게 하여야 한다.

❹ 만드는 순서에 유의하며, 위생과 숙련된 기능평가를 위하여 조리작업 시 맛을 보지 않는다.

❺ 지정된 수험자 지참준비물 이외의 조리기구나 재료를 시험장 내에 지참할 수 없다.

❻ 지급재료는 시험 전 확인하여 이상이 있을 경우 시험위원으로부터 조치를 받고 시험 중에는 재료의 교환 및 추가지급은 하지 않는다.

❼ 요구사항 및 지급재료의 규격은 "정도"의 의미를 포함하며, 재료의 크기에 따라 가감하여 채점된다.

❽ 위생복, 위생모, 앞치마를 착용하여야 하며, 시험장비 · 조리기구 취급 등 안전에 유의한다.

❾ 다음 사항에 대해서는 **채점대상에서 제외하니** 특히 유의하기 바란다.

(가) 기권: 수험자 본인이 시험 도중 시험에 대한 포기 의사를 표현하는 경우

(나) 실격

- 가스레인지 화구를 2개 이상(2개 포함) 사용한 경우
- 불을 사용하여 만든 조리작품이 작품특성에 벗어나는 정도로 타거나 익지 않은 경우
- 위생복, 위생모, 앞치마를 착용하지 않은 경우
- 지정된 수험자 지참준비물 이외의 조리기구를 사용한 경우
- 시험 중 시설 · 장비(칼, 가스레인지 등) 사용 시 시험위원 및 타 수험자의 시험 진행에 위해를 일으킬 것으로 시험위원 전원이 합의하여 판단한 경우

(다) 미완성

- 시험시간 내에 과제 두 가지를 제출하지 못한 경우
- 문제의 요구사항대로 과제의 수량이 만들어지지 않은 경우

(라) 오작

- 구이를 조림 등으로 조리하여 완성품을 요구사항과 다르게 만든 경우
- 해낭과제의 지급재료 이외의 재료를 사용하거나 석쇠 등 요구사항의 조리기구를 사용하지 않은 경우

(마) 요구사항에 표시된 실격, 미완성, 오작에 해당하는 경우

❿ 항목별 배점은 위생상태 및 안전관리 5점, 조리기술 30점, 작품의 평가 15점이다.

⓫ 시험 시작 전 가벼운 몸 풀기(스트레칭) 동작으로 긴장을 풀고 시험을 시작한다.

만드는 법 ❶ 재료 손질하기 ☞ ❷ 감자 썰어 삶기 ☞ ❸ 양파 다져 매운맛 제거하기

식재료 지급목록	
• 감자(정제염)	5g
• 흰 후춧가루	1g
• 마요네즈	50g
• 양파(중, 150g 정도)	1/6개
• 파슬리(잎, 줄기 포함)	1줄기

1 재료 손질하기

① 파슬리는 흐르는 물에 씻어 찬물에 담가둔다.

1

2 감자 썰어 삶기

① 감자는 깨끗이 씻어 껍질을 벗긴 뒤 사방 1cm로 썰어 찬물에 담근다.

② 냄비에 감자가 잠길 정도로 물을 붓고 감자, 소금을 넣고 부서지지 않게 삶는다.

③ 삶은 감자는 건져서 식힌다.

2

3

3 양파 다져 매운맛 제거하기

① 양파는 곱게 다져 소금물에 담가 매운 기를 제거한다.

② 다진 양파는 면포에 넣어 물기를 꼭 짜서 매운맛을 제거한다.

4

4 파슬리 다져 처리하기

① 파슬리는 줄기를 떼고 곱게 다진다.

② 다진 파슬리는 소창에 넣고 흐르는 물에 헹군 후, 물기를 꼭 짜준다.

5

5 마요네즈 버무리기

① 볼에 삶은 감자, 다진 양파를 넣고 마요네즈, 소금, 흰 후추로 간하여 감자가 부서지지 않도록 고루 버무린다.

6

6 포테이토 샐러드 완성하기

① 완성된 샐러드를 그릇에 소담하게 담는다.

② 담은 샐러드에 파슬리 가루를 뿌린다.

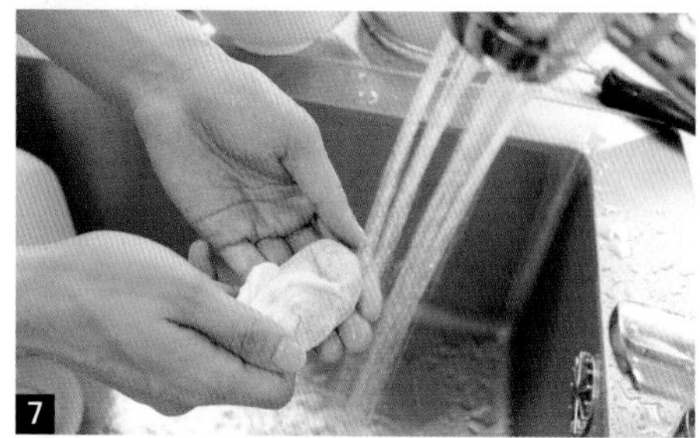

7

8

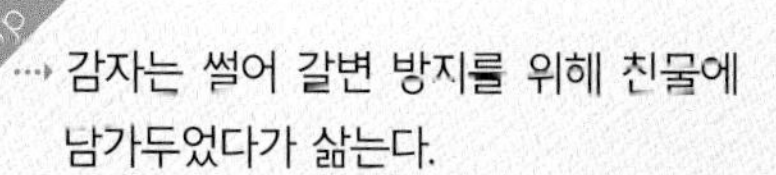

Tip

··· 감자는 썰어 갈변 방지를 위해 찬물에 담가두었다가 삶는다.

··· 소창에 다진 양파와 파슬리를 짤 때 파슬리의 색깔이 물들지 않게 양파부터 먼저 짜낸다.

Seafood Salad

해산물 샐러드

샐러드의 어원은 라틴어의 '살(sal)' 또는 소금이라는 뜻을 갖고 있다. 샐러드의 종류는 한 가지 채소로 만든 단순 샐러드와 여러 가지 재료를 혼합하여 소스나 드레싱에 버무린 복합 샐러드로 구분된다.

※ **주어진 재료를 사용하여 다음과 같이 해산물 샐러드를 만드시오.**

1. 미르포아(Mire-poix), 향신료, 레몬을 이용하여 쿠르부용(Court Bouillon)을 만드시오.
2. 해산물은 손질하여 쿠르부용(Court Bouillon)에 질기지 않게 데쳐 사용하시오.
3. 샐러드 채소는 깨끗이 손질하여 싱싱하게 하여 사용하시오.
4. 레몬 비네그레트는 양파, 올리브오일, 레몬즙 등을 사용하여 분리되지 않게 만드시오.

❶ 해산물 샐러드의 만드는 순서가 틀리지 않게 하여야 한다.

❷ 만드는 순서에 유의하며, 위생과 숙련된 기능평가를 위하여 조리작업 시 맛을 보지 않는다.

❸ 지정된 수험자 지참준비물 이외의 조리기구나 재료를 시험장 내에 지참할 수 없다.

❹ 지급재료는 시험 전 확인하여 이상이 있을 경우 시험위원으로부터 조치를 받고 시험 중에는 재료의 교환 및 추가지급은 하지 않는다.

❺ 요구사항 및 지급재료의 규격은 "정도"의 의미를 포함하며, 재료의 크기에 따라 가감하여 채점된다.

❻ 위생복, 위생모, 앞치마를 착용하여야 하며, 시험장비 · 조리기구 취급 등 안전에 유의한다.

❼ 다음 사항에 대해서는 **채점대상에서 제외하니** 특히 유의하기 바란다.

㈎ 기권: 수험자 본인이 시험 도중 시험에 대한 포기 의사를 표현하는 경우

㈏ 실격
- 가스레인지 화구를 2개 이상(2개 포함) 사용한 경우
- 불을 사용하여 만든 조리작품이 작품특성에 벗어나는 정도로 타거나 익지 않은 경우
- 위생복, 위생모, 앞치마를 착용하지 않은 경우
- 지정된 수험자 지참준비물 이외의 조리기구를 사용한 경우
- 시험 중 시설 · 장비(칼, 가스레인지 등) 사용 시 시험위원 및 타 수험자의 시험 진행에 위해를 일으킬 것으로 시험위원 전원이 합의하여 판단한 경우

㈐ 미완성
- 시험시간 내에 과제 두 가지를 제출하지 못한 경우
- 문제의 요구사항대로 과제의 수량이 만들어지지 않은 경우

㈑ 오작
- 구이를 조림 등으로 조리하여 완성품을 요구사항과 다르게 만든 경우
- 해당과제의 지급재료 이외의 재료를 사용하거나 석쇠 등 요구사항의 조리기구를 사용하지 않은 경우

㈒ 요구사항에 표시된 실격, 미완성, 오작에 해당하는 경우

❽ 항목별 배점은 위생상태 및 안전관리 5점, 조리기술 30점, 작품의 평가 15점이다.

❾ 시험 시작 전 가벼운 몸 풀기(스트레칭) 동작으로 긴장을 풀고 시험을 시작한다.

만드는 법 ❶ 재료 손질하기 ☞ ❷ 재료 썰기 ☞ ❸ 쿠르부용 만들기 ☞ ❹ 해산물 전처리하기

식재료 지급목록

• 새우(30~40g)	3마리
• 관자살(개당 50~60g 정도 해동지급)	1개
• 피홍합(길이 7cm 이상)	3개
• 중합(지름 3cm 정도)	3개
• 양파(중, 150g 정도)	1/4개
• 마늘(중, 깐 것)	1쪽
• 실파(1뿌리)	20g
• 그린치커리	2줄기
• 양상추	10g
• 롤로로사(lollo rossa, 잎상추로 대체가능)	2잎
• 올리브오일	20ml
• 레몬(길이 장축으로 등분)	1/4개
• 식초	10ml
• 딜(fresh)	2줄기
• 월계수잎	1잎
• 셀러리	10g
• 흰 통후추(검은 통후추로 대체가능)	3개
• 소금(정제염)	5g
• 흰 후춧가루	5g
• 당근(둥근 모양이 유지되게 등분)	15g

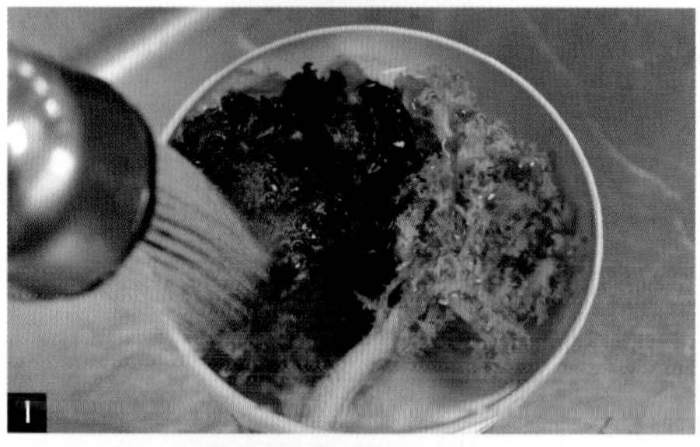

1

1 재료 손질하기

① 그린치커리, 양상추, 롤로로사, 차이브, 딜은 찬물에 담가 놓는다.

② 중합, 피홍합은 소금물에 담가 해감시킨다.

③ 레몬은 즙을 짜놓는다.

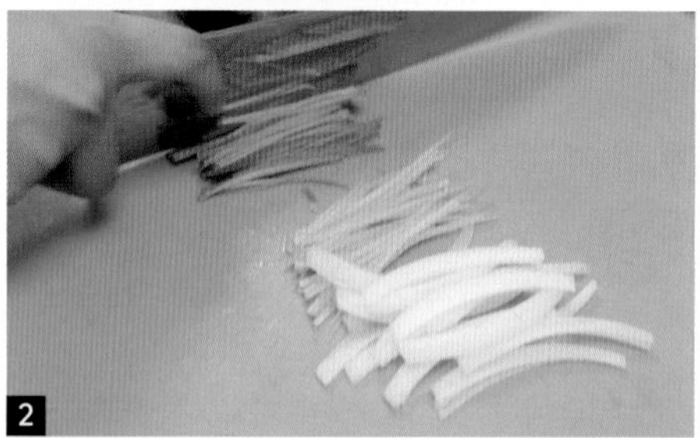

2

2 재료 썰기

① 쿠르부용에 사용할 양파, 셀러리, 당근은 채 썰어 놓는다.

② 비네그레트에 들어갈 양파, 마늘, 딜은 곱게 다진다.

③ 다진 양파는 물에 담가 매운맛을 제거하고 소창에 걸러 물기를 꼭 짜준다.

3

3 쿠르부용 만들기

① 냄비에 250~300ml 정도의 물을 담는다,

4

② 양파, 셀러리, 당근, 통후추, 월계수잎, 식초, 레몬즙을 짜고 남은 레몬을 넣고 끓여 쿠르부용을 만든다.

4 해산물 전처리하기

① 새우는 이쑤시개로 등 쪽의 내장을 제거한다.

② 관자는 핵과 막을 제거하고 0.3cm 두께의 편으로 썬다.

5 해산물 데치기

① 끓은 쿠르부용 물에 손질한 새우를 먼저 데친 후 식혀 껍질과 꼬리를 제거한 후 3등분을 한다.

② 관자, 중합, 피홍합을 쿠르부용 물에 데친 후 식혀서 관자는 3등분을 하고 중합, 피홍합은 껍질을 제거한다.

6 레몬 비네그레트(오일3 : 레몬1) 만들기

① 볼에 올리브오일 3Ts, 레몬즙 1Ts, 식초 1ts, 다진 양파 1Ts, 마늘 1Ts, 소금, 후추를 넣고 분리되지 않게 골고루 섞어 간을 맞춘다.

7 해산물 샐러드 버무려 담기

① 물에 담근 채소는 면포로 물기를 제거한 후 한입 크기로 손질한다.

② 채소와 해산물은 레몬 비네그레트에 버무린다.

③ 접시에 채소를 4방향으로 놓고 그 위에 버무린 해산물을 담는다.

④ 해산물 위에 남은 레몬 비네그레트를 살짝 뿌려준다.

⑤ 레몬 껍질은 가늘게 채 썰어 레몬 제스트를 만든 뒤 딜과 함께 장식용으로 올린다.

5

6

7

Tip

···› 채소는 손질하여 갈변되지 않도록 찬물에 담가 싱싱하게 사용한다.

···› 해산물은 해감과 껍질, 내장을 잘 손질하여 데친다.

···› 레몬 비네그레트를 만들 때 올리브오일을 천천히 넣어 분리되지 않게 한다.

Caesar Salad

시저 샐러드

시저 샐러드 메뉴는 1924년 멕시코 티후아나에 살던 이탈리아 요리사 시저 카르디니(Caesar Cardini)가 처음 만들었다고 해서 이와 같은 이름이 되었다. 다른 유래로는 로마 상추의 일종으로 로마 황제 시저가 샐러드를 자주 먹었다고 해서 '시저 샐러드(Caesar salad)'라 불렸다.

※ **주어진 재료를 사용하여 다음과 같이 시저 샐러드를 만드시오.**

1. 마요네즈(100g), 시저드레싱(100g), 시저샐러드(전량)를 만들어 3가지를 각각 별도의 그릇에 담아 제출하시오.
2. 마요네즈(Mayonnaise)는 달걀노른자, 카놀라오일, 레몬즙, 디종 머스터드, 화이트와인식초를 사용하여 만드시오.
3. 시저드레싱(Caesar Dressing)은 마요네즈, 마늘, 앤초비, 검은 후춧가루, 파르미지아노 레지아노, 올리브오일, 디종 머스터드, 레몬즙을 사용하여 만드시오.
4. 파르미지아노 레지아노는 강판이나 채칼을 사용하시오.
5. 시저 샐러드(Caesar salad)는 로메인 상추, 곁들임(크루통(1cm×1cm), 구운 베이컨(폭 0.5cm), 파르미지아노 레지아노), 시저드레싱을 사용하여 만드시오.

❶ 마요네즈와 시저 드레싱은 별도로 제출해야 하므로 만드는 양에 유의하시오.

❷ 시저 샐러드 만드는 순서가 틀리지 않게 하여야 한다.

❸ 만드는 순서에 유의하며, 위생과 숙련된 기능평가를 위하여 조리작업 시 맛을 보지 않는다.

❹ 지정된 수험자 지참준비물 이외의 조리기구나 재료를 시험장 내에 지참할 수 없다.

❺ 지급재료는 시험 전 확인하여 이상이 있을 경우 시험위원으로부터 조치를 받고 시험 중에는 재료의 교환 및 추가지급은 하지 않는다.

❻ 요구사항 및 지급재료의 규격은 “정도”의 의미를 포함하며, 재료의 크기에 따라 가감하여 채점된다.

❼ 위생복, 위생모, 앞치마를 착용하여야 하며, 시험장비 · 조리기구 취급 등 안전에 유의한다.

❽ 다음 사항에 대해서는 **채점대상에서 제외하니** 특히 유의하기 바란다.

(가) 기권: 수험자 본인이 시험 도중 시험에 대한 포기 의사를 표현하는 경우

(나) 실격
- 가스레인지 화구를 2개 이상(2개 포함) 사용한 경우
- 불을 사용하여 만든 조리작품이 작품특성에 벗어나는 정도로 타거나 익지 않은 경우
- 위생복, 위생모, 앞치마를 착용하지 않은 경우
- 지정된 수험자 지참준비물 이외의 조리기구를 사용한 경우
- 시험 중 시설 · 장비(칼, 가스레인지 등) 사용 시 시험위원 및 타 수험자의 시험 진행에 위해를 일으킬 것으로 시험위원 전원이 합의하여 판단한 경우

(다) 미완성
- 시험시간 내에 과제 두 가지를 제출하지 못한 경우
- 문제의 요구사항대로 과제의 수량이 만들어지지 않은 경우

(라) 오작
- 구이를 조림 등으로 조리하여 완성품을 요구사항과 다르게 만든 경우
- 해당과제의 지급재료 이외의 재료를 사용하거나 석쇠 등 요구사항의 조리기구를 사용하지 않은 경우

(마) 요구사항에 표시된 실격, 미완성, 오작에 해당하는 경우

❾ 항목별 배점은 위생상태 및 안전관리 5점, 조리기술 30점, 작품의 평가 15점이다.

❿ 시험 시작 전 가벼운 몸 풀기(스트레칭) 동작으로 긴장을 풀고 시험을 시작한다.

만드는 법 ❶ 재료 손질하기 ☞ ❷ 베이컨 볶기 ☞ ❸ 크루통 만들기

식재료 지급목록

• 달걀(60g 정도, 상온 보관)	2개
• 디종 머스터드	10g
• 레몬	1개
• 로메인 상추	50g
• 마늘	1쪽
• 베이컨	15g
• 앤초비	3개
• 올리브오일(extra virgin)	20ml
• 카놀라오일	300ml
• 식빵(슬라이스)	1쪽
• 검은 후춧가루	5g
• 파르미지아노 레지아노 치즈(덩어리)	20g
• 화이트와인식초	20ml
• 소금	10g

1 재료 손질하기

① 로메인 상추는 4~5cm 정도로 뜯어 깨끗이 씻은 뒤 찬물에 담갔다가 건져 물기를 제거한다.

② 마늘은 곱게 다지고 앤초비는 다져 기름기를 제거한다.

③ 레몬은 손으로 으깨어 레몬즙을 짜놓는다.

④ 파르미지아노 레지아노는 강판에 곱게 갈아놓는다.

1

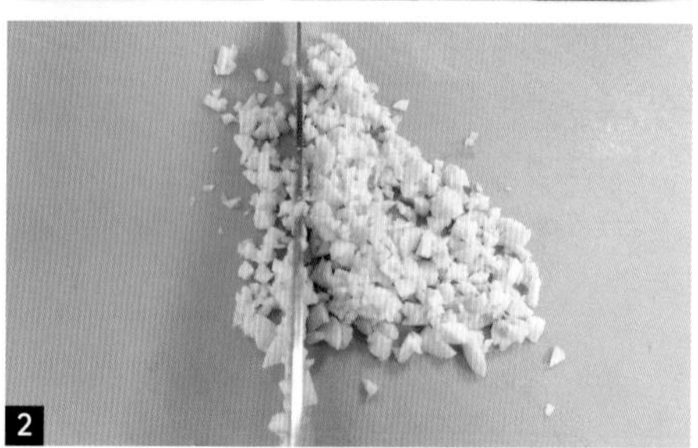

2

2 베이컨 볶기

① 베이컨은 1cm로 썰어 팬에 바삭하게 볶아 기름을 제거한 후 식힌다.

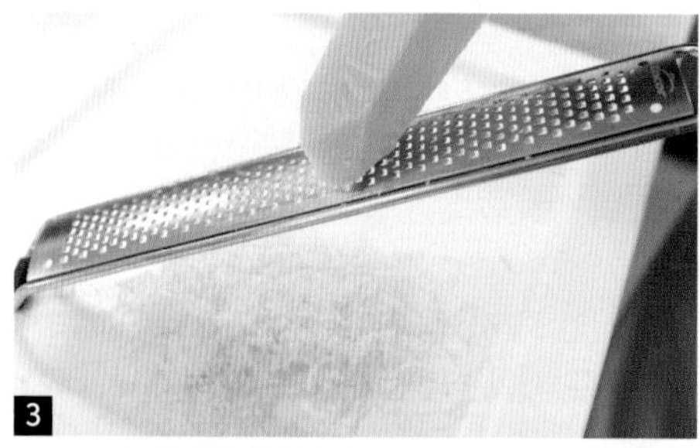

3

3 크루통 만들기

① 식빵은 사방 1×1cm로 일정하게 자른다.

② 팬에 겉은 갈색이 나도록 바삭하게 구워 수분을 날려준 후 올리브오일을 넣어 크루통을 만든다.

4

4 마요네즈 만들기

① 믹싱 볼에 달걀노른자 2개, 디종 머스터드 1ts, 와인식초 1ts를 넣어 고루 저어준다.

② ①의 노른자에 카놀라유를 조금씩 조절해 가며 넣어 한쪽 방향으로 저어 마요네즈를 만든다.

③ ②의 내용물에 화이트와인식초, 레몬즙, 소금을 첨가하여 마요네즈를 만든다.

④ 제출용 소스 그릇에 100g 이상을 담아 놓는다.

5

6

5 시저 드레싱 만들기

① 남은 마요네즈에 다진 마늘, 앤초비, 디종 머스터드 1Ts, 레몬즙 1ts, 올리브오일 2Ts를 넣어 골고루 섞은 후, 소금, 후추로 간한다.

② 제출용 소스 그릇에 100g 이상을 담아 놓는다.

7

6 시저 샐러드 완성하기

① 볼에 로메인 상추를 넣고 시저 드레싱에 가볍게 버무려 담는다.

② ①의 시저 샐러드에 구운 베이컨, 크루통을 얹은 후 파르미지아노 레지아노 치즈를 고루 뿌려 마무리한다.

③ 시저 샐러드와 시저 드레싱 100g 이상과 미요네즈 100g 이상을 함께 제출한다.

8

Tip

···› 마요네즈를 만들 때 카놀라오일을 조금씩 넣으면서 한쪽 방향으로 저으면서 유화시킨다. 분리되지 않게 유의한다.

···› 크루통 만드는 식빵은 일정한 크기로 잘라 약한 불에서 천천히 연한 갈색으로 볶아야 한다.

Beef Consomme

비프 콘소메

콘소메란 맑은 수프의 일종이며 프랑스 귀족들에게 제공할 걸쭉한 수프를 만들라는 조리장의 지시를 따르지 않고 요리사들이 소고기와 달걀흰자, 채소 등을 한번에 섞어 만든 수프이다. 이것이 현재 비프 콘소메(수프)가 되었다.

※ 주어진 재료를 사용하여 다음과 같이 비프 콘소메를 만드시오.

1. 어니언 브뢸레(Onion Brulee)를 만들어 사용하시오.
2. 양파를 포함한 채소는 채 썰어 향신료, 소고기, 달걀흰자 머랭과 함께 섞어 사용하시오.
3. 수프는 맑고 갈색이 되도록 하여 200ml 이상 제출하시오.

❶ 수프는 맑고, 갈색이 되도록 불 조절에 유의한다.

❷ 비프 콘소메 만드는 순서가 틀리지 않게 하여야 한다.

❸ 만드는 순서에 유의하며, 위생과 숙련된 기능평가를 위하여 조리작업 시 맛을 보지 않는다.

❹ 지정된 수험자 지참준비물 이외의 조리기구나 재료를 시험장 내에 지참할 수 없다.

❺ 지급재료는 시험 전 확인하여 이상이 있을 경우 시험위원으로부터 조치를 받고 시험 중에는 재료의 교환 및 추가지급은 하지 않는다.

❻ 요구사항 및 지급재료의 규격은 "정도"의 의미를 포함하며, 재료의 크기에 따라 가감하여 채점된다.

❼ 위생복, 위생모, 앞치마를 착용하여야 하며, 시험장비 · 조리기구 취급 등 안전에 유의한다.

❽ 다음 사항에 대해서는 **채점대상에서 제외하니** 특히 유의하기 바란다.

(가) 기권: 수험자 본인이 시험 도중 시험에 대한 포기 의사를 표현하는 경우

(나) 실격

- 가스레인지 화구를 2개 이상(2개 포함) 사용한 경우
- 불을 사용하여 만든 조리작품이 작품특성에 벗어나는 정도로 타거나 익지 않은 경우
- 위생복, 위생모, 앞치마를 착용하지 않은 경우
- 지정된 수험자 지참준비물 이외의 조리기구를 사용한 경우
- 시험 중 시설 · 장비(칼, 가스레인지 등) 사용 시 시험위원 및 타 수험자의 시험 진행에 위해를 일으킬 것으로 시험위원 전원이 합의하여 판단한 경우

(다) 미완성

- 시험시간 내에 과제 두 가지를 제출하지 못한 경우
- 문제의 요구사항대로 과제의 수량이 만들어지지 않은 경우

(라) 오작

- 구이를 조림 등으로 조리하여 완성품을 요구사항과 다르게 만든 경우
- 해당과제의 지급재료 이외의 재료를 사용하거나 석쇠 등 요구사항의 조리기구를 사용하지 않은 경우

(마) 요구사항에 표시된 실격, 미완성, 오작에 해당하는 경우

❾ 항목별 배점은 위생상태 및 안전관리 5점, 조리기술 30점, 작품의 평가 15점이다.

❿ 시험 시작 전 가벼운 몸 풀기(스트레칭) 동작으로 긴장을 풀고 시험을 시작한다.

만드는 법 ❶ 재료 손질하기 ☞ ❷ 채소 썰기 ☞ ❸ 양파 굽기 ☞ ❹ 머랭 만들기 ☞ ❺ 재료 혼합하기

식재료 지급목록	
• 소고기(살코기 간 것)	70g
• 양파(중, 150g 정도)	1개
• 당근(둥근 모양이 유지되게 등분)	40g
• 셀러리	30g
• 달걀	1개
• 소금(정제염)	2g
• 검은 통후추	1개
• 파슬리(잎, 줄기 포함)	1/4개
• 비프스톡(육수, 물로 대체가능)	500ml
• 정향	1개

1

1 재료 손질하기

① 소고기는 키친타월을 이용하여 핏물을 제거한다.

② 토마토는 끓는 물에 데친 후 찬물에 식혀 껍질을 벗긴다.

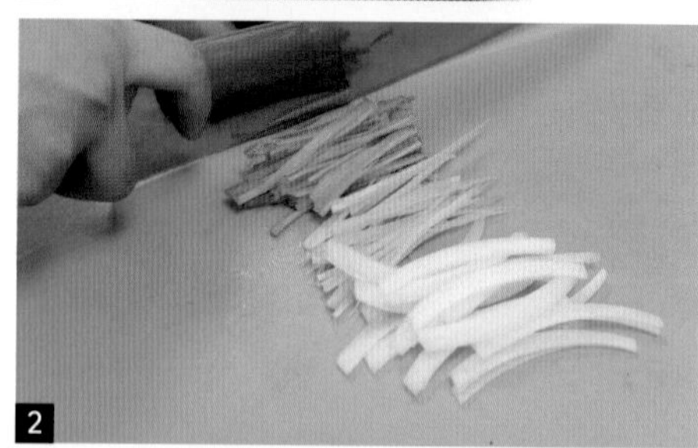

2

2 채소 썰기

① 양파 밑동을 1cm 정도로 잘라 놓는다.

② 나머지 양파와 당근, 셀러리는 가늘게 채 썰어준다.

③ 데친 토마토는 씨를 제거한 후 네모나게 자른다.

3

3 양파 굽기

① 아무것도 두르지 않은 팬에 1cm로 자른 양파를 놓고 짙은 갈색이 나도록 약한 불에서 천천히 굽는다.

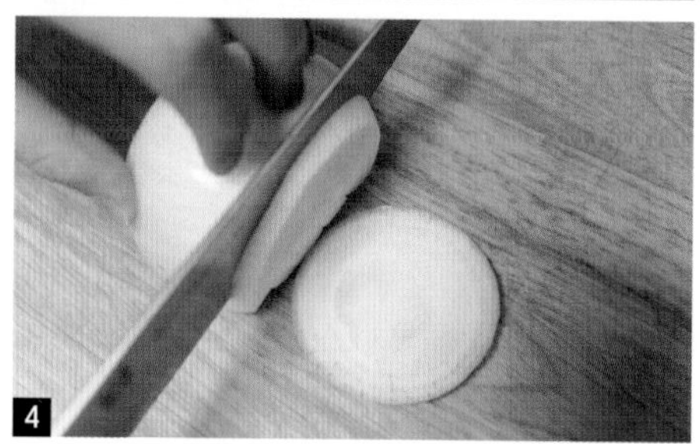

4

4 머랭 만들기

① 달걀은 흰자, 노른자로 분리한다.

② 믹싱 볼에 달걀흰자만 넣고 거품기로 저어 거품을 내어 머랭을 만든다.

5 재료 혼합하기

① 머랭 거품에 다진 소고기, 양파, 당근, 셀러리, 토마토를 넣어 고루 섞는다.

6 수프 끓이기

① 냄비에 비프스톡(육수 또는 물) 500 ml 정도를 넣고 4의 혼합한 재료와 구운 양파, 월계수잎, 정향, 검은 통후추, 파슬리 줄기를 넣고 끓인다.

② 끓어오르면 불을 줄이고 가운데 도넛 모양으로 구멍을 낸 후 거품과 불순물을 제거하면서 약한 불에 은근히 끓인다.

③ 맑고 투명한 갈색이 되면 소금, 후추로 간한다.

7 비프 콘소메 완성하기

① 수프를 고운체에 소창을 대고 거른 후 다시 한 번 키친타월에 걸러 기름기를 완전히 제거한다.

② 완성된 수프는 200ml 이상의 수프 볼에 담아낸다.

Tip

⋯› 양파 밑동은 충분히 태워 끓일 때 연한 갈색이 나도록 한다.

⋯› 달걀흰자와 식재료가 넘치지 않도록 강불-중불-약불의 순서로 조절해 준다.

5

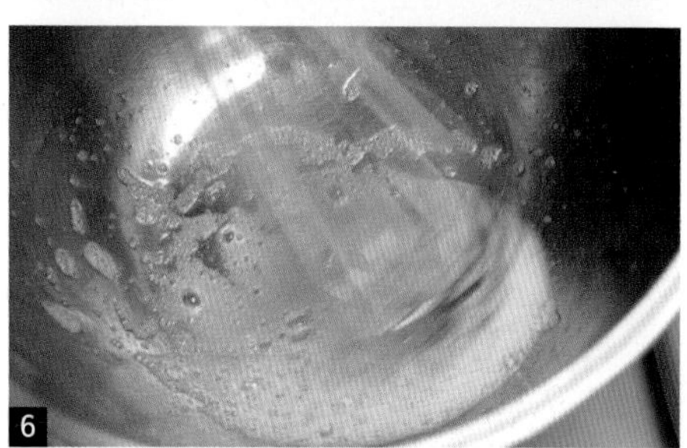
6

7

8

Minestrone Soup

미네스트로니 수프

유럽에서 수프는 식사 전 애피타이저나 간단히 한끼를 때우기 위한 음식으로 이용되어 왔다. 미네스트로니 수프는 채소와 파스타 등을 넣어 만든 이탈리아의 밀라노식 전통수프로 대중들에게 사랑받는 가장 대표적인 수프이다.

※ **주어진 재료를 사용하여 다음과 같이 미네스트로니 수프를 만드시오.**

1. 채소는 사방 1.2cm, 두께 0.2cm 정도로 써시오.
2. 스트링빈스, 스파게티는 1.2cm 정도의 길이로 써시오.
3. 국물과 고형물의 비율을 3:1로 하시오.
4. 전체 수프의 양은 200ml 이상 담고 파슬리 가루를 뿌려 제출하시오.

❶ 수프의 농도와 색을 잘 맞추는 데 유의한다.
❷ 미네스트로니 수프 만드는 순서가 틀리지 않게 하여야 한다.
❸ 만드는 순서에 유의하며, 위생과 숙련된 기능평가를 위하여 조리작업 시 맛을 보지 않는다.
❹ 지정된 수험자 지참준비물 이외의 조리기구나 재료를 시험장 내에 지참할 수 없다.
❺ 지급재료는 시험 전 확인하여 이상이 있을 경우 시험위원으로부터 조치를 받고 시험 중에는 재료의 교환 및 추가지급은 하지 않는다.
❻ 요구사항 및 지급재료의 규격은 "정도"의 의미를 포함하며, 재료의 크기에 따라 가감하여 채점된다.
❼ 위생복, 위생모, 앞치마를 착용하여야 하며, 시험장비 · 조리기구 취급 등 안전에 유의한다.
❽ 다음 사항에 대해서는 **채점대상에서 제외하니** 특히 유의하기 바란다.

(가) 기권: 수험자 본인이 시험 도중 시험에 대한 포기 의사를 표현하는 경우

(나) 실격
- 가스레인지 화구를 2개 이상(2개 포함) 사용한 경우
- 불을 사용하여 만든 조리작품이 작품특성에 벗어나는 정도로 타거나 익지 않은 경우
- 위생복, 위생모, 앞치마를 착용하지 않은 경우
- 지정된 수험자 지참준비물 이외의 조리기구를 사용한 경우
- 시험 중 시설 · 장비(칼, 가스레인지 등) 사용 시 시험위원 및 타 수험자의 시험 진행에 위해를 일으킬 것으로 시험위원 전원이 합의하여 판단한 경우

(다) 미완성
- 시험시간 내에 과제 두 가지를 제출하지 못한 경우
- 문제의 요구사항대로 과제의 수량이 만들어지지 않은 경우

(라) 오작
- 구이를 조림 등으로 조리하여 완성품을 요구사항과 다르게 만든 경우
- 해당과제의 지급재료 이외의 재료를 사용하거나 석쇠 등 요구사항의 조리기구를 사용하지 않은 경우

(마) 요구사항에 표시된 실격, 미완성, 오작에 해당하는 경우

❾ 항목별 배점은 위생상태 및 안전관리 5점, 조리기술 30점, 작품의 평가 15점이다.
❿ 시험 시작 전 가벼운 몸 풀기(스트레칭) 동작으로 긴장을 풀고 시험을 시작한다.

만드는 법 ❶ 재료 준비하기 ☞ ❷ 채소 썰기 ☞ ❸ 파슬리가루 만들기 ☞ ❹ 부케가르니 만들기

식재료 지급목록

• 양파(중, 150g 정도)	1/4개
• 셀러리	30g
• 당근(둥근 모양이 유지되게 등분)	40g
• 무	10g
• 양배추	40g
• 버터(무염)	5g
• 스트링빈스(냉동채두 대체가능)	2줄기
• 완두콩	5알
• 토마토(중, 150g)	1/8개
• 스파게티	2가닥
• 토마토 페이스트	15g
• 파슬리(잎, 줄기 포함)	1줄기
• 베이컨(길이 24~30cm)	1/2조각
• 마늘 중(깐 것)	1쪽
• 소금(정제염)	2g
• 검은 후춧가루	2g
• 치킨 스톡(물로 대체가능)	200ml
• 월계수잎	1잎
• 정향	1개

1

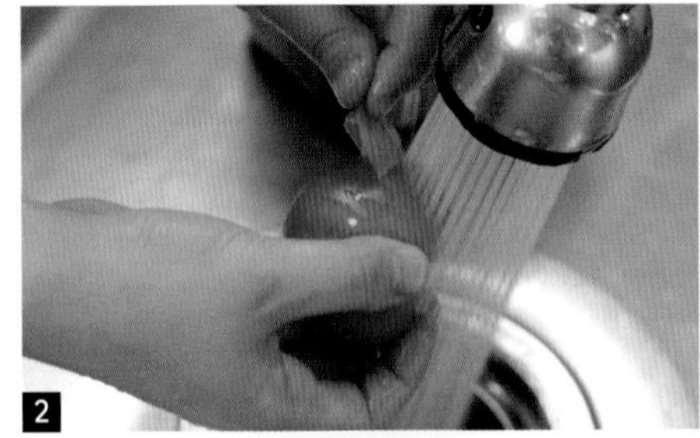

2

3

4

1 재료 준비하기

① 파슬리는 찬물에 담가둔다.
② 냄비에 토마토가 잠길 정도로 물을 붓고 소금을 넣어 끓인다.
③ 끓는 물에 토마토를 살짝 데친 후 찬물에 식혀 껍질을 벗긴다.

2 채소 썰기

① 마늘은 곱게 다진다.
② 데친 토마토는 씨를 제거한 후 1.2cm 정도 크기로 썬다.
③ 양파, 셀러리, 당근, 무, 양배추는 사방 1.2cm×1.2cm×0.2cm 두께로 일정하게 썬다.
④ 스트링빈스는 1.2cm×1.2cm 길이로 일정하게 썬다.
⑤ 베이컨은 사방 1.5cm 크기로 일정하게 썬다.

3 파슬리가루 만들기

① 파슬리는 물기를 털고 곱게 다져 소창에 감싸 흐르는 물에 헹군 뒤 물기를 제거하여 파슬리가루를 만든다.

4 부케가르니 만들기

① 양파에 월계수잎, 정향을 꽂아 부케가르니를 만든다.

5 스파게티 삶기

① 끓는 물에 소금과 기름 한두 방울을 넣고 스파게티를 10분 정도 삶는다.

② 삶은 스파게티는 1.2cm 길이로 일정하게 썬다.

6 재료 볶기

① 냄비에 베이컨을 넣고 볶다가 버터를 두르고 다진 마늘, 채소를 넣고 볶는다.

② 볶은 채소에 토마토 페이스트를 넣고 신맛이 사라지도록 충분히 볶아준다.

7 수프 끓이기

① 볶은 채소에 물 200ml, 부케가르니(양파, 월계수잎, 정향)를 넣고 끓인다.

② 채소가 완전히 익을 무렵 토마토, 완두콩, 스파게티, 스트링빈스를 넣고 끓여준다.

8 미네스트로니 수프 완성하기

① 수프의 농도와 색이 완성되면 부케가르니를 건져내고 소금, 후추로 간한다.

② 완성된 수프는 건더기와 국물 200ml 이상을 수프 볼에 담고 파슬리가루를 가운데에 뿌려준다.

Tip

- 미네스트로니 수프의 국물과 재료의 비율은 3 : 1로 담는다.
- 수프의 농도는 소스보다 묽게 한다.
- 부케가르니는 양파에 월계수잎, 정향을 꽂아 사용한다.

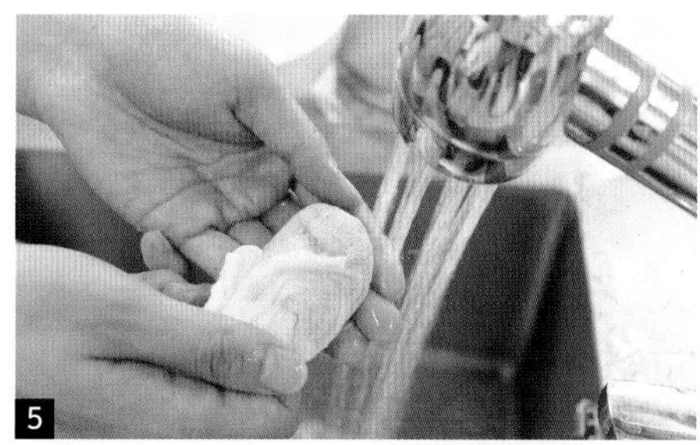
5

6

7

8

9

Fish Chowder Soup

피시 차우더 수프

차우더란 조개, 새우, 생선 등에 채소를 넣고 육수와 화이트 루를 넣어 고형물과 국물이 반반씩 들어간 크림형태의 진하고 걸쭉한 수프이다. 차우더는 '감자를 넣어 걸쭉하게 만든 수프'를 의미하는 말로 라틴어 '칼데리아(Calderia)'에서 유래되었다.

※ **주어진 재료를 사용하여 다음과 같이 피시 차우더 수프를 만드시오.**

1. 차우더 수프는 화이트 루(Roux)를 이용하여 농도를 맞추시오.
2. 채소는 사방 0.7cm, 두께 0.1cm로, 생선은 1cm 폭과 길이로 써시오.
3. 완성된 수프는 200ml 이상 담아 제출하시오.

❶ 대구살을 이용하여 피시스톡을 만들어 사용하고 수프는 흰색이 나와야 한다.

❷ 베이컨은 기름을 빼고 사용한다.

❸ 피시 차우더 수프 만드는 순서는 틀리지 않게 하여야 한다.

❹ 만드는 순서에 유의하며, 위생과 숙련된 기능평가를 위하여 조리작업 시 맛을 보지 않는다.

❺ 지정된 수험자 지참준비물 이외의 조리기구나 재료를 시험장 내에 지참할 수 없다.

❻ 지급재료는 시험 전 확인하여 이상이 있을 경우 시험위원으로부터 조치를 받고 시험 중에는 재료의 교환 및 추가지급은 하지 않는다.

❼ 요구사항 및 지급재료의 규격은 “정도”의 의미를 포함하며, 재료의 크기에 따라 가감하여 채점된다.

❽ 위생복, 위생모, 앞치마를 착용하여야 하며, 시험장비 · 조리기구 취급 등 안전에 유의한다.

❾ 다음 사항에 대해서는 **채점대상에서 제외하니** 특히 유의하기 바란다.

㈎ 기권: 수험자 본인이 시험 도중 시험에 대한 포기 의사를 표현하는 경우

㈏ 실격
- 가스레인지 화구를 2개 이상(2개 포함) 사용한 경우
- 불을 사용하여 만든 조리작품이 작품특성에 벗어나는 정도로 타거나 익지 않은 경우
- 위생복, 위생모, 앞치마를 착용하지 않은 경우
- 지정된 수험자 지참준비물 이외의 조리기구를 사용한 경우
- 시험 중 시설 · 장비(칼, 가스레인지 등) 사용 시 시험위원 및 타 수험자의 시험 진행에 위해를 일으킬 것으로 시험위원 전원이 합의하여 판단한 경우

㈐ 미완성
- 시험시간 내에 과제 두 가지를 제출하지 못한 경우
- 문제의 요구사항대로 과제의 수량이 만들어지지 않은 경우

㈑ 오작
- 구이를 조림 등으로 조리하여 완성품을 요구사항과 다르게 만든 경우
- 해당과제의 지급재료 이외의 재료를 사용하거나 석쇠 등 요구사항의 조리기구를 사용하지 않은 경우

㈒ 요구사항에 표시된 실격, 미완성, 오작에 해당하는 경우

❿ 항목별 배점은 위생상태 및 안전관리 5점, 조리기술 30점, 작품의 평가 15점이다.

⓫ 시험 시작 전 가벼운 몸 풀기(스트레칭) 동작으로 긴장을 풀고 시험을 시작한다.

만드는 법 ❶ 재료 준비하기 ☞ ❷ 재료 썰기 ☞ ❸ 생선 스톡 만들기 ☞ ❹ 감자, 베이컨, 채소 볶기

식재료 지급목록	
• 대구살(해동지급)	50g
• 감자(150g 정도)	1/4개
• 베이컨(25~30cm)	1/6개
• 셀러리	30g
• 버터(무염)	20g
• 밀가루(중력분)	15g
• 우유	200ml
• 소금(정제염)	2g
• 흰 후춧가루	2g
• 정향	1개
• 월계수잎	1잎

1 재료 준비하기

① 양파에 월계수잎, 정향을 꽂아 부케가르니를 만든다.

1

2 재료 썰기

① 감자는 껍질을 벗겨 사방 0.7cm, 두께 0.1cm로 잘라 갈변을 방지하기 위해 찬물에 담가둔다.

② 셀러리는 섬유질을 제거하고 사방 0.7cm, 두께 0.1cm로 썬다.

③ 베이컨은 사방 1cm 크기로 일정하게 썬다.

④ 생선 살은 사방 1cm 크기로 일정하게 썬다.

2

3

3 생선 스톡 만들기

① 냄비에 찬물 2컵과 손질한 생선을 넣어 끓인 후, 삶은 생선 살은 건져 물기를 제거한다.

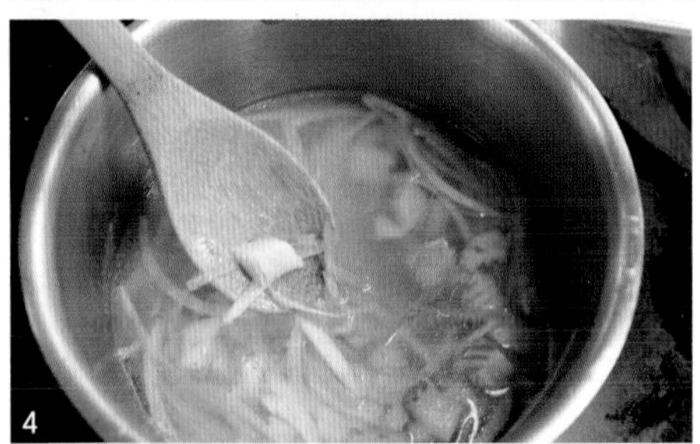

4

② 끓인 생선 육수는 고운체에 걸러 피시 스톡으로 사용한다.

4 감자, 베이컨, 채소 볶기

① 달궈진 팬에 베이컨을 볶다가 버터를 두르고 남은 양파, 감자, 셀러리 순으로 넣고 볶는다.

5 화이트 루 만들기

① 냄비에 버터 1Ts, 밀가루 1Ts를 동량으로 볶아 화이트 루를 만든다.

② 화이트 루에 생선 스톡 1컵을 넣고 주걱으로 뭉치지 않게 풀어가며 저어준다.

6 수프 끓이기

① 화이트 루에 볶은 채소, 우유, 부케가르니를 넣고 끓인다.

② 농도가 나오면 부케가르니를 건져내고 소금, 후추로 간을 한다.

7 피시 차우더 수프 완성하기

① 완성된 수프는 200ml 이상을 수프 볼에 담아낸다.

Tip

- 부케가르니 : 양파에 월계수잎, 정향을 꽂아 사용한다.
- 생선 살은 부드러워서 데칠 때 부서지지 않도록 주의한다.
- 화이트 루에 생선 스톡을 넣을 때 조금씩 넣고 풀어주어야 루가 덩어리지지 않는다.

5

6

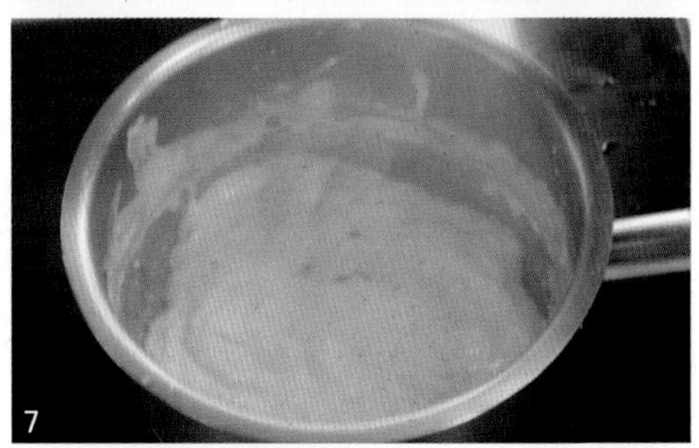
7

8

French Onion Soup

프렌치 어니언 수프

로마시대부터 즐겨 먹던 프렌치 어니언 수프는 18세기 사순절 부활제에 가톨릭 교리에 따라 육식을 금한 데서 유래되었으며 한 후직이 고기를 먹지 못하는 괴로움에 고기보다 맛있는 요리를 만들어보라고 하여 양파를 오랜 시간 볶아 진한 풍미와 감칠맛을 낸 수프를 만들었다.

※ **주어진 재료를 사용하여 다음과 같이 프렌치 어니언 수프를 만드시오.**

1. 양파는 5cm 크기의 길이로 일정하게 써시오.
2. 바게트 빵은 구워서 사용하시오.
3. 완성된 수프의 양은 200ml 이상 제출하시오.

❶ 수프의 색깔이 갈색이 나도록 하여야 한다.

❷ 바게트 빵은 마늘버터를 고루 발라 구워서 사용한다.

❸ 프렌치 어니언 수프 만드는 순서가 틀리지 않게 하여야 한다.

❹ 만드는 순서에 유의하며, 위생과 숙련된 기능평가를 위하여 조리작업 시 맛을 보지 않는다.

❺ 지정된 수험자 지참준비물 이외의 조리기구나 재료를 시험장 내에 지참할 수 없다.

❻ 지급재료는 시험 전 확인하여 이상이 있을 경우 시험위원으로부터 조치를 받고 시험 중에는 재료의 교환 및 추가지급은 하지 않는다.

❼ 요구사항 및 지급재료의 규격은 "정도"의 의미를 포함하며, 재료의 크기에 따라 가감하여 채점된다.

❽ 위생복, 위생모, 앞치마를 착용하여야 하며, 시험장비 · 조리기구 취급 등 안전에 유의한다.

❾ 다음 사항에 대해서는 **채점대상에서 제외하니** 특히 유의하기 바란다.

㈎ 기권: 수험자 본인이 시험 도중 시험에 대한 포기 의사를 표현하는 경우

㈏ 실격

- 가스레인지 화구를 2개 이상(2개 포함) 사용한 경우
- 불을 사용하여 만든 조리작품이 작품특성에 벗어나는 정도로 타거나 익지 않은 경우
- 위생복, 위생모, 앞치마를 착용하지 않은 경우
- 지정된 수험자 지참준비물 이외의 조리기구를 사용한 경우
- 시험 중 시설 · 장비(칼, 가스레인지 등) 사용 시 시험위원 및 타 수험자의 시험 진행에 위해를 일으킬 것으로 시험위원 전원이 합의하여 판단한 경우

㈐ 미완성

- 시험시간 내에 과제 두 가지를 제출하지 못한 경우
- 문제의 요구사항대로 과제의 수량이 만들어지지 않은 경우

㈑ 오작

- 구이를 조림 등으로 조리하여 완성품을 요구사항과 다르게 만든 경우
- 해당과제의 지급재료 이외의 재료를 사용하거나 석쇠 등 요구사항의 조리기구를 사용하지 않은 경우

㈒ 요구사항에 표시된 실격, 미완성, 오작에 해당하는 경우

❿ 항목별 배점은 위생상태 및 안전관리 5점, 조리기술 30점, 작품의 평가 15점이다.

⓫ 시험 시작 전 가벼운 몸 풀기(스트레칭) 동작으로 긴장을 풀고 시험을 시작한다.

식재료 지급목록	
• 양파(중, 150g 정도)	1개
• 바게트빵	1조각
• 버터(무염)	20g
• 소금(정제염)	2g
• 검은 후춧가루	1g
• 파마산치즈가루	10g
• 백포도주	15ml
• 마늘(중, 깐 것)	1쪽
• 파슬리(잎, 줄기 포함)	1줄기
• 맑은 스톡(비프스톡 또는 콘소메, 물로 대체 가능)	270ml

1

1 재료 준비하기

① 파슬리는 찬물에 담근다.

2

2 양파 썰어 볶기

① 양파는 길이 5cm로 일정하게 채 썰어준다.

② 냄비에 버터를 두른 뒤 양파를 넣고 갈색이 나도록 볶는다.

3

3 스톡 부어 끓이기

① 볶은 양파에 백포도주 1Ts을 넣어 볶은 후 맑은 스톡(비프스톡 또는 물)을 넣어 은근히 끓여준다.

② 수프를 끓이면서 수시로 거품을 제거해 준다.

③ 너무 오래 끓이면 국물이 탁해지므로 시간 조정을 잘하고 소금, 후추로 간을 한다.

4

4 마늘 버터 만들기

① 마늘은 곱게 다진다.

② 파슬리는 곱게 다져 소창에 넣어 흐르는 물에 씻어 물기를 꼭 짜준다.

③ 살짝 녹은 버터에 다진 마늘, 파슬리를 넣어 마늘 버터를 만든다.

5 바게트 빵 굽기

① 마늘버터를 바게트 빵에 고루 발라준다.

② 달궈진 팬에 바게트 빵을 타지 않게 노릇노릇하게 굽는다.

③ 구운 바게트 빵에 파마산치즈를 뿌린 후 한 번 더 갈색이 나게 굽는다.

6 프렌치 어니언 수프 완성하기

① 완성된 수프는 200ml 이상을 수프 볼에 담은 후 제출하기 직전에 구운 바게트 빵과 함께 제출한다.

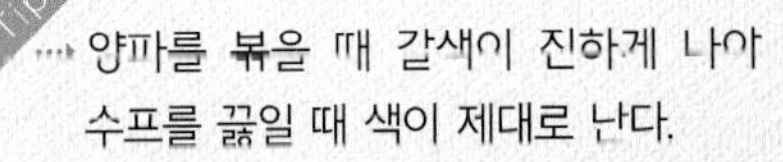

Tip

···› 양파를 볶을 때 갈색이 진하게 나야 수프를 끓일 때 색이 제대로 난다.

···› 수프를 끓일 때 맑게 하기 위해서 거품을 수시로 제거하고 불 조절에 유의한다.

···› 수프를 너무 오래 끓이면 국물이 탁해지므로 시간조정에 유의한다.

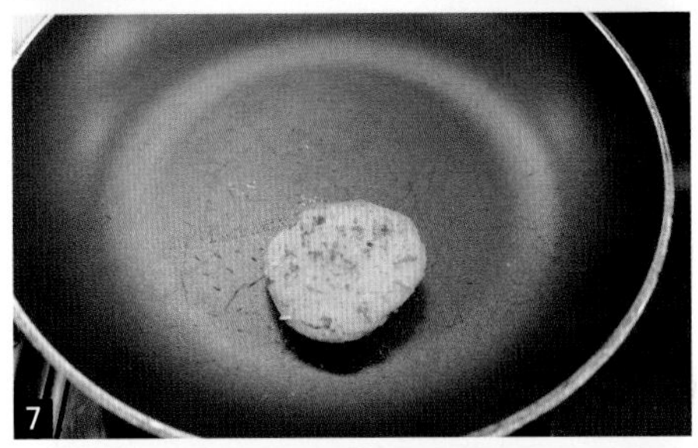

Potato Cream Soup

포테이토 크림 수프

미국 뉴욕 월도프 호텔의 셰프에 의해 만들어진 수프이며 포테이토 크림 수프는 삶은 감자 자체로 농도를 내고 크림과 잘 어우러져 부드럽고 풍부한 맛이 일품이다.

※ 주어진 재료를 사용하여 다음과 같이 포테이토 크림 수프를 만드시오.

1. 크루통(Crouton)의 크기는 사방 0.8cm~1cm 정도로 만들어 버터에 볶아 수프에 띄우시오.
2. 익힌 감자는 체에 내려 사용하시오.
3. 수프의 색과 농도에 유의하고 완성된 수프는 200ml 이상 제출하시오.

❶ 수프의 농도와 색을 잘 맞추어야 한다.

❷ 수프를 끓일 때 생기는 거품을 국자로 걷어내어야 한다.

❸ 포테이토 크림 수프 만드는 순서가 틀리지 않게 하여야 한다.

❹ 만드는 순서에 유의하며, 위생과 숙련된 기능평가를 위하여 조리작업 시 맛을 보지 않는다.

❺ 지정된 수험자 지참준비물 이외의 조리기구나 재료를 시험장 내에 지참할 수 없다.

❻ 지급재료는 시험 전 확인하여 이상이 있을 경우 시험위원으로부터 조치를 받고 시험 중에는 재료의 교환 및 추가지급은 하지 않는다.

❼ 요구사항 및 지급재료의 규격은 "정도"의 의미를 포함하며, 재료의 크기에 따라 가감하여 채점된다.

❽ 위생복, 위생모, 앞치마를 착용하여야 하며, 시험장비 · 조리기구 취급 등 안전에 유의한다.

❾ 다음 사항에 대해서는 **채점대상에서 제외하니** 특히 유의하기 바란다.

(가) 기권: 수험자 본인이 시험 도중 시험에 대한 포기 의사를 표현하는 경우

(나) 실격
- 가스레인지 화구를 2개 이상(2개 포함) 사용한 경우
- 불을 사용하여 만든 조리작품이 작품특성에 벗어나는 정도로 타거나 익지 않은 경우
- 위생복, 위생모, 앞치마를 착용하지 않은 경우
- 지정된 수험자 지참준비물 이외의 조리기구를 사용한 경우
- 시험 중 시설 · 장비(칼, 가스레인지 등) 사용 시 시험위원 및 타 수험자의 시험 진행에 위해를 일으킬 것으로 시험위원 전원이 합의하여 판단한 경우

(다) 미완성
- 시험시간 내에 과제 두 가지를 제출하지 못한 경우
- 문제의 요구사항대로 과제의 수량이 만들어지지 않은 경우

(라) 오작
- 구이를 조림 등으로 조리하여 완성품을 요구사항과 다르게 만든 경우
- 해당과제의 지급재료 이외의 재료를 사용하거나 석쇠 등 요구사항의 조리기구를 사용하지 않은 경우

(마) 요구사항에 표시된 실격, 미완성, 오작에 해당하는 경우

❿ 항목별 배점은 위생상태 및 안전관리 5점, 조리기술 30점, 작품의 평가 15점이다.

⓫ 시험 시작 전 가벼운 몸 풀기(스트레칭) 동작으로 긴장을 풀고 시험을 시작한다.

만드는 법 ❶ 채소 썰기 ☞ ❷ 크루통 만들기 ☞ ❸ 채소 볶기

식재료 지급목록	
• 감자(200g 정도)	1개
• 대파(흰 부분 10cm 정도)	1토막
• 양파(중, 150g 정도)	1/4개
• 버터(무염)	15g
• 치킨 스톡(물로 대체가능)	270ml
• 생크림(조리용)	20ml
• 식빵(샌드위치용)	1조각
• 소금(정제염)	2g
• 흰 후춧가루	1g
• 월계수잎	1잎

1 채소 썰기

① 감자는 껍질을 벗겨 얇게 썬 뒤 찬물에 담가 전분기를 제거한다.

② 양파, 대파(흰 부분)는 가늘게 채 썰어 둔다.

1

2

2 크루통 만들기

① 식빵은 사방 0.8~1cm 크기로 일정하게 썬다.

② 팬에 버터를 두르고 식빵을 노릇노릇하게 볶아 크루통을 만든다.

3

3 채소 볶기

① 냄비에 버터를 두르고 대파, 양파를 먼저 볶은 후 감자를 넣고 색이 나지 않도록 약한 불에서 천천히 볶는다.

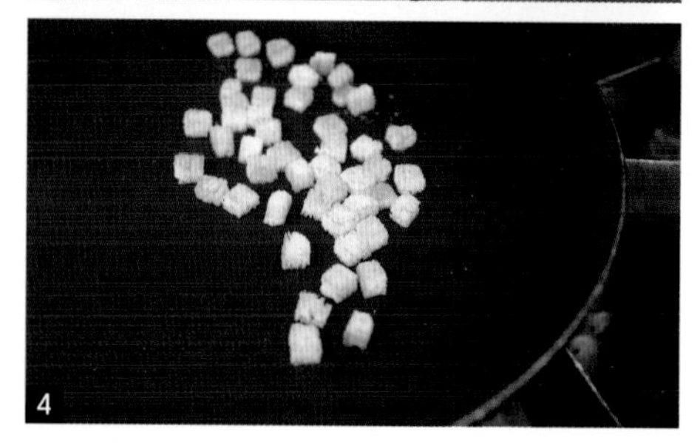

4

4 스톡 끓이기

① 볶은 감자에 치킨 스톡(물) 3컵과 월계수잎을 넣고 끓이면서 거품을 건져낸다.

② 감자가 완전히 익으면 월계수잎을 건져내고 고운체에 내린다.

5

6

5 수프 농도 맞추기

① 수프의 농도가 걸쭉해지면 생크림을 넣고 한 번 더 끓인 후 소금, 후추로 간한다.

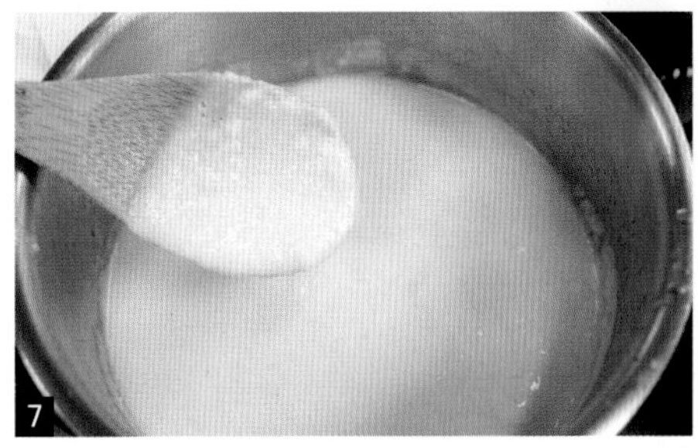
7

6 포테이토 크림 수프 완성하기

① 완성된 수프는 200ml 이상을 수프볼에 담고 구운 크루통을 제출하기 직전에 띄워낸다.

Tip

- 감자는 색이 나지 않도록 볶아 감자수프의 색이 흰색이 되도록 한다.
- 수프의 농도가 묽으면 냄비에 넣고 끓여 수분을 졸인 후 농도를 맞춘다.
- 식빵을 구울 때 팬을 깨끗이 하여 노릇노릇하게 굽는다.

Thousand Island Dressing

사우전 아일랜드 드레싱

채소 샐러드, 닭고기 요리 등에 잘 어울리는 새콤달콤한 맛의 드레싱으로 소스의 이름대로 아주 작은 채소들이 천 개의 섬처럼 떠 있는 것 같다는 의미에서 붙여진 이름이다.

※ **주어진 재료를 사용하여 다음과 같이 사우전 아일랜드 드레싱을 만드시오.**

1. 드레싱은 핑크빛이 되도록 하시오.
2. 다지는 재료는 0.2cm 정도의 크기로 하시오.
3. 드레싱은 농도를 잘 맞추어 100ml 이상을 제출하시오.

❶ 다진 재료의 물기를 제거한다.

❷ 소스의 농도에 유의한다.

❸ 사우전 아일랜드 드레싱 만드는 순서가 틀리지 않게 하여야 한다.

❹ 만드는 순서에 유의하며, 위생과 숙련된 기능평가를 위하여 조리작업 시 맛을 보지 않는다.

❺ 지정된 수험자 지참준비물 이외의 조리기구나 재료를 시험장 내에 지참할 수 없다.

❻ 지급재료는 시험 전 확인하여 이상이 있을 경우 시험위원으로부터 조치를 받고 시험 중에는 재료의 교환 및 추가지급은 하지 않는다.

❼ 요구사항 및 지급재료의 규격은 "정도"의 의미를 포함하며, 재료의 크기에 따라 가감하여 채점된다.

❽ 위생복, 위생모, 앞치마를 착용하여야 하며, 시험장비 · 조리기구 취급 등 안전에 유의한다.

❾ 다음 사항에 대해서는 **채점대상에서 제외하니** 특히 유의하기 바란다.

㈎ 기권: 수험자 본인이 시험 도중 시험에 대한 포기 의사를 표현하는 경우

㈏ 실격

- 가스레인지 화구를 2개 이상(2개 포함) 사용한 경우
- 불을 사용하여 만든 조리작품이 작품특성에 벗어나는 정도로 타거나 익지 않은 경우
- 위생복, 위생모, 앞치마를 착용하지 않은 경우
- 지정된 수험자 지참준비물 이외의 조리기구를 사용한 경우
- 시험 중 시설 · 장비(칼, 가스레인지 등) 사용 시 시험위원 및 타 수험자의 시험 진행에 위해를 일으킬 것으로 시험위원 전원이 합의하여 판단한 경우

㈐ 미완성

- 시험시간 내에 과제 두 가지를 제출하지 못한 경우
- 문제의 요구사항대로 과제의 수량이 만들어지지 않은 경우

㈑ 오작

- 구이를 조림 등으로 조리하여 완성품을 요구사항과 다르게 만든 경우
- 해당과제의 지급재료 이외의 재료를 사용하거나 석쇠 등 요구사항의 조리기구를 사용하지 않은 경우

㈒ 요구사항에 표시된 실격, 미완성, 오작에 해당하는 경우

❿ 항목별 배점은 위생상태 및 안전관리 5점, 조리기술 30점, 작품의 평가 15점이다.

⓫ 시험 시작 전 가벼운 몸 풀기(스트레칭) 동작으로 긴장을 풀고 시험을 시작한다.

만드는 법 ❶ 달걀 삶기 ☞ ❷ 재료 다지기 ☞ ❸ 달걀 다지기

식재료 지급목록

• 마요네즈	70g
• 오이피클(개당 25~30g짜리)	1/2개
• 양파(중, 150g 정도)	1/6개
• 토마토 케첩	20g
• 소금(정제염)	2g
• 흰 후춧가루	1g
• 레몬(길이 장축으로 등분)	1/4개
• 달걀	1개
• 청피망(중, 75g 정도)	1/4개
• 식초	10ml

1 달걀 삶기

① 냄비에 찬물을 넣고 달걀, 소금을 넣어 물이 끓기 시작하면서부터 12분간 삶은 후 찬물에 식힌다.

1

2 재료 다지기

① 양파는 0.2cm 정도의 크기로 다져 소금물에 담가 매운맛을 제거한 후 소창에 싸서 물기를 꼭 짜준다.

② 오이피클은 0.2cm 정도의 크기로 다져 소창에 싸서 물기를 꼭 짜준다.

③ 셀러리는 섬유질을 제거한 후 0.2cm 정도의 크기로 다진다.

④ 청피망은 0.2cm 정도의 크기로 다진다.

2

3

3 달걀 다지기

① 삶은 달걀은 흰자와 노른자를 분리하여 흰자는 0.2cm 정도의 크기로 다지고 노른자는 고운체에 내린다.

4

4 레몬즙 만들기

① 레몬은 깨끗이 씻어 슬라이스한 후 레몬즙을 만든다.

5

5 드레싱 만들기

① 믹싱 볼에 마요네즈 3Ts, 케첩 1Ts을 넣고 드레싱 색깔이 핑크색이 되도록 저어준다.

② 다진 달걀, 양파, 피클, 청피망, 레몬즙을 넣어 골고루 섞어준다.

③ 소금, 흰 후추를 넣어 간을 맞춘다.

6

6 사우전 아일랜드 드레싱 완성하기

① 완성된 드레싱은 100ml 이상을 소스 볼에 담아 제출한다.

7

Tip

- 마요네즈와 케첩의 비율은 3:1로 넣고 농도는 레몬즙이나 피클물을 넣어 맞춘다.
- 모든 재료의 크기는 일정하게 썰고 핑크빛이 나도록 케첩의 양을 잘 조절해야 한다.

Italian Meat Sauce

이탈리안 미트 소스

이탈리안 미트 소스는 볼로네이즈 소스라고도 불리며 이탈리아 볼로냐 지방에서 처음 만들어 먹은 이탈리아의 대표적인 파스타 소스이다. 세월이 지나면서 라구(Ragu) 소스라고도 불리며 토마토 소스에서 파생되어 주로 파스타요리, 생선, 채소, 달걀요리 등에 많이 사용되는 소스이다.

※ 주어진 재료를 사용하여 다음과 같이 이탈리안 미트 소스를 만드시오.

1. 모든 재료는 다져서 사용하시오.
2. 그릇에 담고 파슬리 다진 것을 뿌려내시오.
3. 소스는 150ml 이상 제출하시오.

❶ 소스의 농도와 색에 유의한다.

❷ 이탈리안 미트 소스 만드는 순서가 틀리지 않게 하여야 한다.

❸ 만드는 순서에 유의하며, 위생과 숙련된 기능평가를 위하여 조리작업 시 맛을 보지 않는다.

❹ 지정된 수험자 지참준비물 이외의 조리기구나 재료를 시험장 내에 지참할 수 없다.

❺ 지급재료는 시험 전 확인하여 이상이 있을 경우 시험위원으로부터 조치를 받고 시험 중에는 재료의 교환 및 추가지급은 하지 않는다.

❻ 요구사항 및 지급재료의 규격은 "정도"의 의미를 포함하며, 재료의 크기에 따라 가감하여 채점된다.

❼ 위생복, 위생모, 앞치마를 착용하여야 하며, 시험장비 · 조리기구 취급 등 안전에 유의한다.

❽ 다음 사항에 대해서는 **채점대상에서 제외하니** 특히 유의하기 바란다.

(가) 기권: 수험자 본인이 시험 도중 시험에 대한 포기 의사를 표현하는 경우

(나) 실격

- 가스레인지 화구를 2개 이상(2개 포함) 사용한 경우
- 불을 사용하여 만든 조리작품이 작품특성에 벗어나는 정도로 타거나 익지 않은 경우
- 위생복, 위생모, 앞치마를 착용하지 않은 경우
- 지정된 수험자 지참준비물 이외의 조리기구를 사용한 경우
- 시험 중 시설 · 장비(칼, 가스레인지 등) 사용 시 시험위원 및 타 수험자의 시험 진행에 위해를 일으킬 것으로 시험위원 전원이 합의하여 판단한 경우

(다) 미완성

- 시험시간 내에 과제 두 가지를 제출하지 못한 경우
- 문제의 요구사항대로 과제의 수량이 만들어지지 않은 경우

(라) 오작

- 구이를 조림 등으로 조리하여 완성품을 요구사항과 다르게 만든 경우
- 해당과제의 지급재료 이외의 재료를 사용하거나 석쇠 등 요구사항의 조리기구를 사용하지 않은 경우

(마) 요구사항에 표시된 실격, 미완성, 오작에 해당하는 경우

❾ 항목별 배점은 위생상태 및 안전관리 5점, 조리기술 30점, 작품의 평가 15점이다.

❿ 시험 시작 전 가벼운 몸 풀기(스트레칭) 동작으로 긴장을 풀고 시험을 시작한다.

만드는 법 ❶ 재료 손질하기 ☞ ❷ 재료 다지기 ☞ ❸ 파슬리 다지기

식재료 지급목록	
• 양파(중, 150g 정도)	1/2개
• 소고기(살코기 간 것)	60g
• 마늘(중, 깐 것)	1쪽
• 토마토(캔 고형물)	30g
• 버터(무염)	10g
• 토마토 페이스트	30g
• 월계수잎	1잎
• 파슬리(잎, 줄기 포함)	1줄기
• 소금(정제염)	2g
• 검은 후춧가루	2g
• 셀러리	30g

1 재료 손질하기

① 파슬리는 흐르는 물에 씻어 찬물에 담근다.

1

2 재료 다지기

① 소고기는 핏물을 제거한 후, 곱게 다진다.

② 양파, 마늘, 홀 토마토는 곱게 다진다.

③ 셀러리는 섬유질을 제거한 후, 곱게 다진다.

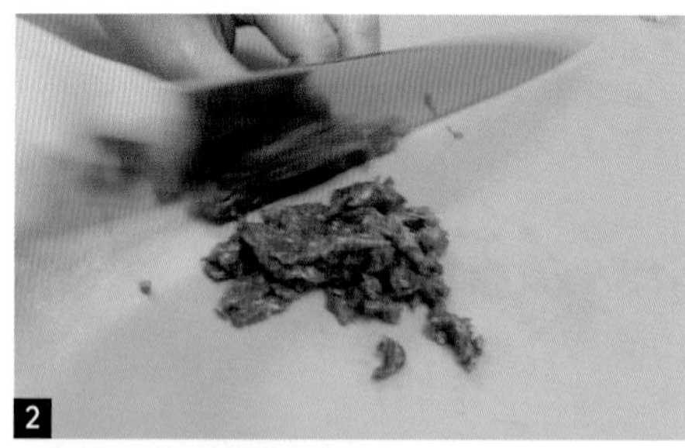

2

3 파슬리 다지기

① 파슬리는 줄기를 제거하여 곱게 다진다.

② 다진 파슬리는 소창에 넣어 흐르는 물에 씻어 꼭 짠 후, 보슬하게 만든다.

3

4

4 재료 볶기

① 달궈진 냄비에 마늘, 양파, 셀러리, 소고기를 넣어 순서대로 볶는다.

② 볶은 내용물에 토마토 페이스트를 넣어 충분히 볶은 후, 다진 홀 토마토를 넣는다.

5

5 소스 끓이기

① 볶은 소고기와 채소에 물 2컵(200ml)과 월계수잎을 넣고 눌어붙지 않도록 주걱으로 저으며 끓여준다.

② 끓이는 동안 거품과 기름은 수시로 제거한다.

6

6 이탈리안 미트 소스 완성하기

① 소스의 농도가 걸쭉해지면 월계수잎을 건지고 소금, 후추로 간한다.

② 완성된 소스는 150ml 이상을 소스 볼에 담고 다진 파슬리를 뿌려 제출한다.

7

Tip

- 토마토 페이스트를 사용할 때는 충분히 볶아주어야 신맛이 없다.
- 마늘을 볶을 때는 약불에서 타지 않게 볶아준다.
- 물의 양을 조절하여 소스의 농도에 주의한다.

Hollandaise Sauce

홀랜다이즈 소스

프랑스어로 올랑데즈 소스(Sauce Hollandaise)는 버터와 레몬즙, 달걀노른자를 유화시켜 만든 소스이며 홀란드는 네덜란드라는 뜻으로 네덜란드가 프랑스의 식민지일 때 버터 등을 공물로 바치던 것에서 소스의 이름이 유래되었다.

※ **주어진 재료를 사용하여 다음과 같이 홀랜다이즈 소스를 만드시오.**

1. 양파, 식초를 이용하여 허브에센스(Herb Essence)를 만들어 사용하시오.
2. 정제 버터를 만들어 사용하시오.
3. 소스는 중탕으로 만들어 굳지 않게 그릇에 담아내시오.

❶ 소스의 농도에 유의한다.
❷ 홀랜다이즈 소스 만드는 순서가 틀리지 않게 하여야 한다.
❸ 만드는 순서에 유의하며, 위생과 숙련된 기능평가를 위하여 조리작업 시 맛을 보지 않는다.
❹ 지정된 수험자 지참준비물 이외의 조리기구나 재료를 시험장 내에 지참할 수 없다.
❺ 지급재료는 시험 전 확인하여 이상이 있을 경우 시험위원으로부터 조치를 받고 시험 중에는 재료의 교환 및 추가지급은 하지 않는다.
❻ 요구사항 및 지급재료의 규격은 "정도"의 의미를 포함하며, 재료의 크기에 따라 가감하여 채점된다.
❼ 위생복, 위생모, 앞치마를 착용하여야 하며, 시험장비 · 조리기구 취급 등 안전에 유의한다.
❽ 다음 사항에 대해서는 **채점대상에서 제외하니** 특히 유의하기 바란다.

(가) 기권: 수험자 본인이 시험 도중 시험에 대한 포기 의사를 표현하는 경우

(나) 실격
- 가스레인지 화구를 2개 이상(2개 포함) 사용한 경우
- 불을 사용하여 만든 조리직품이 직품특성에 벗어나는 정도로 타거나 익지 않은 경우
- 위생복, 위생모, 앞치마를 착용하지 않은 경우
- 지정된 수험자 지참준비물 이외의 조리기구를 사용한 경우
- 시험 중 시설 · 장비(칼, 가스레인지 등) 사용 시 시험위원 및 타 수험자의 시험 진행에 위해를 일으킬 것으로 시험위원 전원이 합의하여 판단한 경우

(다) 미완성
- 시험시간 내에 과제 두 가지를 제출하지 못한 경우
- 문제의 요구사항대로 과제의 수량이 만들어지지 않은 경우

(라) 오직
- 구이를 조림 등으로 조리하여 완성품을 요구사항과 다르게 만든 경우
- 해당과제의 지급재료 이외의 재료를 사용하거나 석쇠 등 요구사항의 조리기구를 사용하지 않은 경우

(마) 요구사항에 표시된 실격, 미완성, 오작에 해당하는 경우

❾ 항목별 배점은 위생상태 및 안전관리 5점, 조리기술 30점, 작품의 평가 15점이다.
❿ 시험 시작 전 가벼운 몸 풀기(스트레칭) 동작으로 긴장을 풀고 시험을 시작한다.

식재료 지급목록

• 달걀	2개
• 양파(중,150g 정도)	1/8개
• 식초	20ml
• 검은 통후추	3개
• 버터(무염)	200g
• 레몬(길이 장축으로 등분)	1/4개
• 월계수잎	1잎
• 파슬리(잎줄기 포함)	1줄기
• 소금(정제염)	2g
• 흰 후춧가루	1g

1 재료 손질하기

① 양파는 곱게 채 썰고 통후추는 칼을 이용하여 으깬다.

② 레몬은 슬라이스로 썬다.

2 버터 정제하기

① 냄비에 물을 부어 끓으면 볼에 버터를 담아 냄비 위에 놓고 중탕으로 녹여 정제 버터(Clarified Butter)를 만든다.

② 정제 버터 표면에 뜬 거품은 제거해 준다.

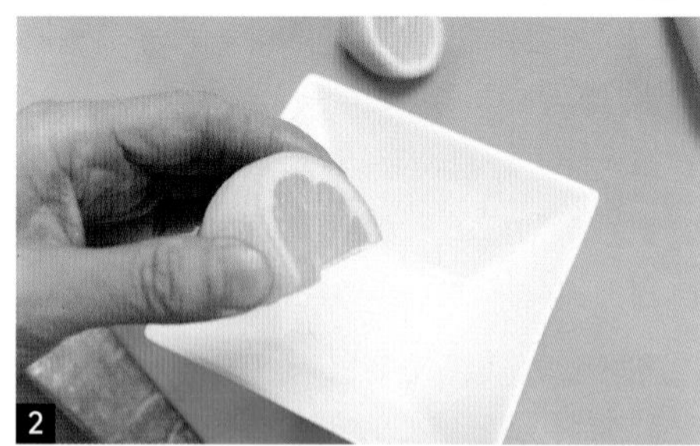

3 허브 에센스 만들기

① 냄비에 물 200ml 정도, 채 썬 양파, 파슬리 줄기, 레몬, 통후추, 월계수잎, 식초를 넣고 중불에서 물이 절반이 될 때까지 졸인다.

② 물이 절반 정도로 졸여지면 소창에 걸러 식히면 허브 에센스가 만들어진다.

4 달걀 황 · 백 분리하기

① 달걀은 황 · 백으로 분리하여 노른자만 준비한다.

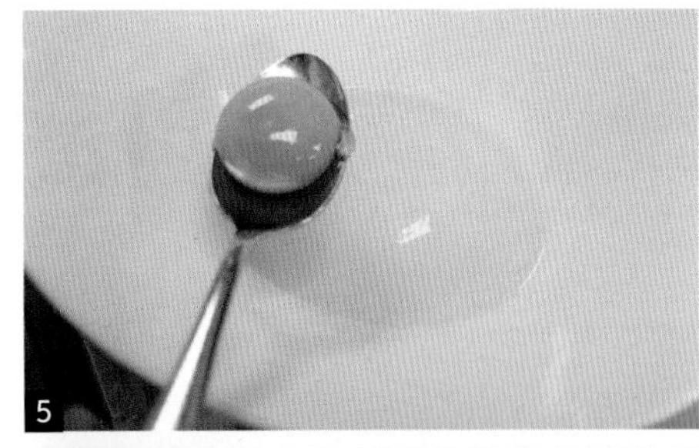
5

5 달걀 휘핑하기 및 버터 유화하기

① 믹싱 볼에 노른자를 담고 허브 에센스를 1스푼(Ts) 넣어 거품기로 뭉치지 않도록 저어준다.

② 프라이팬에 물을 자작하게 부어 행주를 깔고 불을 약하게 올려 미지근하게 데운다.

③ 데운 물에 ①의 노른자 볼을 올리고 정제 버터를 조금씩 첨가하면서 거품기로 시계방향으로 반복적으로 저으면서 유화시킨다.

④ 유화시킨 버터에 허브 에센스를 넣어 농도를 조절한다.

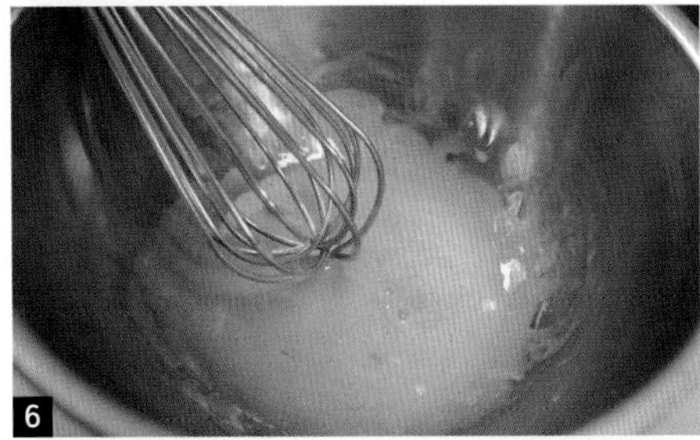
6

7

6 홀랜다이즈 소스 완성하기

① 노란색의 소스가 완성되면 레몬즙을 넣어 한 번 더 저어준 후, 소금, 후추로 간한다.

② 완성된 소스는 100ml 이상을 소스 볼에 담아 제출한다.

Tip

⋯› 홀랜다이즈 소스는 반드시 중탕하여 만들어야 하며 소스의 온도는 너무 뜨겁거나 차갑지 않게 조절한다.

⋯› 소스의 농도는 묽거나 굳지 않게 잘 조절한다.

Brown Gravy Sauce

브라운 그래비 소스

소스는 'Sal'로 '소금'을 뜻하는 라틴어에서 유래되었으며 풍미와 식욕을 돋우고 맛을 향상시켜 준다. 브라운 그래비 소스는 브라운색이 나게 밀가루, 버터를 볶은 브라운 루와 브라운색으로 끓인 스톡을 함께 넣어 만든 소스이며 그래비(Gravy)는 국물을 뜻한다.

요구사항

※ 주어진 재료를 사용하여 다음과 같이 브라운 그래비 소스를 만드시오.

1. 브라운 루(Brown Roux)를 만들어 사용하시오.
2. 완성된 소스의 양은 200ml 이상을 만드시오.

수험자 유의사항

❶ 브라운 루(Brown Roux)가 타지 않도록 유의한다.

❷ 소스의 농도와 색에 유의한다.

❸ 브라운 그래비 소스 만드는 순서가 틀리지 않게 하여야 한다.

❹ 만드는 순서에 유의하며, 위생과 숙련된 기능평가를 위하여 조리작업 시 맛을 보지 않는다.

❺ 지정된 수험자 지참준비물 이외의 조리기구나 재료를 시험장 내에 지참할 수 없다.

❻ 지급재료는 시험 전 확인하여 이상이 있을 경우 시험위원으로부터 조치를 받고 시험 중에는 재료의 교환 및 추가지급은 하지 않는다.

❼ 요구사항 및 지급재료의 규격은 "정도"의 의미를 포함하며, 재료의 크기에 따라 가감하여 채점된다.

❽ 위생복, 위생모, 앞치마를 착용하여야 하며, 시험장비 · 조리기구 취급 등 안전에 유의한다.

❾ 다음 사항에 대해서는 **채점대상에서 제외하니** 특히 유의하기 바란다.

(가) 기권: 수험자 본인이 시험 도중 시험에 대한 포기 의사를 표현하는 경우

(나) 실격
- 가스레인지 화구를 2개 이상(2개 포함) 사용한 경우
- 불을 사용하여 만든 조리작품이 작품특성에 벗어나는 정도로 타거나 익지 않은 경우
- 위생복, 위생모, 앞치마를 착용하지 않은 경우
- 지정된 수험자 지참준비물 이외의 조리기구를 사용한 경우
- 시험 중 시설 · 장비(칼, 가스레인지 등) 사용 시 시험위원 및 타 수험자의 시험 진행에 위해를 일으킬 것으로 시험위원 전원이 합의하여 판단한 경우

(다) 미완성
- 시험시간 내에 과제 두 가지를 제출하지 못한 경우
- 문제의 요구사항대로 과제의 수량이 만들어지지 않은 경우

(라) 오작
- 구이를 조림 등으로 조리하여 완성품을 요구사항과 다르게 만든 경우
- 해당과제의 지급재료 이외의 재료를 사용하거나 석쇠 등 요구사항의 조리기구를 사용하지 않은 경우

(마) 요구사항에 표시된 실격, 미완성, 오작에 해당하는 경우

❿ 항목별 배점은 위생상태 및 안전관리 5점, 조리기술 30점, 작품의 평가 15점이다.

⓫ 시험 시작 전 가벼운 몸 풀기(스트레칭) 동작으로 긴장을 풀고 시험을 시작한다.

만드는 법 ❶ 재료 손질하기 ☞ ❷ 채소 볶기 ☞ ❸ 브라운 루 만들기

식재료 지급목록

밀가루(중력분)	20g
브라운 스톡(물로 대체가능)	300ml
소금(정제염)	2g
검은 후춧가루	1g
버터(무염)	30g
양파(중, 150g 정도)	1/6개
셀러리	20g
당근(둥근 모양이 유지되게 등분)	40g
토마토 페이스트	30g
월계수잎	1잎
정향	1개

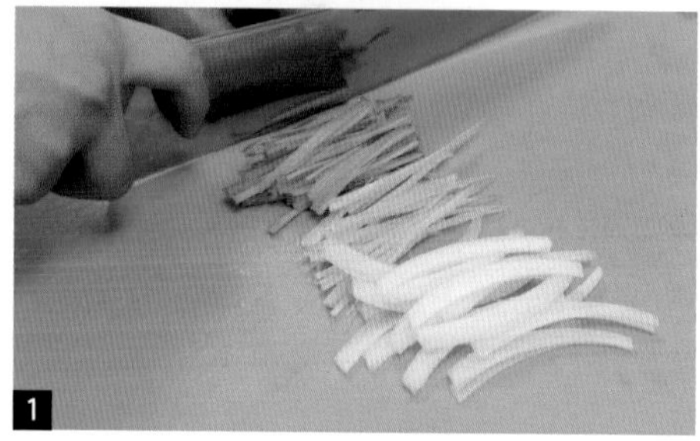

1

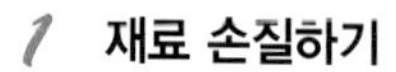

1 재료 손질하기

① 양파, 당근은 껍질을 벗겨 두께 0.3 cm 정도로 채 썬다.

② 셀러리는 섬유질을 제거한 후 두께 0.3cm 정도로 채 썬다.

③ 양파에 월계수잎, 정향을 꽂아 놓는다.

2

2 채소 볶기

① 팬에 버터를 넣고 양파, 당근, 셀러리를 넣어 갈색이 나도록 볶는다.

3

3 브라운 루 만들기

① 냄비에 버터와 밀가루를 1 : 1 동량으로 넣고 갈색이 나게 볶아 브라운 루를 만든다.

4

4 브라운 루에 토마토 페이스트 넣어 볶기

① 볶은 브라운 루에 토마토 페이스트를 넣고 신맛과 떫은맛이 나지 않게 충분히 볶아준다.

5 브라운 소스 만들기

① 브라운 루에 스톡을 조금씩 부어가며 뭉치지 않게 거품기로 저어준다.

② 볶은 채소와 부케가르니를 넣고 중불에서 은근히 끓여준다.

③ 거품과 불순물을 수시로 제거하며 소스의 농도가 되직해질 때까지 충분히 끓인다.

6 브라운 그래비 소스 완성하기

① 소스의 농도가 걸쭉해지면 고운체에 거른 후 소금, 후추로 간한다.

② 완성된 소스는 200ml 이상을 소스 볼에 담아 제출한다.

Tip

⋯› 브라운 루를 볶을 때 진한 커피색이 날 정도로 약한 불에서 천천히 볶아준다.

⋯› 부케가르니(Bouquet Garni) : 양파에 월계수잎, 정향을 꽂아준다.

Tartar Sauce

타르타르 소스

타르타르는 유럽에서 몽골족을 가리키던 말로 본래 몽골족의 요리가 고려를 통해 동류한 것이 육회이고 몽골이 유럽 침공 때 전파된 것이 타르타르 스테이크, 함부르크 스테이크라는 유래가 전해지고 있다.

※ **주어진 재료를 사용하여 다음과 같이 타르타르 소스를 만드시오.**

1. 모든 재료를 0.2cm 정도의 크기로 다지시오.
2. 소스의 농도를 잘 맞추어 100ml 이상을 제출하시오.

❶ 소스의 농도가 너무 묽거나 되지 않도록 유의한다.

❷ 소스에 사용하는 채소의 물기 제거에 유의한다.

❸ 타르타르 소스 만드는 순서가 틀리지 않게 하여야 한다.

❹ 만드는 순서에 유의하며, 위생과 숙련된 기능평가를 위하여 조리작업 시 맛을 보지 않는다.

❺ 지정된 수험자 지참준비물 이외의 조리기구나 재료를 시험장 내에 지참할 수 없다.

❻ 지급재료는 시험 전 확인하여 이상이 있을 경우 시험위원으로부터 조치를 받고 시험 중에는 재료의 교환 및 추가지급은 하지 않는다.

❼ 요구사항 및 지급재료의 규격은 "정도"의 의미를 포함하며, 재료의 크기에 따라 가감하여 채점된다.

❽ 위생복, 위생모, 앞치마를 착용하여야 하며, 시험장비 · 조리기구 취급 등 안전에 유의한다.

❾ 다음 사항에 대해서는 **채점대상에서 제외하니** 특히 유의하기 바란다.

(가) 기권: 수험자 본인이 시험 도중 시험에 대한 포기 의사를 표현하는 경우

(나) 실격
- 가스레인지 화구를 2개 이상(2개 포함) 사용한 경우
- 불을 사용하여 만든 조리작품이 작품특성에 벗어나는 정도로 타거나 익지 않은 경우
- 위생복, 위생모, 앞치마를 착용하지 않은 경우
- 지정된 수험자 지참준비물 이외의 조리기구를 사용한 경우
- 시험 중 시설 · 장비(칼, 가스레인지 등) 사용 시 시험위원 및 타 수험자의 시험 진행에 위해를 일으킬 것으로 시험위원 전원이 합의하여 판단한 경우

(다) 미완성
- 시험시간 내에 과제 두 가지를 제출하지 못한 경우
- 문제의 요구사항대로 과제의 수량이 만들어지지 않은 경우

(라) 오작
- 구이를 조림 등으로 조리하여 완성품을 요구사항과 다르게 만든 경우
- 해당과제의 지급재료 이외의 재료를 사용하거나 석쇠 등 요구사항의 조리기구를 사용하지 않은 경우

(마) 요구사항에 표시된 실격, 미완성, 오작에 해당하는 경우

❿ 항목별 배점은 위생상태 및 안전관리 5점, 조리기술 30점, 작품의 평가 15점이다.

⓫ 시험 시작 전 가벼운 몸 풀기(스트레칭) 동작으로 긴장을 풀고 시험을 시작한다.

❶ 달걀 삶기 ☞ ❷ 양파 다져 처리하기 ☞ ❸ 파슬리 다지기

식재료 지급목록

• 마요네즈	70g
• 오이피클(개당 25~30g짜리)	1/2개
• 양파(중, 150g 정도)	1/10개
• 파슬리(잎, 줄기 포함)	1줄기
• 달걀	1개
• 소금(정제염)	2g
• 흰 후춧가루	2g
• 레몬(길이 장축으로 등분)	1/4개
• 식초	2ml

1 달걀 삶기

① 냄비에 찬물을 넣고 달걀, 소금을 넣어 물이 끓기 시작하면서부터 12분간 삶은 후 찬물에 식힌다.

② 파슬리는 찬물에 담가 놓는다.

2 양파 다져 처리하기

① 양파는 0.2cm 크기로 다져 소금물에 담가 매운맛을 제거한 후 소창에 싸서 물기를 꼭 짜준다.

3 파슬리 다지기

① 파슬리는 곱게 다져 소창에 감싸 흐르는 물에 씻어 물기를 꼭 짜준다.

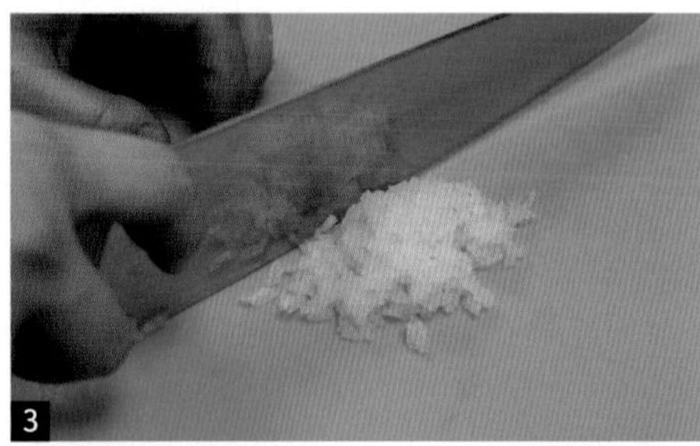

4 재료 다지기

① 오이피클은 0.2cm 크기로 다져 소창에 싸서 물기를 꼭 짜준다.

② 삶은 달걀은 흰자와 노른자를 분리해 흰자는 0.2cm 크기로 다지고 노른자는 고운체에 내린다.

5

5 레몬물 만들기

① 레몬즙을 짜서 물 1Ts과 섞어 레몬물을 만든다.

6

6 소스 만들기

① 믹싱 볼에 마요네즈, 달걀흰자, 양파, 오이피클, 파슬리가루를 넣고 섞는다.

② 레몬물, 식초를 넣고 농도를 조절한 후, 소금, 후추로 간을 한다.

③ 마지막으로 달걀노른자를 넣고 고루 섞어준다.

7

7 타르타르 소스 완성하기

① 완성된 소스는 100ml 이상을 소스 볼에 담아 다진 파슬리가루를 뿌려 제출한다.

8

Tip

··· 소스의 농도가 묽거나 되직하지 않도록 유의한다.

··· 파슬리가루나 달걀노른자의 양을 조절하여 넣고 소스의 색이 흰색이 나도록 한다.

브라운 스톡

스톡은 육류(살코기나 뼈)와 채소를 넣고 물을 부어 끓여서 우려낸 국물이며 소스나 수프의 기본 재료로 사용하고 유럽에서 마른 고기를 물에 넣어 불려 먹기 시작한 것에서 유래되었다고 한다.

※ 주어진 재료를 사용하여 다음과 같이 브라운 스톡을 만드시오.

1. 스톡은 맑고 갈색이 되도록 하시오.
2. 소뼈는 찬물에 담가 핏물을 제거한 후 구워서 사용하시오.
3. 향신료로 사세데피스(Sachet d'epice)를 만들어 사용하시오.
4. 완성된 스톡의 양이 200ml 이상 되도록 하여 볼에 담아 제출하시오.

❶ 스톡을 끓이는 불 조절에 유의한다.

❷ 스톡이 끓을 때 생기는 거품은 국자로 걷어내야 한다.

❸ 브라운 스톡 만드는 순서가 틀리지 않게 하여야 한다.

❹ 만드는 순서에 유의하며, 위생과 숙련된 기능평가를 위하여 조리작업 시 맛을 보지 않는다.

❺ 지정된 수험자 지참준비물 이외의 조리기구나 재료를 시험장 내에 지참할 수 없다.

❻ 지급재료는 시험 전 확인하여 이상이 있을 경우 시험위원으로부터 조치를 받고 시험 중에는 재료의 교환 및 추가지급은 하지 않는다.

❼ 요구사항 및 지급재료의 규격은 "정도"의 의미를 포함하며, 재료의 크기에 따라 가감하여 채점된다.

❽ 위생복, 위생모, 앞치마를 착용하여야 하며, 시험장비 · 조리기구 취급 등 안전에 유의한다.

❾ 다음 사항에 대해서는 **채점대상에서 제외하니** 특히 유의하기 바란다.

(가) 기권: 수험자 본인이 시험 도중 시험에 대한 포기 의사를 표현하는 경우

(나) 실격
- 가스레인지 화구를 2개 이상(2개 포함) 사용한 경우
- 불을 사용하여 만든 조리작품이 작품특성에 벗어나는 정도로 타거나 익지 않은 경우
- 위생복, 위생모, 앞치마를 착용하지 않은 경우
- 지정된 수험자 지참준비물 이외의 조리기구를 사용한 경우
- 시험 중 시설 · 장비(칼, 가스레인지 등) 사용 시 시험위원 및 타 수험자의 시험 진행에 위해를 일으킬 것으로 시험위원 전원이 합의하여 판단한 경우

(다) 미완성
- 시험시간 내에 과제 두 가지를 제출하지 못한 경우
- 문제의 요구사항대로 과제의 수량이 만들어지지 않은 경우

(라) 오작
- 구이를 조림 등으로 조리하여 완성품을 요구사항과 다르게 만든 경우
- 해당과제의 지급재료 이외의 재료를 사용하거나 석쇠 등 요구사항의 조리기구를 사용하지 않은 경우

(마) 요구사항에 표시된 실격, 미완성, 오작에 해당하는 경우

❿ 항목별 배점은 위생상태 및 안전관리 5점, 조리기술 30점, 작품의 평가 15점이다.

⓫ 시험 시작 전 가벼운 몸 풀기(스트레칭) 동작으로 긴장을 풀고 시험을 시작한다.

만드는 법 ❶ 소뼈 핏물 빼어 손질하기 ☞ ❷ 재료 썰기 ☞ ❸ 토마토 껍질 제거하여 썰기

식재료 지급목록

• 소뼈(2~3cm 정도 자른 것)	150g
• 양파(중, 150g 정도)	1/2개
• 당근(둥근 모양이 유지되게 등분)	40g
• 셀러리	30g
• 검은 통후추	4개
• 토마토(중, 150g 정도)	1개
• 파슬리(잎, 줄기 포함)	1줄기
• 정향	1개
• 버터(무염)	5g
• 식용유	50ml
• 면실	30cm
• 타임(fresh, 1줄기)	2g
• 디시백(10cm×12cm)	1개
• 월계수잎	1잎

1

1 소뼈 핏물 빼어 손질하기

① 소뼈는 찬물에 담가 핏물을 충분히 제거한다.

② 끓는 물에 소뼈를 데친 후, 기름기와 살을 발라낸다.

2

2 재료 썰기

① 양파, 당근, 셀러리는 섬유질을 제거한 후, 1cm로 채 썬다.

3

3 토마토 껍질 제거하여 썰기

① 토마토는 열십자로 칼집을 넣어 끓는 물에 살짝 데쳐 찬물에 식힌다.

② 식힌 토마토는 껍질을 벗겨내고 씨를 제거한 후 다진다.

4

4 사세데피스 만들기

① 소창에 정향, 월계수잎, 통후추를 놓고 면실로 묶는다.

5 소뼈 갈색 내기 및 채소 볶기

① 달궈진 팬에 식용유를 두르고 소뼈가 갈색이 나도록 골고루 구운 후, 찬물에 헹군다.

② 양파는 갈색이 나게 볶다가 당근, 셀러리를 넣고 함께 볶는다.

6 스톡 끓이기

① 냄비에 구운 소뼈, 볶은 채소, 사세데피스를 넣고 강한 불에서 끓기 시작하면 불을 낮추어 은근하게 끓인다.

7 브라운 스톡 완성하기

① 은근하게 끓인 육수 표면에 떠오르는 거품과 불순물을 수시로 제거한다.

② 스톡이 맑은 갈색이 나면 고운체에 소창을 대고 걸러준다.

③ 완성된 스톡은 200ml 이상을 볼에 담아 제출한다.

Tip

- 소뼈와 채소는 타지 않도록 브라운색이 나도록 굽는다.
- 스톡은 충분히 우리날 수 있도록 약한 불에서 은근히 졸이며 기름기와 불순물은 수시로 제거한다.
- 사세데피스(Sachet d'epice)는 면포에 월계수잎, 파슬리, 정향, 으깬 통후추 등을 넣어 조리용실로 묶은 향신료 주머니이다.

Bacon, Lettuce, Tomato(BLT)Sandwich

베이컨, 레터스, 토마토 샌드위치

샌드위치에 대한 가장 오래된 기록을 보면 기원전 1세기 유대교의 현자 힐렐(Hillel the Elder)이 유월절에 누룩을 넣지 않고 만든 빵인 무교병 사이에 양고기와 쓴맛의 허브를 넣어 만들어 먹기 시작하면서부터이며 베이컨(Bacon), 레터스(Lettuce), 토마토(Tomato)의 앞자리 스펠링을 따서 BLT Sandwich라고도 한다.

※ **주어진 재료를 사용하여 다음과 같이 베이컨, 레터스, 토마토 샌드위치를 만드시오.**

1. 식빵은 구워서 사용하시오.
2. 토마토는 0.5cm 정도의 두께로 썰고, 베이컨은 구워서 사용하시오.
3. 완성품은 4조각으로 썰어 전량을 제출하시오.

❶ 베이컨의 굽는 정도와 기름기 제거에 유의한다.

❷ 샌드위치의 모양이 흐트러지지 않도록 썰 때 유의한다.

❸ 베이컨, 양상추, 토마토 샌드위치 만드는 순서가 틀리지 않게 하여야 한다.

❹ 만드는 순서에 유의하며, 위생과 숙련된 기능평가를 위하여 조리작업 시 맛을 보지 않는다.

❺ 지정된 수험자 지참준비물 이외의 조리기구나 재료를 시험장 내에 지참할 수 없다.

❻ 지급재료는 시험 전 확인하여 이상이 있을 경우 시험위원으로부터 조치를 받고 시험 중에는 재료의 교환 및 추가지급은 하지 않는다.

❼ 요구사항 및 지급재료의 규격은 "정도"의 의미를 포함하며, 재료의 크기에 따라 가감하여 채점된다.

❽ 위생복, 위생모, 앞치마를 착용하여야 하며, 시험장비 · 조리기구 취급 등 안전에 유의한다.

❾ 다음 사항에 대해서는 **채점대상에서 제외하니** 특히 유의하기 바란다.

(가) 기권: 수험자 본인이 시험 도중 시험에 대한 포기 의사를 표현하는 경우

(나) 실격

- 가스레인지 화구를 2개 이상(2개 포함) 사용한 경우
- 불을 사용하여 만든 조리작품이 작품특성에 벗어나는 정도로 타거나 익지 않은 경우
- 위생복, 위생모, 앞치마를 착용하지 않은 경우
- 지정된 수험자 지참준비물 이외의 조리기구를 사용한 경우
- 시험 중 시설 · 장비(칼, 가스레인지 등) 사용 시 시험위원 및 타 수험자의 시험 진행에 위해를 일으킬 것으로 시험위원 전원이 합의하여 판단한 경우

(다) 미완성

- 시험시간 내에 과제 두 가지를 제출하지 못한 경우
- 문제의 요구사항대로 과제의 수량이 만들어지지 않은 경우

(라) 오작

- 구이를 조림 등으로 조리하여 완성품을 요구사항과 다르게 만든 경우
- 해당과제의 지급재료 이외의 재료를 사용하거나 석쇠 등 요구사항의 조리기구를 사용하지 않은 경우

(마) 요구사항에 표시된 실격, 미완성, 오작에 해당하는 경우

❿ 항목별 배점은 위생상태 및 안전관리 5점, 조리기술 30점, 작품의 평가 15점이다.

⓫ 시험 시작 전 가벼운 몸 풀기(스트레칭) 동작으로 긴장을 풀고 시험을 시작한다.

만드는 법 ❶ 양상추 처리 ☞ ❷ 식빵 토스트 하기 ☞ ❸ 토마토 썰기 ☞ ❹ 베이컨 굽기 및 기름기 빼기

식재료 지급목록

- 식빵(샌드위치용) 3조각
- 양상추(2잎 정도, 잎상추로 대체가능) 20g
- 토마토(중, 150g 정도 둥근 모양이 되도록 잘라서 지급) 1/2개
- 베이컨(길이 25~30cm) 2조각
- 마요네즈 30g
- 소금(정제염) 3g
- 검은 후춧가루 1g

1 양상추 처리

① 양상추는 시들지 않게 찬물에 담가둔다.

2 식빵 토스트 하기

① 식빵은 팬에 약한 불로 양쪽 면을 노릇하게 구워 토스트한다.

② 식빵은 눅눅함을 방지하기 위하여 세로로 세워 놓는다.

3 토마토 썰기

① 토마토는 깨끗이 씻어 단면으로 0.5cm 두께로 자른 후 소금, 후추로 간한다.

4 베이컨 굽기 및 기름기 빼기

① 베이컨은 팬에 살짝 구워 키친타월로 기름기를 제거한다.

5 샌드위치 만들기

① 양싱추는 물기를 제거하고 평평하게 만든다.

② 식빵 두 장에는 한쪽 면만 마요네즈를 바른다.

③ 식빵 한 장에는 양쪽 모두 마요네즈를 바른다.

④ 한쪽 면에만 마요네즈를 바른 식빵 한 장 위에는 양상추, 토마토, 마요네즈를 발라주고 양쪽 면에 바른 식빵에는 양상추, 베이컨, 마요네즈를 바르고 한쪽 면에만 바른 식빵 한 장으로 덮어준다.

⑤ ④의 샌드위치를 면포에 싸서 접시 등으로 눌러 재료들이 분리되지 않게 한다.

5

6

6 베이컨, 레터스, 토마토 샌드위치 완성하기

① 칼날을 가스 불에 살짝 달군 후 샌드위치의 테두리를 잘라준다.

② 대각선으로 톱질하듯 4등분으로 썰어준다.

③ 완성된 샌드위치는 접시에 4쪽을 담아낸다.

7

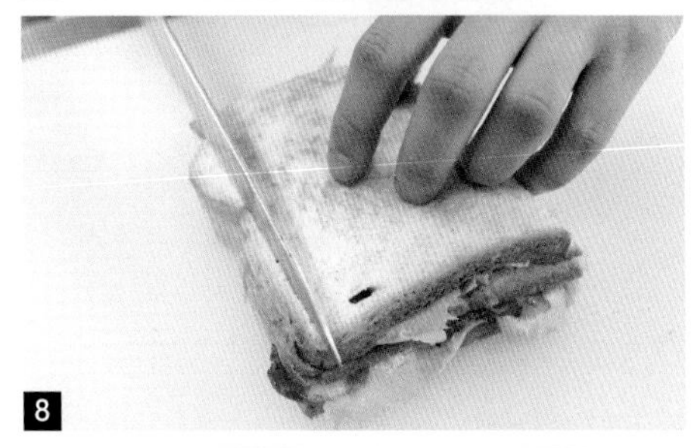

8

Tip

- 식빵을 구울 때 타지 않게 약한 불에서 굽는다.
- 베이컨을 구울 때는 팬에 기름을 두르지 않고 너무 바싹 굽지 않는다.
- 완성된 샌드위치는 형태가 유지되도록 접시로 살짝 눌러주거나 랩으로 싸서 잠시 보관한 후에 자른다.

Hamburger Sandwich

햄버거 샌드위치

샌드위치는 영국의 백작 4세인 존 몬테규(John Montague)의 이름에서 유래되었으며 두 조각의 빵 사이에 속을 채워 만든 최고의 간식 메뉴이다.

※ 주어진 재료를 사용하여 다음과 같이 햄버거 샌드위치를 만드시오.

1. 빵은 버터를 발라 구워서 사용하시오.
2. 고기는 미디엄 웰던(Medium Welldone)으로 굽고 구운 고기의 두께는 1cm 정도로 하시오.
3. 토마토, 양파는 0.5cm 정도의 두께로 썰고 양상추는 빵 크기에 맞추시오.
4. 빵 사이에 위의 재료를 넣어 반으로 잘라 제출하시오.

❶ 구운 고기가 단단해지거나 부서지지 않도록 한다.

❷ 햄버거 빵에 수분이 흡수되지 않도록 유의한다.

❸ 햄버거 샌드위치 만드는 순서가 틀리지 않게 하여야 한다.

❹ 만드는 순서에 유의하며, 위생과 숙련된 기능평가를 위하여 조리작업 시 맛을 보지 않는다.

❺ 지정된 수험자 지참준비물 이외의 조리기구나 재료를 시험장 내에 지참할 수 없다.

❻ 지급재료는 시험 전 확인하여 이상이 있을 경우 시험위원으로부터 조치를 받고 시험 중에는 재료의 교환 및 추가지급은 하지 않는다.

❼ 요구사항 및 지급재료의 규격은 "정도"의 의미를 포함하며, 재료의 크기에 따라 가감하여 채점된다.

❽ 위생복, 위생모, 앞치마를 착용하여야 하며, 시험장비 · 조리기구 취급 등 안전에 유의한다.

❾ 다음 사항에 대해서는 **채점대상에서 제외하니** 특히 유의하기 바란다.

(가) 기권: 수험자 본인이 시험 도중 시험에 대한 포기 의사를 표현하는 경우

(나) 실격
- 가스레인지 화구를 2개 이상(2개 포함) 사용한 경우
- 불을 사용하여 만든 조리작품이 작품특성에 벗어나는 정도로 타거나 익지 않은 경우
- 위생복, 위생모, 앞치마를 착용하지 않은 경우
- 지정된 수험자 지참준비물 이외의 조리기구를 사용한 경우
- 시험 중 시설 · 장비(칼, 가스레인지 등) 사용 시 시험위원 및 타 수험자의 시험 진행에 위해를 일으킬 것으로 시험위원 전원이 합의하여 판단한 경우

(다) 미완성
- 시험시간 내에 과제 두 가지를 제출하지 못한 경우
- 문제의 요구사항내로 과제의 수량이 만들어지지 않은 경우

(라) 오작
- 구이를 조림 등으로 조리하여 완성품을 요구사항과 다르게 만든 경우
- 해당과제의 지급재료 이외의 재료를 사용하거나 석쇠 등 요구사항의 조리기구를 사용하지 않은 경우

(마) 요구사항에 표시된 실격, 미완성, 오작에 해당하는 경우

❿ 항목별 배점은 위생상태 및 안전관리 5점, 조리기술 30점, 작품의 평가 15점이다.

⓫ 시험 시작 전 기벼운 몸 풀기(스트레칭) 동작으로 긴장을 풀고 시험을 시작한다.

만드는 법 ❶ 재료 준비 ☞ ❷ 양파, 셀러리 다져 볶기 ☞ ❸ 빵 버터 발라 굽기

식재료 지급목록

• 소고기(살코기 방심)	100g
• 양파(중, 150g 정도)	1개
• 빵가루(마른 것)	30g
• 셀러리	30g
• 소금(정제염)	3g
• 검은 후춧가루	1g
• 양상추	20g
• 토마토(중, 150g 정도 둥근 모양이 되도록 잘라서 지급)	1/2개
• 버터(무염)	15g
• 햄버거 빵	1개
• 식용유	20ml
• 달걀	1개

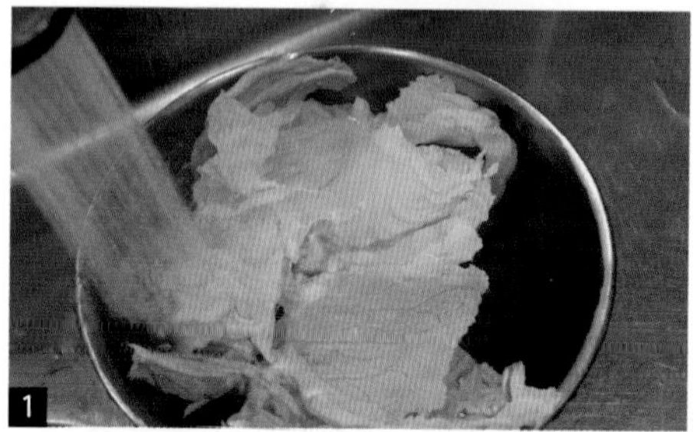

1

2

3

4

1 재료 준비

① 양상추는 찬물에 담가 놓는다.

② 달걀은 풀어서 달걀물을 만든다.

③ 토마토는 깨끗이 씻어 0.5cm 두께로 둥글게 썰어 소금, 후추로 간한다.

④ 양파는 0.5cm 두께로 둥글게 썰어 소금을 살짝 뿌린 후 물기를 제거한다.

2 양파, 셀러리 다져 볶기

① 양파 일부는 곱게 다진다.

② 셀러리는 섬유질을 제거한 후 곱게 다져준다.

③ 달궈진 팬에 버터를 두르고 다진 양파, 셀러리를 볶은 후 식힌다.

3 빵 버터 발라 굽기

① 빵은 가운데를 잘라 팬에 약불로 노릇노릇하게 구운 후 버터를 바른다.

4 소고기 양념 및 패티 만들기

① 소고기는 핏물을 제거한 후 곱게 다진다.

② 다진 소고기, 다진 양파, 셀러리, 빵가루 2Ts, 달걀 1Ts, 소금, 후추를 넣어 잘 치댄 후 0.8cm 정도의 두께로 둥글납작한 모양으로 만든다.

5

5 고기 굽기

① 팬에 기름을 두르고 햄버거 고기를 양면의 색이 노릇해질 때까지 구워준다.

6

6 햄버거 만들기

① 양상추는 물기를 제거한 후 햄버거 빵 크기에 맞춰 손질한다.

② 햄버거 빵에 버터를 바른 후 양상추, 패티, 양파, 토마토, 구운 빵 순서로 올린다.

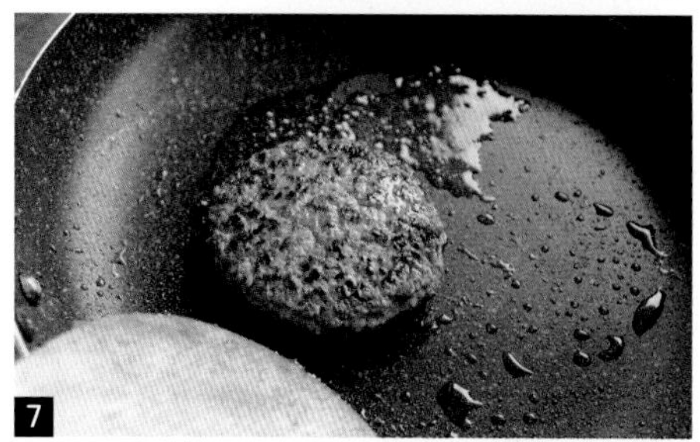
7

7 햄버거 샌드위치 완성하기

① 완성된 햄버거를 달궈진 칼을 이용하여 톱질하듯 반으로 잘라 단면이 보이도록 접시에 담는다.

8

Tip

- 고기 반죽은 구울 때 갈라지지 않게 충분히 치대어 반죽한다.
- 고기를 익힐 때 처음부터 너무 센 불을 쓰지 않고 중불에서 기름을 충분히 넣어 타지 않게 은근히 속까지 완전히 익힌다.
- 빵을 토스트할 때 노릇하게 구워 수분을 제거한다.

Spaghetti Carbonara

스파게티 카르보나라

카르보나라는 이탈리아의 대표적인 파스타 요리이며 '숯(charcoal)'을 의미하는 이탈리아어 '카르보네(carbone)'에 어원을 두고 있다. 정통 로마식 카르보나라는 스파게티 면에 달걀노른자와 치즈를 넣고 버무리며 고소하고 담백한 맛이 특징이다.

※ **주어진 재료를 사용하여 다음과 같이 스파게티 카르보나라를 만드시오.**

1. 스파게티 면은 al dente(알 덴테)로 삶아서 사용하시오.
2. 파슬리는 다지고 통후추는 곱게 으깨서 사용하시오.
3. 베이컨은 1cm 정도 크기로 썰어 으깬 통후추와 볶아서 향이 잘 우러나게 하시오.
4. 휘핑크림은 달걀노른자를 이용한 리에종(Liaison)과 소스에 사용하시오.

❶ 크림에 리에종을 넣어 소스 농도를 잘 조절한다.

❷ 소스가 분리되지 않도록 유의한다.

❸ 스파게티 카르보나라 만드는 순서가 틀리지 않게 하여야 한다.

❹ 만드는 순서에 유의하며, 위생과 숙련된 기능평가를 위하여 조리작업 시 맛을 보지 않는다.

❺ 지정된 수험자 지참준비물 이외의 조리기구나 재료를 시험장 내에 지참할 수 없다.

❻ 지급재료는 시험 전 확인하여 이상이 있을 경우 시험위원으로부터 조치를 받고 시험 중에는 재료의 교환 및 추가지급은 하지 않는다.

❼ 요구사항 및 지급재료의 규격은 "정도"의 의미를 포함하며, 재료의 크기에 따라 가감하여 채점된다.

❽ 위생복, 위생모, 앞치마를 착용하여야 하며, 시험장비 · 조리기구 취급 등 안전에 유의한다.

❾ 다음 사항에 대해서는 **채점대상에서 제외하니** 특히 유의하기 바란다.

(가) 기권: 수험자 본인이 시험 도중 시험에 대한 포기 의사를 표현하는 경우

(나) 실격

- 가스레인지 화구를 2개 이상(2개 포함) 사용한 경우
- 불을 사용하여 만든 조리작품이 작품특성에 벗어나는 정도로 타거나 익지 않은 경우
- 위생복, 위생모, 앞치마를 착용하지 않은 경우
- 지정된 수험자 지참준비물 이외의 조리기구를 사용한 경우
- 시험 중 시설 · 장비(칼, 가스레인지 등) 사용 시 시험위원 및 타 수험자의 시험 진행에 위해를 일으킬 것으로 시험위원 전원이 합의하여 판단한 경우

(다) 미완성

- 시험시간 내에 과제 두 가지를 제출하지 못한 경우
- 문제의 요구사항대로 과제의 수량이 만들어지지 않은 경우

(라) 오작

- 구이를 조림 등으로 조리하여 완성품을 요구사항과 다르게 만든 경우
- 해당과제의 지급재료 이외의 재료를 사용하거나 석쇠 등 요구사항의 조리기구를 사용하지 않은 경우

(마) 요구사항에 표시된 실격, 미완성, 오작에 해당하는 경우

❿ 항목별 배점은 위생상태 및 안전관리 5점, 조리기술 30점, 작품의 평가 15점이다.

⓫ 시험 시작 전 가벼운 몸 풀기(스트레칭) 동작으로 긴장을 풀고 시험을 시작한다.

만드는 법 ❶ 재료 손질하기 ☞ ❷ 파슬리가루 만들기 ☞ ❸ 리에종 만들기 및 치즈가루 첨가하기

식재료 지급목록

• 스파게티면(건조면)	80g
• 올리브오일	20ml
• 버터(무염)	20g
• 생크림	180ml
• 베이컨(길이 15~20cm)	2개
• 달걀	1개
• 파마산치즈가루	10g
• 파슬리(잎, 줄기 포함)	1줄기
• 소금(정제염)	5g
• 검은 통후추	5개
• 식용유	20ml

1 재료 손질하기

① 파슬리는 찬물에 담가 놓는다.

② 통후추는 칼등으로 으깨 놓는다.

③ 베이컨은 1cm 두께로 썰어 놓는다.

④ 냄비에 스파게티 삶을 물을 넣고 소금, 식용유를 넣어 끓인다.

1

2

2 파슬리가루 만들기

① 파슬리는 곱게 다져 소창에 싸서 흐르는 물에 헹구고 물기를 짠 후 보슬보슬하게 만든다.

3

3 리에종 만들기 및 치즈가루 첨가하기

① 작은 볼에 달걀노른자 1개와 휘핑크림 60ml를 넣고 고루 섞어 리에종을 만든다.

② 파마산치즈가루를 1/2 넣고 저어준다.

4

4 스파게티 삶기

① 스파게티는 끓는 물에 7~8분간 알 덴테(al dente)로 삶아 올리브오일을 발라 놓는다.

5

5 카르보나라 스파게티 만들기

① 팬에 버터를 두르고 베이컨, 으깬 통후추를 넣고 타지 않게 갈색이 나게 볶아준 후 스파게티를 넣고 볶아준다.

② 스파게티에 휘핑크림(120ml)을 넣고 조려준 후 불을 낮춘다.

③ 조린 스파게티에 치즈가루, 파슬리가루, 리에종을 넣어 볶은 후 소스 농도를 조절하여 소금으로 간한다.

6

7

6 까르보나라 스파게티 완성하기

① 완성된 스파게티는 포크로 돌돌 말아 접시 중앙에 보기 좋게 담는다.

② 스파게티에 소스를 붓고 파마산치즈가루와 파슬리가루를 뿌려 마무리한다.

8

Tip

…› 리에종은 달걀노른자 1개, 휘핑크림 60 ml(1 : 3 비율)를 골고루 혼합한다.

…› 스파게티가 너무 익지 않도록 삶을 때 시간을 정확히 맞춘다.

Tomato Sauce with Seafood Spaghetti

토마토 소스 해산물 스파게티

스파게티와 파스타를 구분하지 못하는 경우가 많은데 스파게티는 파스타의 한 종류로 얇고 긴 모양을 가진 면의 이름이다. 마르코 폴로가 1274년 원나라의 수도인 베이징에서 중국요리를 접하고 이탈리아 베네치아로 돌아올 때 중국의 국수 면을 가져왔으며, 동방견문록에는 마르코 폴로가 중국 국수에 토마토 소스를 곁들여 먹었던 것이 유래라는 설도 있다.

※ **주어진 재료를 사용하여 다음과 같이 토마토 소스 해산물 스파게티를 만드시오.**

1. 스파게티 면은 al dente(알 덴테)로 삶아 사용하시오.
2. 조개는 껍질째, 새우는 껍질을 벗겨 내장을 제거하고 관자살은 편으로 썰고 오징어는 0.8cm x 5cm 정도 크기로 썰어 사용하시오.
3. 해산물은 화이트와인을 사용하여 조리하고, 마늘과 양파는 해산물 조리와 토마토 소스에 나누어 사용하시오.
4. 바질을 넣은 토마토 소스를 만들어 사용하시오.
5. 스파게티는 토마토 소스에 버무리고 다진 파슬리와 슬라이스한 바질을 넣어 완성하시오.

❶ 토마토 소스는 자작한 농도로 만들어야 한다.
❷ 스파게티는 토마토 소스와 잘 어우러지도록 한다.
❸ 토마토 소스 해산물 스파게티 만드는 순서가 틀리지 않게 하여야 한다.
❹ 만드는 순서에 유의하며, 위생과 숙련된 기능평가를 위하여 조리작업 시 맛을 보지 않는다.
❺ 지정된 수험자 지참준비물 이외의 조리기구나 재료를 시험장 내에 지참할 수 없다.
❻ 지급재료는 시험 전 확인하여 이상이 있을 경우 시험위원으로부터 조치를 받고 시험 중에는 재료의 교환 및 추가지급은 하지 않는다.
❼ 요구사항 및 지급재료의 규격은 "정도"의 의미를 포함하며, 재료의 크기에 따라 가감하여 채점된다.
❽ 위생복, 위생모, 앞치마를 착용하여야 하며, 시험장비 · 조리기구 취급 등 안전에 유의한다.
❾ 다음 사항에 대해서는 **채점대상에서 제외하니** 특히 유의하기 바란다.

(가) 기권: 수험자 본인이 시험 도중 시험에 대한 포기 의사를 표현하는 경우

(나) 실격
- 가스레인지 화구를 2개 이상(2개 포함) 사용한 경우
- 불을 사용하여 만든 조리작품이 작품특성에 벗어나는 정도로 타거나 익지 않은 경우
- 위생복, 위생모, 앞치마를 착용하지 않은 경우
- 지정된 수험자 지참준비물 이외의 조리기구를 사용한 경우
- 시험 중 시설 · 장비(칼, 가스레인지 등) 사용 시 시험위원 및 타 수험자의 시험 진행에 위해를 일으킬 것으로 시험위원 전원이 합의하여 판단한 경우

(다) 미완성
- 시험시간 내에 과제 두 가지를 제출하지 못한 경우
- 문제의 요구사항대로 과제의 수량이 만들어지지 않은 경우

(라) 오작
- 구이를 조림 등으로 조리하여 완성품을 요구사항과 다르게 만든 경우
- 해당과제의 지급재료 이외의 재료를 사용하거나 석쇠 등 요구사항의 조리기구를 사용하지 않은 경우

(마) 요구사항에 표시된 실격, 미완성, 오작에 해당하는 경우

❿ 항목별 배점은 위생상태 및 안전관리 5점, 조리기술 30점, 작품의 평가 15점이다.
⓫ 시험 시작 전 가벼운 몸 풀기(스트레칭) 동작으로 긴장을 풀고 시험을 시작한다.

식재료 지급목록

- 스파게티면(건소면) 70g
- 도미토(캔 홀필드 국물 포함) 300g
- 마늘 3쪽
- 양파(중, 150g 정도) 1/2개
- 바질(신선한 것) 4잎
- 파슬리(잎, 줄기 포함) 1줄기
- 방울토마토(붉은색) 2개
- 올리브오일 40ml
- 새우(껍질 있는 것) 3마리
- 모시조개(지름 3cm 정도, 바지락 대체 가능) 3개
- 오징어(몸통) 50g
- 관자살(50g 정도, 작은 관자 3개 정도) 1개
- 화이트와인 20ml
- 소금 5g
- 흰 후춧가루 5g
- 식용유 20ml

1

1 재료 손질하기

① 파슬리는 찬물에 담가둔다.
② 조개는 소금물에 담가 해감한다.
③ 냄비에 스파게티 삶을 물을 넣고 소금, 식용유를 넣어 끓인다.

2

2 채소 썰기

① 양파는 두께 0.3cm 정도로 다진다.
② 마늘은 곱게 다진다.
③ 바질은 깨끗이 씻어 가늘게 채 썬다.

3

3 파슬리가루 만들기

① 파슬리는 곱게 다져 소창에 싸서 흐르는 물에 헹구고 물기를 짠 후 보슬보슬하게 만든다.

4 토마토 손질하기

① 홀 토마토는 다진다.
② 방울토마토는 끓는 물에 살짝 데쳐 껍질을 벗긴 후 4등분으로 썬다.

4

5 스파게티 삶기

① 스파게티는 끓는 물에 7~8분간 알덴테(al dente)로 삶아 올리브오일을 발라 놓는다.

6 해산물 손질하기

① 새우는 깨끗이 씻어 껍질을 벗겨 내장을 제거한다.
② 오징어는 키친타월로 껍질을 벗겨낸 후 가로 3cm, 세로 1cm로 썬다.
③ 관자 살은 핵을 제거하고 0.8cm 두께로 편으로 썬다.
④ 모시조개는 흐르는 물에 깨끗이 씻는다.
⑤ 팬에 양파, 마늘, 모시조개 순으로 넣어 볶다가 백포도주, 물을 넣고 조려 익힌다.

5

7 토마토 소스 만들기

① 팬에 올리브오일(2Ts)을 두르고 다진 마늘(1/2ts), 양파(3Ts)를 넣고 충분히 볶는다.
② 다진 홀 토마토를 넣어 볶고 파슬리가루, 채 썬 바질(2잎)을 넣어 소금으로 간하여 농도를 맞춘다.

6

8 해산물 볶기

① 팬에 올리브오일을 두르고 다진 마늘, 양파를 볶은 후 해산물을 넣어 볶는다.
② 볶은 해산물에 소금, 후추로 간하여 화이트와인으로 플람베를 하여 와인 향을 날린다.

7

9 스파게티 만들기

① 볶은 해산물에 스파게티를 넣고 볶다가 토마토 소스를 넣어 버무린 후, 슬라이스 바질, 파슬리가루를 넣고 소금, 후추로 간한다.

8

10 토마토 소스 해산물 스파게티 완성하기

① 완성된 해산물 스파게티는 포크를 이용하여 돌돌 말아 집시 중앙에 보기 좋게 담는다.
② 해산물 스파게티에 소스를 뿌리고 파슬리가루, 슬라이스 바질을 올리고 마무리한다.

9

Tip

···› 모시조개는 소금을 넣어 해감시킨 후, 이물질을 완전히 씻어준다.
···› 해산물을 볶을 때는 화이드와인으로 플람베하여 와인의 향과 알코올로 해산물의 비린내를 제거한다.

French Fried Shrimp

프렌치 프라이드 쉬림프

튀김의 어원은 스페인어인 '덴뿌로'와 포르투갈어인 '덴빼로'에서 유래되었다고 한다. 일본식 튀김은 바삭바삭한 식감이고, 프랑스식 튀김은 부드러운 식감이며 '프렌치 프라이드'로 불린다. 프렌치 프라이드는 튀김옷을 달걀흰자의 거품(머랭)을 이용해서 만든 것이 특징이다.

※ **주어진 재료를 사용하여 다음과 같이 프렌치 프라이드 쉬림프를 만드시오.**

1. 새우를 구부러지지 않게 튀김하시오.
2. 완성된 새우튀김은 4개를 담아 제출하시오.
3. 레몬과 파슬리로 가니시(Garnish)를 하시오.

❶ 새우는 꼬리 쪽에서 한 마디 정도만 껍질을 남긴다.

❷ 튀김반죽에 유의하고, 튀김의 색깔을 깨끗하게 한다.

❸ 프렌치 프라이드 쉬림프 만드는 순서가 틀리지 않게 하여야 한다.

❹ 만드는 순서에 유의하며, 위생과 숙련된 기능평가를 위하여 조리작업 시 맛을 보지 않는다.

❺ 지정된 수험자 지참준비물 이외의 조리기구나 재료를 시험장 내에 지참할 수 없다.

❻ 지급재료는 시험 전 확인하여 이상이 있을 경우 시험위원으로부터 조치를 받고 시험 중에는 재료의 교환 및 추가지급은 하지 않는다.

❼ 요구사항 및 지급재료의 규격은 "정도"의 의미를 포함하며, 재료의 크기에 따라 가감하여 채점된다.

❽ 위생복, 위생모, 앞치마를 착용하여야 하며, 시험장비 · 조리기구 취급 등 안전에 유의한다.

❾ 다음 사항에 대해서는 **채점대상에서 제외하니** 특히 유의하기 바란다.

(가) 기권: 수험자 본인이 시험 도중 시험에 대한 포기 의사를 표현하는 경우

(나) 실격
- 가스레인지 화구를 2개 이상(2개 포함) 사용한 경우
- 불을 사용하여 만든 조리작품이 작품특성에 벗어나는 정도로 타거나 익지 않은 경우
- 위생복, 위생모, 앞치마를 착용하지 않은 경우
- 지정된 수험자 지참준비물 이외의 조리기구를 사용한 경우
- 시험 중 시설 · 장비(칼, 가스레인지 등) 사용 시 시험위원 및 타 수험자의 시험 진행에 위해를 일으킬 것으로 시험위원 전원이 합의하여 판단한 경우

(다) 미완성
- 시험시간 내에 과제 두 가지를 제출하지 못한 경우
- 문제의 요구사항대로 과제의 수량이 만들어지지 않은 경우

(라) 오작
- 구이를 조림 등으로 조리하여 완성품을 요구사항과 다르게 만든 경우
- 해당과제의 지급재료 이외의 재료를 사용하거나 석쇠 등 요구사항의 조리기구를 사용하지 않은 경우

(마) 요구사항에 표시된 실격, 미완성, 오작에 해당하는 경우

❿ 항목별 배점은 위생상태 및 안전관리 5점, 조리기술 30점, 작품의 평가 15점이다.

⓫ 시험 시작 전 가벼운 몸 풀기(스트레칭) 동작으로 긴장을 풀고 시험을 시작한다.

만드는 법 ❶ 재료 준비하기 ☞ ❷ 새우 손질하기 ☞ ❸ 머랭 만들기

식재료 지급목록	
• 새우(50~60g)	4마리
• 밀가루(중력분)	80g
• 흰 설탕	2g
• 달걀	1개
• 소금(정제염)	2g
• 흰 후춧가루	2g
• 식용유	500ml
• 레몬(길이 장축으로 등분)	1/6개
• 파슬리(잎, 줄기 포함)	1줄기
• 냅킨(흰색, 기름 제거용)	2장
• 이쑤시개	1개

1 재료 준비하기

① 파슬리는 찬물에 담가둔다.

② 레몬은 웨지(wedge)로 썰어 놓는다.

1

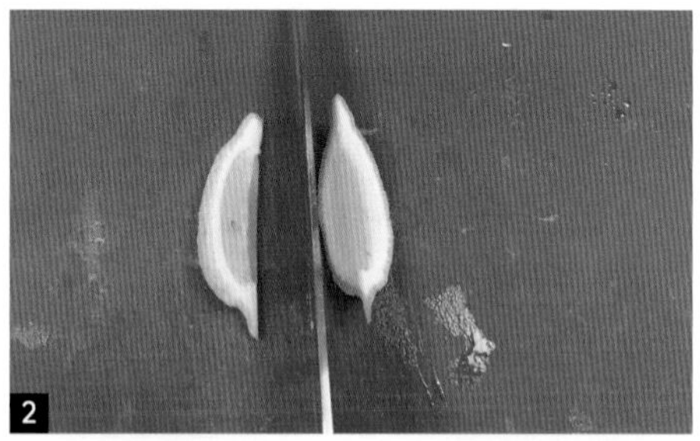

2

2 새우 손질하기

① 새우는 두 번째 마디에 이쑤시개를 이용하여 내장을 제거한다.

② 꼬리 쪽 한 마디만 남기고 머리와 껍질을 벗긴 후 꼬리의 물주머니를 제거한다.

③ 새우가 구부러지지 않도록 배 쪽에 칼집을 어슷하게 3~5회 넣고 일자가 되게 손으로 허리 부분을 펴준다.

④ 냅킨으로 새우의 수분을 제거한 후 소금, 후추로 밑간을 한다.

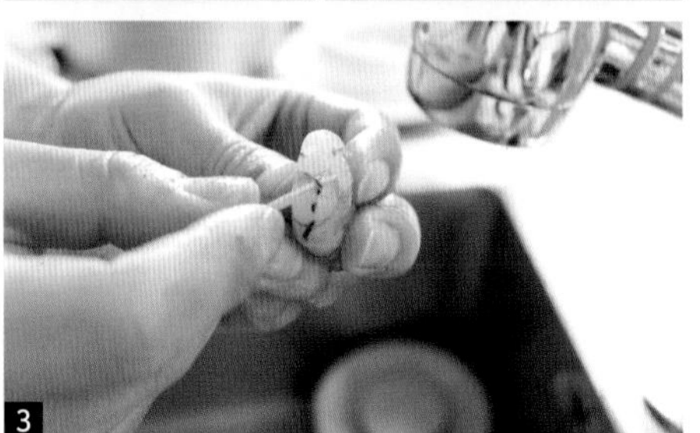

3

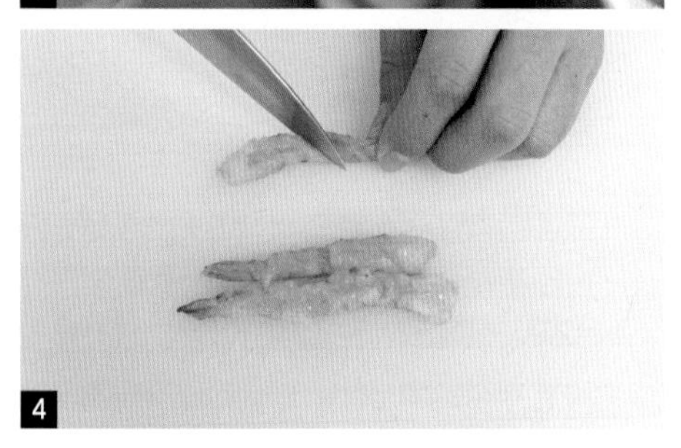

4

3 머랭 만들기

① 달걀은 노른자와 흰자를 분리한다.

② 믹싱 볼에 흰자를 담고 거품기로 되직하게 거품을 내어 머랭을 만든다.

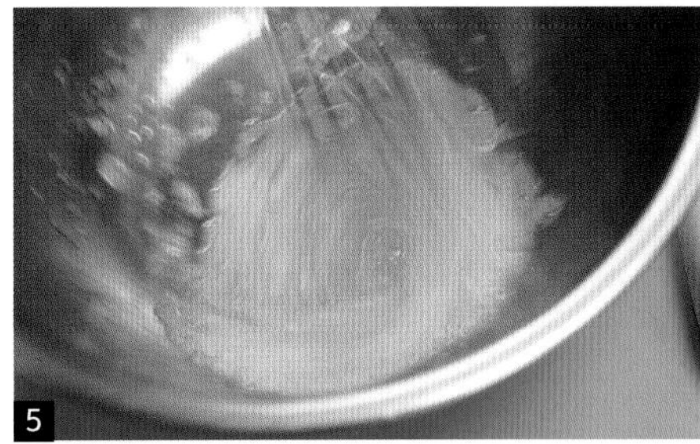

5

4 튀김 반죽 만들기

① 믹싱 볼에 달걀노른자, 물 1ts, 설탕 1ts을 넣어 섞은 후 밀가루 2Ts, 소량의 소금을 넣고 가볍게 저어 반죽을 만든다.

② 반죽에 머랭(거품 낸 흰자) 2Ts을 넣고 천천히 섞어준다.

6

5 새우 튀겨서 기름 제거하기

① 팬에 식용유를 넣고 160~170℃ 정도로 가열하여 맞춘다.

② 새우는 밀가루를 입힌 후 준비한 튀김 반죽에 꼬리만 남기고 튀김옷을 입힌다.

③ 예열한 160~170℃의 기름에 새우가 휘어지지 않도록 노릇노릇하게 튀긴 후, 냅킨에 올려 기름을 제거한다.

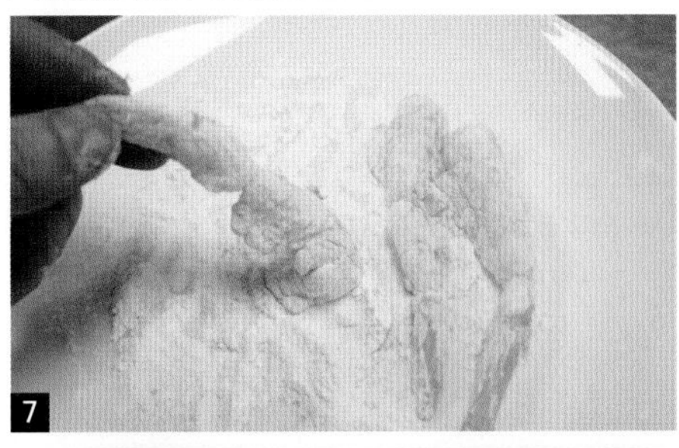

7

6 프렌치 프라이드 쉬림프 완성하기

① 접시에 레몬 웨지, 파슬리를 가니시용으로 담아 놓는다.

② 완성된 새우의 배 쪽이 보이도록 담고 꼬리가 가니시 쪽으로 올라가게 놓는다.

8

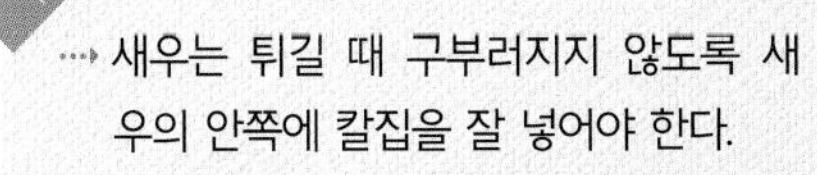

Tip

…› 새우는 튀길 때 구부러지지 않도록 새우의 안쪽에 칼집을 잘 넣어야 한다.

…› 달걀흰사의 거품은 최대한 부풀 수 있도록 되직하게 거품(머랭)을 쳐야 한다.

Chicken a'la King

치킨 알라킹

왕이 먹던 닭고기 요리로 현대에 와서는 한입 크기로 도톰하게 자른 닭고기와 크림소스, 피망, 버섯 등의 다양한 채소를 넣어 만든 요리에 알라킹이라는 이름을 붙이기도 한다.

요구사항

※ **주어진 재료를 사용하여 다음과 같이 치킨 알라킹을 만드시오.**

1. 완성된 닭고기와 야채, 버섯의 크기는 1.8X1.8cm 정도로 균일하게 하시오.
   (단, 지급된 재료의 크기에 따라 가감한다.)
2. 닭뼈를 이용하여 치킨 육수를 만들어 사용하시오.
3. 화이트 루(Roux)를 이용하여 베샤멜 소스(Bechamel Sauce)를 만들어 사용하시오.

수험자 유의사항

❶ 소스의 농도와 색깔에 유의한다.

❷ 치킨 알라킹 만드는 순서가 틀리지 않게 하여야 한다.

❸ 만드는 순서에 유의하며, 위생과 숙련된 기능평가를 위하여 조리작업 시 맛을 보지 않는다.

❹ 지정된 수험자 지참준비물 이외의 조리기구나 재료를 시험장 내에 지참할 수 없다.

❺ 지급재료는 시험 전 확인하여 이상이 있을 경우 시험위원으로부터 조치를 받고 시험 중에는 재료의 교환 및 추가지급은 하지 않는다.

❻ 요구사항 및 지급재료의 규격은 "정도"의 의미를 포함하며, 재료의 크기에 따라 가감하여 채점된다.

❼ 위생복, 위생모, 앞치마를 착용하여야 하며, 시험장비 · 조리기구 취급 등 안전에 유의한다.

❽ 다음 사항에 대해서는 **채점대상에서 제외하니** 특히 유의하기 바란다.

㈎ 기권: 수험자 본인이 시험 도중 시험에 대한 포기 의사를 표현하는 경우

㈏ 실격
- 가스레인지 화구를 2개 이상(2개 포함) 사용한 경우
- 불을 사용하여 만든 조리작품이 작품특성에 벗어나는 정도로 타거나 익지 않은 경우
- 위생복, 위생모, 앞치마를 착용하지 않은 경우
- 지정된 수험자 지참준비물 이외의 조리기구를 사용한 경우
- 시험 중 시설 · 장비(칼, 가스레인지 등) 사용 시 시험위원 및 타 수험자의 시험 진행에 위해를 일으킬 것으로 시험위원 전원이 합의하여 판단한 경우

㈐ 미완성
- 시험시간 내에 과제 두 가지를 제출하지 못한 경우
- 문제의 요구사항대로 과제의 수량이 만들어지지 않은 경우

㈑ 오작
- 구이를 조림 등으로 조리하여 완성품을 요구사항과 다르게 만든 경우
- 해당과제의 지급재료 이외의 재료를 사용하거나 석쇠 등 요구사항의 조리기구를 사용하지 않은 경우

㈒ 요구사항에 표시된 실격, 미완성, 오작에 해당하는 경우

❾ 항목별 배점은 위생상태 및 안전관리 5점, 조리기술 30점, 작품의 평가 15점이다.

❿ 시험 시작 전 가벼운 몸 풀기(스트레칭) 동작으로 긴장을 풀고 시험을 시작한다.

만드는 법 ❶ 재료 손질 ☞ ❷ 닭 뼈 바르기 ☞ ❸ 닭 육수(치킨스톡) 만들기 ☞ ❹ 재료 볶기

식재료 지급목록

닭다리(한 마리 1.2kg 정도, 허벅지살 포함, 반 마리 지급가능)	1개
청피망(중, 75g)	1/4개
홍피망(중, 75g)	1/6개
양파(중, 150g)	1/6개
양송이(2개)	20g
버터(무염)	20g
밀가루(중력분)	15g
우유	150ml
정향	1개
생크림(조리용)	20ml
소금(정제용)	2g
흰 후춧가루	2g
월계수잎	1잎

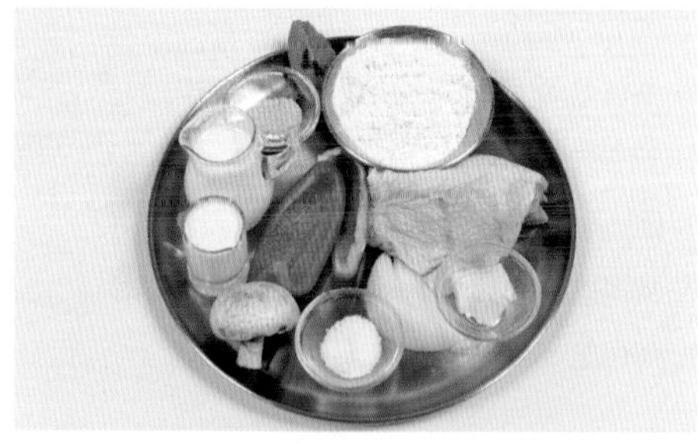

1 재료 손질

① 양파, 청피망, 홍피망은 사방 1.8×1.8cm 크기로 일정하게 썰고 양송이는 껍질을 벗겨 4등분한다.

② 양파에 월계수잎을 겹치고 정향을 꽂아 고정하여 부케가르니를 만든다.

1

2

2 닭 뼈 바르기

① 닭 다리는 껍질을 제거한 후, 뼈를 발라 살은 2×2cm 크기로 일정하게 잘라 소금, 후추로 밑간을 한다.

② 손질한 닭 뼈는 찬물에 담가 핏물을 빼준다.

3

3 닭 육수(치킨스톡) 만들기

① 냄비에 버터를 녹여 닭 뼈를 살짝 볶은 후, 찬물 200ml와 양파를 넣고 끓인 후 소창에 걸러 닭 육수를 준비한다.

4

4 재료 볶기

① 팬에 버터를 녹여 양파, 양송이를 볶은 후, 홍피망, 청피망을 넣고 살짝 볶아 색을 살려준다.

② 달궈진 팬에 버터를 녹여 닭다리 살을 넣고 살짝 볶아준다.

5

5 베샤멜 소스 만들기

① 냄비에 버터 1Ts, 밀가루 1Ts을 동량으로 넣고 볶아 화이트 루를 만든다.

② 우유를 조금씩 부어 뭉치지 않도록 주걱으로 저어 잘 풀어준다.

③ 부케가르니(양파, 월계수잎, 정향)를 넣고 끓인다.

④ 농도는 닭 육수로 조정한다.

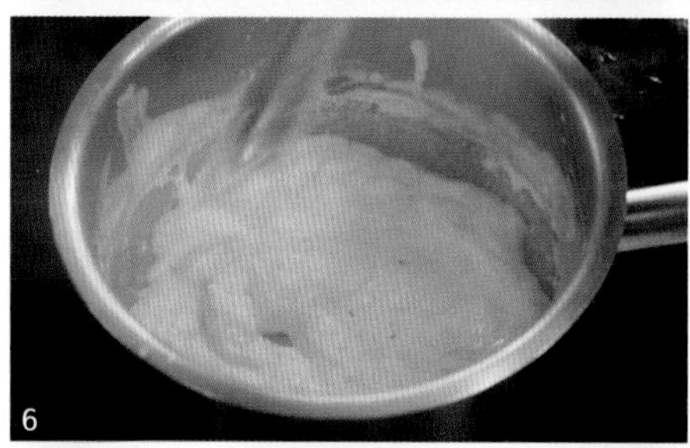
6

6 소스에 재료 넣어 치킨 알라킹 만들기

① 베샤멜 소스에 볶은 닭고기, 양파, 양송이, 홍피망, 청피망, 생크림을 넣고 끓인 후 부케가르니를 제거하고 소금, 후추로 간한다.

7

7 치킨 알라킹 완성하기

① 완성된 치킨 알라킹을 그릇에 담고 소스는 농도를 보아 충분히 담아낸다.

Tip

⋯› 부케가르니 : 양파 한 조각에 월계수잎, 정향을 꽂아준다.

⋯› 베샤멜 소스를 만들 때 우유를 넣고 막이 생기지 않도록 주걱으로 저으면서 약한 불에서 은근히 끓인다.

Chicken Cutlet

치킨 커틀렛

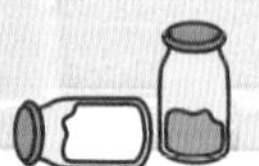

커틀렛은 재료에 따라 다양하게 만들 수 있으며 닭고기, 돼지고기, 소고기, 양고기 등의 고기를 얇게 펴서 밀가루, 계란, 빵가루를 입혀 튀긴 요리를 말한다. 오스트리아 슈니첼에서 시작된 요리로 서양에서 소고기를 튀겨 먹던 것이 일본으로 넘어가 돼지고기를 튀겨 돈카츠로 불리고 우리나라로 건너오면서 돼지고기를 튀겨 먹는 돈가스로 불리게 되었다.

※ 주어진 재료를 사용하여 다음과 같이 치킨 커틀렛을 만드시오.

1. 닭은 껍질째 사용하시오.
2. 완성된 커틀렛의 색에 유의하고 두께는 1cm 정도로 하시오.
3. 딥팻후라이(Deep Fat Frying)로 하시오.

❶ 닭고기 모양에 유의한다.

❷ 완성된 치킨 커틀렛의 색깔에 유의한다.

❸ 치킨 커틀렛 만드는 순서가 틀리지 않게 하여야 한다.

❹ 만드는 순서에 유의하며, 위생과 숙련된 기능평가를 위하여 조리작업 시 맛을 보지 않는다.

❺ 지정된 수험자 지참준비물 이외의 조리기구나 재료를 시험장 내에 지참할 수 없다.

❻ 지급재료는 시험 전 확인하여 이상이 있을 경우 시험위원으로부터 조치를 받고 시험 중에는 재료의 교환 및 추가지급은 하지 않는다.

❼ 요구사항 및 지급재료의 규격은 "정도"의 의미를 포함하며, 재료의 크기에 따라 가감하여 채점된다.

❽ 위생복, 위생모, 앞치마를 착용하여야 하며, 시험장비 · 조리기구 취급 등 안전에 유의한다.

❾ 다음 사항에 대해서는 **채점대상에서 제외하니** 특히 유의하기 바란다.

㈎ 기권: 수험자 본인이 시험 도중 시험에 대한 포기 의사를 표현하는 경우

㈏ 실격
- 가스레인지 화구를 2개 이상(2개 포함) 사용한 경우
- 불을 사용하여 만든 조리작품이 작품특성에 벗어나는 정도로 타거나 익지 않은 경우
- 위생복, 위생모, 앞치마를 착용하지 않은 경우
- 지정된 수험자 지참준비물 이외의 조리기구를 사용한 경우
- 시험 중 시설 · 장비(칼, 가스레인지 등) 사용 시 시험위원 및 타 수험자의 시험 진행에 위해를 일으킬 것으로 시험위원 전원이 합의하여 판단한 경우

㈐ 미완성
- 시험시간 내에 과제 두 가지를 제출하지 못한 경우
- 문제의 요구사항대로 과제의 수량이 만들어지지 않은 경우

㈑ 오작
- 구이를 조림 등으로 조리하여 완성품을 요구사항과 다르게 만든 경우
- 해당과제의 지급재료 이외의 재료를 사용하거나 석쇠 등 요구사항의 조리기구를 사용하지 않은 경우

㈒ 요구사항에 표시된 실격, 미완성, 오작에 해당하는 경우

❿ 항목별 배점은 위생상태 및 안전관리 5점, 조리기술 30점, 작품의 평가 15점이다.

⓫ 시험 시작 전 가벼운 몸 풀기(스트레칭) 동작으로 긴장을 풀고 시험을 시작한다.

만드는 법 ❶ 재료 준비하기 ☞ ❷ 닭 손질하기 ☞ ❸ 소금, 후추 간하기

식재료 지급목록

• 닭다리(한 마리 1.2kg 정도, 허벅지살 포함, 반 마리 지급가능)	1개
• 달걀	1개
• 밀가루(중력분)	30g
• 빵가루(중력분, 마른 것)	50g
• 소금(정제염)	2g
• 검은 후춧가루	2g
• 식용유	500ml
• 냅킨(흰색 기름 제거용)	2장

1 재료 준비하기

① 달걀을 풀어 달걀물은 준비한다.

② 팬에 식용유(300ml)를 넣어 약한 불로 미리 예열해 둔다.

1

2 닭 손질하기

① 닭은 껍질이 붙은 상태에서 뼈를 발라내고 살은 1cm 두께로 포를 떠서 닭껍질 쪽에 힘줄이 오그라들지 않게 어슷하게 칼집을 넣는다.

② 안쪽 살 부분도 잔 칼집을 내준 후 칼등으로 두드려 평평하게 펴준다.

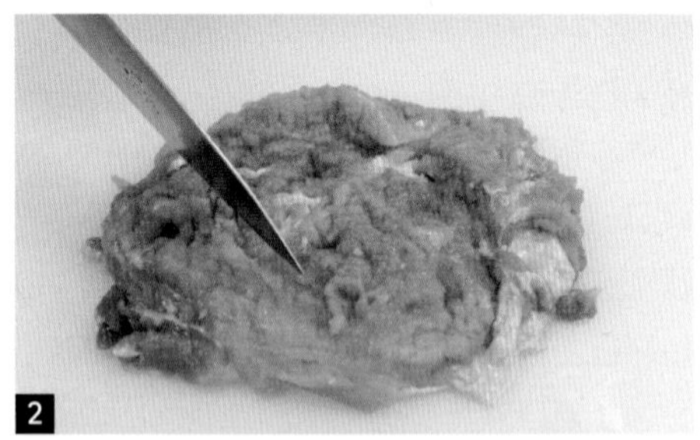

2

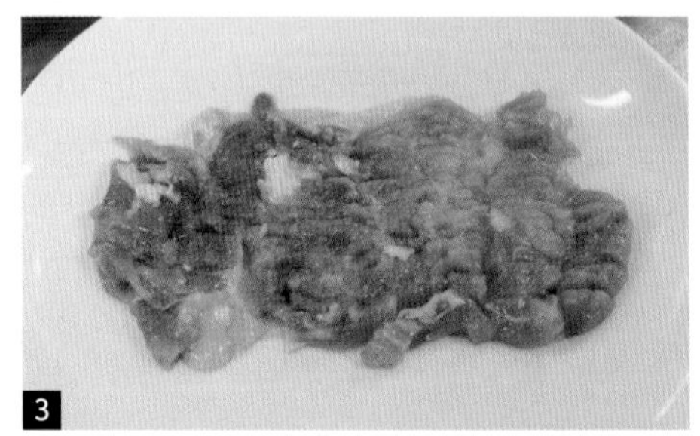

3

3 소금, 후추 간하기

① 얇게 편 닭고기에 소금, 후추로 간을 한다.

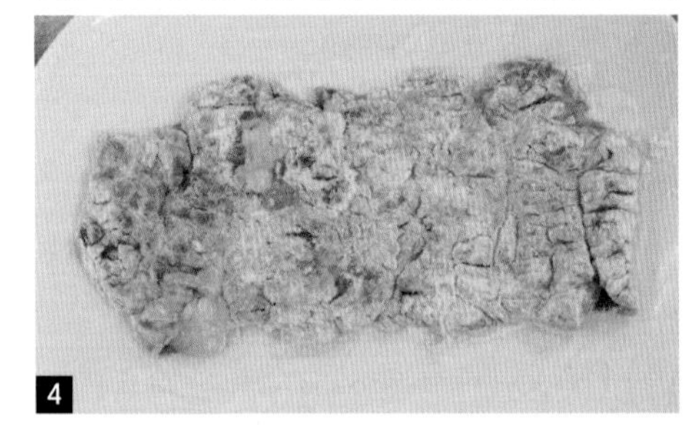

4

4 밀가루, 달걀물, 빵가루 입히기

① 빵가루 50g에 물 2Ts를 넣고 촉촉하게 섞어준다.

② 접시에 밀가루, 달걀물, 빵가루를 각각 준비한다.

③ 손질한 닭고기에 밀가루를 고르게 묻힌 후 털어내고 → 달걀물 → 빵가루 순으로 튀김옷을 입힌다.

5

6

5 튀기기 및 기름 제거

① 예열한 180℃의 튀김기름에 닭고기를 넣어 모양을 유지하면서 노릇노릇한 황금 갈색이 나도록 튀겨낸다.

② 튀긴 닭고기는 냅킨에서 기름을 완전히 제거한다.

7

6 치킨 커틀렛 완성하기

① 잘 튀겨진 커틀렛을 접시에 담아 제출한다.

Tip

- 닭 손질 시 칼집을 골고루 잘 넣어야 튀길 때 크기가 반듯하게 잘 나온다.
- 튀김의 온도가 너무 높지 않게 미리 맞춰 놓는다.
- 딥팻후라이(Deep Fat Frying)는 기름에 식재료를 튀겨낸 것으로 사용하는 재료보다 3~5배 이상의 기름을 넣어 튀겨낸다.

Barbecued Pork Chop

바베큐 폭찹

바베큐란 장작불이나 숯불에 육류와 생선, 가금류 등을 소스를 발라가며 천천히 구운 요리를 말하며 바베큐 폭찹은 돼지갈비에 밀가루를 묻히고 팬에 지져 각종 소스와 향신료를 넣어 만든 요리이다.

※ 주어진 재료를 사용하여 다음과 같이 바베큐 폭찹을 만드시오.

1. 고기는 뼈가 붙은 채로 사용하고 고기의 두께는 1cm 정도로 하시오.
   (단, 지급재료에 따라 가감한다.)
2. 채소, 마늘은 다져 소스로 만드시오.
3. 완성된 소스 상태가 윤기가 나며 겉물이 흘러나오지 않도록 하시오.

❶ 지급된 재료로 소스를 만들고 농도에 유의한다.
❷ 재료의 익히는 순서를 고려하여 끓인다.
❸ 바베큐 폭찹 만드는 순서가 틀리지 않게 하여야 한다.
❹ 만드는 순서에 유의하며, 위생과 숙련된 기능평가를 위하여 조리작업 시 맛을 보지 않는다.
❺ 지정된 수험자 지참준비물 이외의 조리기구나 재료를 시험장 내에 지참할 수 없다.
❻ 지급재료는 시험 전 확인하여 이상이 있을 경우 시험위원으로부터 조치를 받고 시험 중에는 재료의 교환 및 추가지급은 하지 않는다.
❼ 요구사항 및 지급재료의 규격은 "정도"의 의미를 포함하며, 재료의 크기에 따라 가감하여 채점된다.
❽ 위생복, 위생모, 앞치마를 착용하여야 하며, 시험장비 · 조리기구 취급 등 안전에 유의한다.
❾ 다음 사항에 대해서는 **채점대상에서 제외하니** 특히 유의하기 바란다.
(가) 기권: 수험자 본인이 시험 도중 시험에 대한 포기 의사를 표현하는 경우
(나) 실격
- 가스레인지 화구를 2개 이상(2개 포함) 사용한 경우
- 불을 사용하여 만든 조리작품이 작품특성에 벗어나는 정도로 타거나 익지 않은 경우
- 위생복, 위생모, 앞치마를 착용하지 않은 경우
- 지정된 수험자 지참준비물 이외의 조리기구를 사용한 경우
- 시험 중 시설 · 장비(칼, 가스레인지 등) 사용 시 시험위원 및 타 수험자의 시험 진행에 위해를 일으킬 것으로 시험위원 전원이 합의하여 판단한 경우

(다) 미완성
- 시험시간 내에 과제 두 가지를 제출하지 못한 경우
- 문제의 요구사항대로 과제의 수량이 만들어지지 않은 경우

(라) 오작
- 구이를 조림 등으로 조리하여 완성품을 요구사항과 다르게 만든 경우
- 해당과제의 지급재료 이외의 재료를 사용하거나 석쇠 등 요구사항의 조리기구를 사용하지 않은 경우

(마) 요구사항에 표시된 실격, 미완성, 오작에 해당하는 경우
❿ 항목별 배점은 위생상태 및 안전관리 5점, 조리기술 30점, 작품의 평가 15점이다.
⓫ 시험 시작 전 가벼운 몸 풀기(스트레칭) 동작으로 긴장을 풀고 시험을 시작한다.

만드는 법 ❶ 채소 다지기 ☞ ❷ 돼지갈비 손질하기 ☞ ❸ 돼지갈비 굽기

식재료 지급목록

• 돼지갈비(살 두께 5cm 이상, 뼈를 포함한 길이 10cm)	200g
• 토마토 케첩	30g
• 우스터 소스	5ml
• 황설탕	10g
• 양파(중, 150g)	1/4개
• 소금(정제염)	2g
• 검은 후춧가루	2g
• 셀러리	30g
• 핫소스	5ml
• 버터(무염)	10g
• 식초	10ml
• 월계수잎	1잎
• 밀가루(중력분)	10g
• 레몬(길이 장축으로 등분)	1/6개
• 마늘(중, 깐 것)	1쪽
• 비프스톡(육수, 또는 물로 대체가능)	200ml
• 식용유	30ml

1

2

3

4

1 채소 다지기

① 마늘은 곱게 다지고 양파는 0.5cm×0.5cm로 썰어준다.

② 셀러리는 섬유질을 제거한 후 0.5cm×0.5cm로 썰어준다.

2 돼지갈비 손질하기

① 돼지갈비는 찬물에 담가 핏물을 제거한다.

② 돼지갈비는 기름기를 제거하고 손질하여 뼈를 붙인 채 두께 1cm로 포를 떠서 잔 칼집을 넣는다.

③ 칼집을 준 돼지고기에 소금, 후추를 뿌려 밑간을 한다.

3 돼지갈비 굽기

① 돼지갈비는 밀가루를 묻혀 여분을 털어내고 달궈진 팬에 식용유를 두르고 노릇노릇하게 모양을 유지하면서 굽는다.

5

4 소스 만들기

① 팬에 버터를 녹여 다진 마늘, 양파, 셀러리를 볶은 후 케첩 2Ts, 황설탕 1ts, 우스터 소스 1/2ts, 핫소스 1/2ts, 식초 1/2ts, 레몬즙 1/2ts, 물(비프스톡) 1컵, 월계수잎을 넣고 끓이면서 거품을 건져낸다.

② 소스의 색과 농도를 보면서 물을 넣어 조절한다.

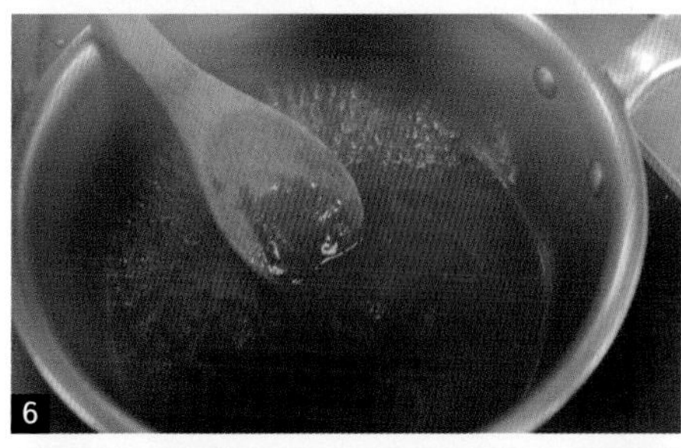
6

5 폭찹 만들기

① 끓인 소스에 구운 돼지갈비를 넣고 약한 불에 양념이 잘 스며들 수 있도록 은근히 조려준다.

② 소스의 농도가 되직해지면 소금, 후추로 밑간을 한 후 월계수잎을 건져낸다.

7

6 바베큐 폭찹 완성하기

① 접시에 돼지갈비를 보기 좋게 담고 소스를 고기 위에 충분히 뿌려준다.

Tip

⋯› 돼지갈비는 칼집을 낸 후, 뼈가 붙어 있는 상태에서 포를 떠 사용한다.

⋯› 소스는 타지 않게 약한 불에서 끓여 윤기나게 은근히 조린다.

Beef Stew

비프스튜

소고기와 채소, 부케가르니를 넣고 은근하게 푹 익힌 요리로 유럽의 봉건제로 인해 성이 생기고 포위 공격이란 개념이 시작되면서 자원이 한정된 곳에서 고영양의 식품을 간단하게 조리하기 위해 만들어진 음식이다.

※ 주어진 재료를 사용하여 다음과 같이 비프스튜를 만드시오.

1. 완성된 소고기와 채소의 크기는 1.8cm 정도의 정육면체로 하시오.
2. 브라운 루(Brown Roux)를 만들어 사용하시오.
3. 비프스튜를 담고 파슬리 다진 것을 뿌려 내시오.

❶ 소스의 농도와 분량에 유의한다.

❷ 소고기와 채소는 형태를 유지하면서 익히는 데 유의한다.

❸ 비프스튜 만드는 순서가 틀리지 않게 하여야 한다.

❹ 만드는 순서에 유의하며, 위생과 숙련된 기능평가를 위하여 조리작업 시 맛을 보지 않는다.

❺ 지정된 수험자 지참준비물 이외의 조리기구나 재료를 시험장 내에 지참할 수 없다.

❻ 지급재료는 시험 전 확인하여 이상이 있을 경우 시험위원으로부터 조치를 받고 시험 중에는 재료의 교환 및 추가지급은 하지 않는다.

❼ 요구사항 및 지급재료의 규격은 "정도"의 의미를 포함하며, 재료의 크기에 따라 가감하여 채점된다.

❽ 위생복, 위생모, 앞치마를 착용하여야 하며, 시험장비 · 조리기구 취급 등 안전에 유의한다.

❾ 다음 사항에 대해서는 **채점대상에서 제외하니** 특히 유의하기 바란다.

(가) 기권: 수험자 본인이 시험 도중 시험에 대한 포기 의사를 표현하는 경우

(나) 실격
- 가스레인지 화구를 2개 이상(2개 포함) 사용한 경우
- 불을 사용하여 만든 조리작품이 작품특성에 벗어나는 정도로 타거나 익지 않은 경우
- 위생복, 위생모, 앞치마를 착용하지 않은 경우
- 지정된 수험자 지참준비물 이외의 조리기구를 사용한 경우
- 시험 중 시설 · 장비(칼, 가스레인지 등) 사용 시 시험위원 및 타 수험자의 시험 진행에 위해를 일으킬 것으로 시험위원 전원이 합의하여 판단한 경우

(다) 미완성
- 시험시간 내에 과제 두 가지를 제출하지 못한 경우
- 문제의 요구사항대로 과제의 수량이 만들어지지 않은 경우

(라) 오작
- 구이를 조림 등으로 조리하여 완성품을 요구사항과 다르게 만든 경우
- 해당과제의 지급재료 이외의 재료를 사용하거나 석쇠 등 요구사항의 조리기구를 사용하지 않은 경우

(마) 요구사항에 표시된 실격, 미완성, 오작에 해당하는 경우

❿ 항목별 배점은 위생상태 및 안전관리 5점, 조리기술 30점, 작품의 평가 15점이다.

⓫ 시험 시작 전 가벼운 몸 풀기(스트레칭) 동작으로 긴장을 풀고 시험을 시작한다.

❶ 재료 손질하기 ☞ ❷ 재료 썰기 ☞ ❸ 파슬리가루 만들기

식재료 지급목록

• 소고기(살코기 덩어리)	100g
• 당근(둥근 모양이 유지되게 등분)	70g
• 양파(중, 150g)	1/4개
• 셀러리	30g
• 감자(중, 150g)	1/3개
• 마늘(중, 깐 것)	1쪽
• 토마토 페이스트	20g
• 밀가루(중력분)	25g
• 버터(무염)	30g
• 소금(정제염)	2g
• 검은 후춧가루	2g
• 파슬리(잎, 줄기 포함)	1줄기
• 월계수잎	1잎
• 정향	1개

1 재료 손질하기

① 파슬리는 찬물에 담가 놓는다.

② 양파에 월계수잎을 겹친 뒤 정향을 꽂아 고정하여 부케가르니를 만든다.

2 재료 썰기

① 감자, 당근은 사방 1.8cm×1.8cm 크기로 일정하게 잘라 모서리를 다듬는다.

② 양파는 한 겹씩 떼어 1.8cm×1.8cm로 일정하게 잘라 모서리를 다듬는다.

③ 셀러리는 섬유질을 제거한 후 1.8cm×1.8cm 크기로 잘라 모서리를 다듬는다.

④ 소고기는 사방 2cm 크기로 일정하게 썰어 소금, 후추로 밑간을 한다.

⑤ 마늘은 곱게 다진다.

3 파슬리가루 만들기

① 파슬리는 곱게 다져 소창에 넣어 흐르는 물에 씻어 물기를 제거한다.

4 재료 볶기

① 팬에 버터를 두르고 다진 마늘을 볶다가 감자, 당근, 셀러리, 양파 순으로 볶아 덜어 놓는다.

② 소고기는 밀가루 옷을 입힌 후, 팬에 버터를 두르고 볶아 놓는다.

5 브라운 루 만들기

① 냄비에 버터 1Ts, 밀가루 1Ts을 넣고 갈색이 나도록 볶아 브라운 루를 만든다.

6 비프스튜 만들기

① 브라운 루에 토마토 페이스트 1Ts을 넣고 충분히 볶아준다.

② 찬물 2컵과 부케가르니(양파, 월계수 잎, 정향), 볶은 소고기, 채소, 파슬리 줄기를 넣고 끓이면서 거품을 제거한다.

③ 비프스튜의 색과 농도가 걸쭉해지면 부케가르니를 건지고 소금, 후추로 간한다.

7 비프스튜 완성하기

① 완성된 스튜를 그릇에 담고 다진 파슬리를 뿌려 제출한다.

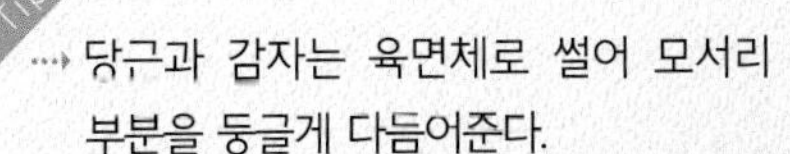

…→ 당근과 감자는 육면체로 썰어 모서리 부분을 둥글게 다듬어준다.

…→ 비프스튜는 끓을 때 거품이나 불순물을 수시로 제거해 준다.

Salisbury Steak

살리스버리 스테이크

19세기 영국의 의사였던 살리스버리 후작이 자신의 환자들에게 소고기를 많이 먹게 하여 병을 빨리 낫게 하려고 개발한 요리로 그의 이름을 붙여 만든 스테이크이다. 소고기와 채소를 다진 뒤 섞어서 럭비공 모양으로 만들어 구워낸 요리로 독일의 햄버거 스테이크와 비슷한 음식이다.

요구사항

※ **주어진 재료를 사용하여 다음과 같이 살리스버리 스테이크를 만드시오.**

1. 살리스버리 스테이크는 타원형으로 만드시오.
2. 고기 앞, 뒤의 색을 갈색으로 구워 내시오.
3. 더운 채소(당근, 감자, 시금치)를 각각 모양 있게 만들어 곁들여 제출하시오.

수험자 유의사항

❶ 고기가 타지 않도록 하며, 구워진 고기가 단단해지지 않도록 유의한다.(곁들이는 소스는 생략한다.)

❷ 지급된 조미재료를 활용하여 더운 채소의 요리법(색, 모양 등)에 유의한다.

❸ 살리스버리 스테이크 만드는 순서가 틀리지 않게 하여야 한다.

❹ 만드는 순서에 유의하며, 위생과 숙련된 기능평가를 위하여 조리작업 시 맛을 보지 않는다.

❺ 지정된 수험자 지참준비물 이외의 조리기구나 재료를 시험장 내에 지참할 수 없다.

❻ 지급재료는 시험 전 확인하여 이상이 있을 경우 시험위원으로부터 조치를 받고 시험 중에는 재료의 교환 및 추가지급은 하지 않는다.

❼ 요구사항 및 지급재료의 규격은 "정도"의 의미를 포함하며, 재료의 크기에 따라 가감하여 채점된다.

❽ 위생복, 위생모, 앞치마를 착용하여야 하며, 시험장비 · 조리기구 취급 등 안전에 유의한다.

❾ 다음 사항에 대해서는 **채점대상에서 제외하니** 특히 유의하기 바란다.

(가) 기권: 수험자 본인이 시험 도중 시험에 대한 포기 의사를 표현하는 경우

(나) 실격

- 가스레인지 화구를 2개 이상(2개 포함) 사용한 경우
- 불을 사용하여 만든 조리작품이 작품특성에 벗어나는 정도로 타거나 익지 않은 경우
- 위생복, 위생모, 앞치마를 착용하지 않은 경우
- 지정된 수험자 지참준비물 이외의 조리기구를 사용한 경우
- 시험 중 시설 · 장비(칼, 가스레인지 등) 사용 시 시험위원 및 타 수험자의 시험 진행에 위해를 일으킬 것으로 시험위원 전원이 합의하여 판단한 경우

(다) 미완성

- 시험시간 내에 과제 두 가지를 제출하지 못한 경우
- 문제의 요구사항대로 과제의 수량이 만들어지지 않은 경우

(라) 오작

- 구이를 조림 등으로 조리하여 완성품을 요구사항과 다르게 만든 경우
- 해당과제의 지급재료 이외의 재료를 사용하거나 석쇠 등 요구사항의 조리기구를 사용하지 않은 경우

(마) 요구사항에 표시된 실격, 미완성, 오작에 해당하는 경우

❿ 항목별 배점은 위생상태 및 안전관리 5점, 조리기술 30점, 작품의 평가 15점이다.

⓫ 시험 시작 전 가벼운 몸 풀기(스트레칭) 동작으로 긴장을 풀고 시험을 시작한다.

식재료 지급목록

• 소고기(살코기 간 것)	130g
• 양파(중, 150g 정도)	1/6개
• 달걀	1개
• 우유	10ml
• 빵가루(마른 것)	20g
• 소금(정제염)	2g
• 검은 후춧가루	2g
• 식용유	150ml
• 감자(150g 정도)	1/2개
• 당근(둥근 모양이 유지되게 등분)	70g
• 시금치	70g
• 흰 설탕	25g
• 버터(무염)	50g

1 재료 손질하기

① 소고기는 키친타월을 이용하여 핏물을 제거한다.
② 양파는 곱게 다진다.
③ 빵가루는 우유에 적셔둔다.
④ 달걀은 그릇에 풀어 달걀물을 만든다.

1

2 양파 볶기

① 다진 일부의 양파는 팬에 기름을 두르고 볶아 식힌다.

2

3 소고기 반죽하기

① 소고기는 한 번 더 곱게 다진다.
② 볼에 다진 소고기, 양파, 달걀, 빵가루, 소금, 후추로 양념한 후 끈기가 생길 때까지 많이 치댄다.

3

4 스테이크 모양 빚기

① 손에 기름을 바르고 치댄 소고기 반죽을 두께 0.8cm 정도의 타원형 모양으로 스테이크를 만든다.

4

5 더운 채소 감자 조리하기

① 감자는 껍질을 벗겨 두께 1cm× 5cm 길이로 4개 정도 썰어 끓는 물

에 데친 후 물기를 제거한다.

② 팬에 100ml의 식용유를 넣고 감자를 노릇노릇하게 튀겨 소금으로 간한다.

5

6 더운 채소 당근 조리하기

① 당근은 두께 0.5cm, 지름 4cm로 3개를 썰어 모서리를 둥글게 다듬어 비취 모양으로 만든다.

② 물을 끓여 당근을 살짝 데쳐낸다.

③ 냄비에 물 3Ts, 설탕 2Ts, 버터 1Ts, 소금을 넣어 시럽을 만든 후 당근을 넣고 윤기가 나게 조려준다.

6

7 더운 채소 시금치 조리하기

① 시금치는 깨끗이 손질하여 뿌리째 데친 후, 찬물에 식혀 물기를 제거한다.

② 데친 시금치를 4cm로 자른 후, 팬에 버터를 두르고 다진 양파와 함께 볶아 소금, 후추로 간한다.

7

8 스테이크 굽기

① 달궈진 팬에 식용유를 두르고 스테이크를 중불에서 갈색으로 색을 낸 후 약불에서 속까지 충분히 익도록 기름을 충분히 넣어 굽는다.

8

9 살리스버리 스테이크 완성하기

① 접시 중앙에 구운 스테이크를 담고 왼쪽부터 감자, 시금치, 당근 순으로 보기 좋게 담아 제출한다.

9

Tip

- 스테이크의 고기는 곱게 다져 반죽을 만들 때 많이 치대야 끈기가 생겨 고기가 부드럽고 구울 때 갈라지지 않는다.
- 스테이크의 속까지 잘 익고 타지 않도록 센 불에 굽지 말고 불 조절에 유의한다.

Sirloin Steak

서로인 스테이크

서로인 스테이크는 소고기의 허리 윗부분의 살을 두툼하게 썰어 구운 요리이며 서양요리에서 가장 대표적인 메인요리이다. 영국 국왕 찰스 2세(1660~1687)가 즐겨 먹었던 채끝 등심(Loin)에 'Sir'라는 칭호를 붙여 불렀다고 해서 유명해진 스테이크이다.

※ **주어진 재료를 사용하여 다음과 같이 서로인 스테이크를 만드시오.**

1. 온도를 잘 맞추어 미디움(Medium)으로 구우시오.
2. 더운 채소(당근, 감자, 시금치)를 각각 모양 있게 만들어 함께 제출하시오.

❶ 스테이크의 색에 유의한다.(곁들이는 소스는 생략한다.)
❷ 지급된 조미재료를 활용하여 더운 채소의 요리법(색, 모양 등)에 유의한다.
❸ 서로인 스테이크 만드는 순서가 틀리지 않게 하여야 한다.
❹ 만드는 순서에 유의하며, 위생과 숙련된 기능평가를 위하여 조리작업 시 맛을 보지 않는다.
❺ 지정된 수험자 지참준비물 이외의 조리기구나 재료를 시험장 내에 지참할 수 없다.
❻ 지급재료는 시험 전 확인하여 이상이 있을 경우 시험위원으로부터 조치를 받고 시험 중에는 재료의 교환 및 추가지급은 하지 않는다.
❼ 요구사항 및 지급재료의 규격은 "정도"의 의미를 포함하며, 재료의 크기에 따라 가감하여 채점된다.
❽ 위생복, 위생모, 앞치마를 착용하여야 하며, 시험장비 · 조리기구 취급 등 안전에 유의한다.
❾ 다음 사항에 대해서는 **채점대상에서 제외하니** 특히 유의하기 바란다.

(가) 기권: 수험자 본인이 시험 도중 시험에 대한 포기 의사를 표현하는 경우

(나) 실격
- 가스레인지 화구를 2개 이상(2개 포함) 사용한 경우
- 불을 사용하여 만든 조리작품이 작품특성에 벗어나는 정도로 타거나 익지 않은 경우
- 위생복, 위생모, 앞치마를 착용하지 않은 경우
- 지정된 수험자 지참준비물 이외의 조리기구를 사용한 경우
- 시험 중 시설 · 장비(칼, 가스레인지 등) 사용 시 시험위원 및 타 수험자의 시험 진행에 위해를 일으킬 것으로 시험위원 전원이 합의하여 판단한 경우

(다) 미완성
- 시험시간 내에 과제 두 가지를 제출하지 못한 경우
- 문제의 요구사항대로 과제의 수량이 만들어지지 않은 경우

(라) 오작
- 구이를 조림 등으로 조리하여 완성품을 요구사항과 다르게 만든 경우
- 해당과제의 지급재료 이외의 재료를 사용하거나 석쇠 등 요구사항의 조리기구를 사용하지 않은 경우

(마) 요구사항에 표시된 실격, 미완성, 오작에 해당하는 경우

❿ 항목별 배점은 위생상태 및 안전관리 5점, 조리기술 30점, 작품의 평가 15점이다.
⓫ 시험 시작 전 가벼운 몸 풀기(스트레칭) 동작으로 긴장을 풀고 시험을 시작한다.

만드는 법 ❶ 재료 손질하기 ☞ ❷ 소고기 손질하기 ☞ ❸ 더운 채소 감자 조리하기

식재료 지급목록

• 소고기(등심, 덩어리)	200g
• 감자(150g)	1/2개
• 당근(둥근 모양이 유지되게 등분)	70g
• 시금치	70g
• 소금(정제염)	2g
• 검은 후춧가루	1g
• 식용유	150ml
• 버터(무염)	50g
• 흰 설탕	25g
• 양파(중, 150g)	1/6개

1 재료 손질하기

① 소고기는 키친타월을 이용하여 핏물을 제거한다.

② 양파는 곱게 다진다.

2 소고기 손질하기

① 소고기는 기름기와 지방을 제거하고 칼끝으로 힘줄을 끊어준 후 식용유를 살짝 바른 뒤 소금, 후추로 밑간한다.

3 더운 채소 감자 조리하기

① 감자는 껍질을 벗겨 두께 1×5cm 길이로 4개 정도 썰어 끓는 물에 데친 후 물기를 제거한다.

② 팬에 100ml의 식용유를 넣고 감자를 노릇노릇하게 튀겨 소금으로 간한다.

4 더운 채소 당근 조리하기

① 당근은 두께 0.5cm, 지름 4cm로 3개를 썰어 모서리를 둥글게 다듬어 비취 모양으로 만든다.

② 물을 끓여 당근을 살짝 데친다.

③ 냄비에 물 3Ts, 설탕 2Ts, 버터 1Ts을 넣어 시럽을 만든 후 당근을 넣고 윤기나게 조려준다.

5

5 더운 채소 시금치 조리하기

① 시금치는 깨끗이 손질하여 뿌리째 데친 후, 찬물에 식혀 물기를 제거한다.

② 데친 시금치를 4cm로 자른 후, 팬에 버터를 두르고 다진 양파와 함께 볶아 소금, 후추로 간한다.

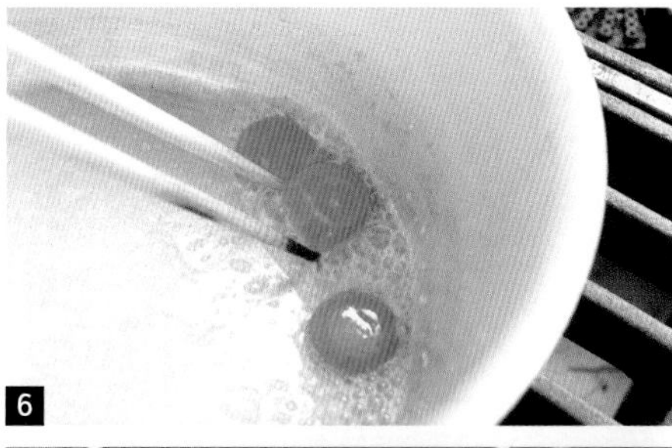
6

6 스테이크 굽기

① 달궈진 팬에 식용유를 두르고 처음에는 센 불에서 양쪽 겉면이 갈색이 나게 구운 후 기름을 충분히 두르고 약불로 조절하여 육즙이 겉면까지 올라오도록 미디엄으로 익혀준다.

7

7 서로인 스테이크 완성하기

① 접시 중앙에 구운 스테이크를 담고 왼쪽부터 감자, 시금치, 당근 순으로 모양 있게 담아낸다.

8

Tip

⋯ 소고기는 칼끝으로 힘줄을 끊어준 후 충분히 두드려주고 식용유를 발라 연육작업을 해야 속까지 잘 익는다.

⋯ 소고기가 안 익어 실격 처리되는 경우가 많으므로 익히는 데 유의한다.

New International Western Cuisine

Part 3
서양요리 실기

Cauliflower Puree and Various Seafood

콜리플라워 퓌레와 각종 해산물

지급재료

Cauliflower(콜리플라워) 100g, Smoked Salmon(훈제연어) 20g, Scallop(관자) 20g, Shrimp(새우) 20g, Cone Squid(솔방울 오징어) 20g, Abalone(전복) 20g, Sweet Chili Sauce(스위트칠리 소스) 5ml, Onion(양파) 20g, Leaf Beet(적근대) 2g, Chervil(처빌) 2g, Olive Oil((올리브오일) 20ml, Milk(우유) 100ml, Fresh Cream(생크림) 50ml, White Wine(백포도주) 20ml, Lemon Juice(레몬 주스) 20ml, Vinegar(식초) 10ml, Mustard(머스터드) 10g, Egg Yolk(달걀노른자) 1ea, Tabasco(타바스코) 2ml, Salmon Roe(연어알) 5g, Caviar(캐비아) 2g, Garlic(마늘) 5g, Chive(차이브) 2g, Carrot(당근) 30g, Celery(셀러리) 30g, Bay Leaf(월계수잎) 1leaf, Pepper(후추) a little, Salt(소금) a little, Black Peppercorn(검은 통후추) 2g

만드는 법

❶ 양파, 마늘을 살짝 볶다가 콜리플라워, 우유를 넣고 완전히 익도록 삶는다.

❷ ①의 삶은 콜리플라워는 믹서기에 곱게 갈아 고운체에 걸러 소금, 후추로 간한다.

❸ 훈제연어는 한쪽을 얇게 슬라이스하여 연어를 3~6cm로 자른다.

❹ 관자, 새우, 솔방울 오징어는 부케가르니를 넣고 끓는 물에 살짝 데쳐 한입 크기로 자른다.

❺ 전복은 껍질을 벗겨 삶아 한입 크기로 자른다.

❻ ④의 관자, 솔방울 오징어와 ⑤의 전복은 소금, 후추에 간하여 비니거 오일에 버무린다.

❼ 새우는 소금, 후추에 간하여 스위트칠리 소스에 버무린다.

❽ 접시에 콜리플라워 퓌레를 깔아준 후 ③의 연어 슬라이스를 놓고 솔방울 오징어, 새우, 관자, 전복 순으로 가지런히 올린다.

❾ 차이브를 곱게 잘라 ⑧의 해산물에 뿌려준 후 적근대, 처빌을 놓는다.

❿ 해산물 주위에 연어알을 놓고 위에 캐비아를 얹는다.

※ 비니거 오일(Vinegar Oil) 참조(p.274)

Smooth Salmon Mousse and Smoked Salmon Rose

부드러운 연어 무스와 훈제연어 로즈

지급재료

Smoked Salmon(훈제연어) 300g, Fresh Cream(생크림) 10ml, White Wine(백포도주) 20m, Lemon Juice(레몬 주스) 20ml, Radish(래디시) 1ea, Horseradish(호스래디시) 20g, Sour Cream(사워크림) 50ml, Salmon Roe(연어알) 5g, Caper(케이퍼) 10g, Dill(딜) 2g, Chervil(처빌) 2g, Brandy(브랜디) 20ml, Thyme(타임) 2g, Caviar(캐비아) 2g, Sugar(설탕) a little, Salt(소금) a little, Pepper(후추) a little

만드는 법

❶ 훈제연어는 껍질을 제거한 후, 연어 무스용, 로즈용, 다이스용으로 3등분하여 준비한다.

❷ ①의 연어 무스용은 다이스로 작게 잘라 믹서기에 백포도주, 휘핑크림, 레몬 주스, 소금, 후추를 넣고 곱게 갈아 고운체에 거른다.

❸ 휘핑크림을 거품기로 되직하게 쳐서 ②의 연어 무스에 넣고 농도를 맞춘다.

❹ 연어 로즈용은 얇게 슬라이스하여 호스래디시, 사워크림을 골고루 발라 장미모양으로 둥글게 말아준다.

❺ 연어 다이스용은 동일한 크기로 잘라 호스래디시, 레몬 주스, 백포도주, 소금, 후추에 살짝 버무린다.

❻ 접시에 ③의 연어 무스를 깔아준 후, ④의 연어 로즈, ⑤의 양념한 연어 다이스 세 쪽을 담는다.

❼ 연어 로즈 위에는 호스래디시크림을 짜준 후, 캐비아를 얹고 양념한 연어 다이스 위에는 사워크림을 뿌리고 캐비아와 처빌, 딜을 얹는다

❽ 래디시는 얇게 슬라이스하여 연어 주위에 연어알과 함께 가니쉬로 곁들여준다.

Grilled Scallop with Abalone

전복을 곁들인 관자구이

지급재료

Scallop(관자) 150g, Abalone(전복) 50g, Butter(버터) 30g, Cherry Tomato(방울토마토) 3ea, Onion(양파) 20g, Oyster Mushroom(표고버섯) 50g, Flour(밀가루) 10g, Asparagus(아스파라거스) 3ea, White Wine(백포도주) 20ml, Enoki Mushroom(팽이버섯) 20g, Thyme(타임) 2g, Parsely Stem(파슬리 줄기) 5g, Bay Leaf(월계수잎) 1leaf, Olive Oil(올리브오일) 20ml, Vinegar(식초) 10ml, Garlic(마늘) 10g, Lemon Juice(레몬 주스) 20ml, Salt(소금) a little, Pepper(후추) a little, Sugar(설탕) a little

만드는 법

❶ 방울토마토는 끓는 물에 데쳐 껍질을 벗긴 후 소금, 후추, 설탕에 간하여 오븐에서 굽는다.

❷ 관자는 질긴 막을 제거한 후, 소금, 후추로 간한다.

❸ 전복은 껍질을 제거한 후 삶아서 채 썬다.

❹ 표고버섯은 손질하여 전복과 동일하게 채 썬다.

❺ ③의 전복과 ④의 표고버섯은 함께 볶아 소금, 후추로 간한다.

❻ 아스파라거스는 껍질을 벗긴 후 끓는 물에 데쳐 소금, 후추로 간하여 볶는다.

❼ 팽이버섯은 손질하여 팬에 살짝 볶아 소금, 후추로 간한다.

❽ 달궈진 팬에 ②의 관자를 노릇노릇하게 굽는다.

❾ 접시에 ⑤의 볶은 전복, 표고버섯을 담고 볶은 아스파라거스, 팽이버섯을 곁들인다.

❿ ⑧의 구운 관자와 방울토마토를 ⑨의 접시에 세 개씩 담는다.

⓫ 버터를 천천히 녹여 레몬 주스를 넣고 버터소스를 만들어 ⑩의 구운 관자에 뿌려준다.

※ 레몬 버터소스(Lemon Butter Sauce) 참조(p.274)

Halibut Timbal with Avocado Sauce

아보카도 소스를 곁들인 광어 팀발

지급재료

Halibut(광어) 100g, Mango(망고) 20g, Avocado(아보카도) 2ea, Tomato(토마토) 1/2ea, Onion(양파) 50g, Whipping Cream(휘핑크림) 20ml, Chive(차이브) 2g, Mini Chicory(미니치커리) 5g, Amaranth(아마란스 순) 20g, Vinegar(식초) 10ml, Lemon Juice(레몬 주스) 10ml, Scallop(관자) 100g, Mini Vitamin(미니비타민) 2g, White Wine(백포도주) 20ml, Olive Oil(올리브오일) 20ml, Wasabi(와사비) 10g, Pepper(후추) a little, Salt(소금) a little

만드는 법

❶ 광어는 손질하여 백포도주, 레몬 주스, 소금, 후추로 간하여 쪄준다.

❷ ①의 찐 광어는 곱게 으깨어 휘핑크림을 넣고 골고루 섞어 농도를 되직하게 만든다.

❸ 방울토마토는 끓는 물에 데쳐 껍질을 벗긴 후 소금, 후추, 설탕에 간하여 오븐에서 굽는다.

❹ 망고는 껍질을 벗겨 다이스로 자른다.

❺ 토마토는 끓는 물에 데쳐 껍질을 벗겨 씨를 제거한 후 다이스로 자른다.

❻ ④의 망고와 ⑤의 토마토는 올리브오일, 설탕으로 살짝 버무린다.

❼ 관자는 질긴 막을 제거한 후 다이스로 잘라 소금, 후추로 간하여 살짝 볶는다.

❽ 아보카도는 껍질을 벗겨 다이스로 잘라 끓는 물에 데쳐 곱게 갈아준다.

❾ ⑧의 갈아둔 아보카도는 삶은 물로 농도를 맞추고 설탕, 소금, 와사비로 간한다.

❿ 접시에 아보카도 소스를 깔아준 후 둥근 몰드에 ⑥의 망고, 토마토와 ②의 광어 무스를 채워 둥근 모양과 형태가 유지되게 눌러준 후 몰드를 빼준다.

⓫ ⑩의 광어 팀발 위에 미니허브(미니치커리, 아마란스 순, 미니비타민)를 올리브오일에 살짝 버무려 소복이 올려준다.

⓬ 광어 딤발 주위에 볶은 관자를 가니쉬로 4개 정도 놓는다.

※ 레드와인 비네그레트(Red Wine Vinaigrette) 참조(p.275)

Kidney Bean Soup

강낭콩 채소 수프

지급재료

Kidney Bean(강낭콩) 100g, Tomato(토마토) 60g, Onion(양파) 30g, Red Paprika(붉은 파프리카) 20g, Green Paprika(그린 파프리카) 20g, Zucchini(애호박) 20g, Leek(대파) 10g, Pea(완두콩) 20g, Potato(감자) 30g, Carrot(당근) 20g, White Wine(백포도주) 20ml, Bay Leaf(월계수잎) 1leaf, Olive Oil(올리브오일) 20ml, Vegetable Stock(채소육수) 300ml, Pine Nut(잣) 5g, Peppermint(페퍼민트) 2g, Pepper(후추) a little, Salt(소금) a little

만드는 법

❶ 감자, 당근은 껍질을 벗긴 후, 스몰 다이스로 자른다.

❷ 양파와 대파는 깨끗이 씻어 대파는 흰 부분만 사용하여 스몰 다이스로 자른다.

❸ 애호박은 깨끗이 씻어 스몰 다이스로 일정하게 자른다.

❹ 토마토와 파프리카는 씨를 제거한 후 스몰 다이스로 자른다.

❺ 자루 냄비에 올리브오일을 두르고 ①, ②, ③, ④의 채소를 순서대로 넣어 색이 나지 않게 볶아준다.

❻ ⑤의 볶은 채소에 백포도주, 채소육수와 월계수잎을 넣고 끓인다.

❼ ⑥의 끓인 채소 수프에 완두콩과 강낭콩을 넣고 소금, 후추로 간하여 천천히 끓인다.

❽ 수프 볼에 ⑦의 맑은 채소 수프를 담고 페퍼민트와 잣을 다져 뿌려준다.

※ 채소육수(Vegetable Stock) 참조(p.275)

Soft Ginseng Soup
부드러운 인삼 수프

지급재료

Ginseng(인삼) 200g, Onion(양파) 30g, Garlic(마늘) 10g, Bay Leaf(월계수잎) 1leaf, Butter(버터) 20g, Flour(밀가루) 20g, Chicken Stock(닭 육수) 200ml, Fresh Cream(생크림) 100ml, Chive(차이브) 5g, White Wine(백포도주) 20ml, Sugar(설탕) a little, Salt(소금) a little

만드는 법

❶ 양파와 마늘은 곱게 다져 놓는다.

❷ 팬에 밀가루와 버터를 1 : 1 동량으로 넣어 화이트 루를 볶는다.

❸ 인삼은 깨끗이 씻어 껍질을 벗긴 후, 작게 썰어 놓는다.

❹ 자루냄비에 버터를 녹여 ①의 다진 양파, 마늘을 살짝 볶는다.

❺ ④의 볶은 양파, 마늘에 ③의 인삼을 넣고 볶아준 후, 백포도주를 붓고 조려준다.

❻ ⑤의 볶은 인삼에 닭 육수와 ②의 화이트 루, 생크림, 월계수잎을 넣고 끓여준다.

❼ 믹서기에 ⑥의 내용물을 곱게 간 후, 고운체에 내려 소금, 후추로 간한다.

❽ 수프 볼에 ⑦의 인삼 수프를 담고 얇게 썬 인삼과 차이브로 가니시(Garnish)한다.

※ 닭 육수(Chicken Stock) 참조(p.276)

Asparagus Cream Soup

아스파라거스 크림 수프

지급재료

Asparagus(아스파라거스) 300g, Onion(양파) 50g, Almond Slice(슬라이스 아몬드) 2g, Leek(대파) 30g, Butter(버터) 10g, Whipping Cream(휘핑크림) 50ml, Chicken Stock(닭 육수) 300ml, Olive Oil(올리브오일) 20ml, Peppermint(페퍼민트) 2g, Salt(소금) a little, Pepper(후추) a little

만드는 법

❶ 아스파라거스는 껍질을 벗겨 다이스로 잘라 끓는 물에 데쳐 찬물에 식힌다.

❷ 양파는 잘게 다지고 대파는 파란 부분만 잘게 다져 놓는다.

❸ 자루냄비에 버터를 녹여 ②의 다진 양파, 대파를 넣고 살짝 볶는다.

❹ ③의 볶은 양파, 대파에 ①의 아스파라거스를 넣고 볶아준다.

❺ ④의 볶은 아스파라거스에 닭 육수를 붓고 끓여준다.

❻ 믹서기에 ⑤의 끓인 아스파라거스를 곱게 갈아준다.

❼ ⑥의 간 아스파라거스에 휘핑크림을 넣고 끓인 후 농도를 맞춘다.

❽ ⑦의 아스파라거스 수프를 고운체에 거른 후 소금, 후추로 간한다.

❾ 수프 볼에 ⑧의 아스파라거스 수프를 담고 휘핑크림, 아몬드, 페퍼민트를 얹는다.

※ 닭 육수(Chicken Stock) 참조(p.276)

Couscous Salad with a Lentil

렌틸을 곁들인 쿠스쿠스 샐러드

지급재료

Couscous(쿠스쿠스) 80g, Lentil(렌틸) 20g, Dry Grape(건포도) 10g, Walnut(호두) 10g, Orange Paprika(주황 파프리카) 30g, Red Paprika(붉은 파프리카) 30g, Vegetable Stock(채소육수) 100ml, Zucchini(애호박) 30g, Red Onion(적양파) 30g, Olive Oil(올리브오일) 20ml, Leaf Beet(적근대) 5g, Mini Chicory(미니치커리) 10g, Cherry Tomato(방울토마토) 3ea, Sour Cream(사워크림) 10ml, Mayonnaise(마요네즈) 10g, Radish(래디시) 1ea, Pine Nut(잣) 10g, Pepper(후추) a little, Salt(소금) a little, Sugar(설탕) a little

만드는 법

❶ 채소 육수를 끓여 쿠스쿠스를 넣고 3분 정도 데쳐 익힌다.

❷ 렌틸은 끓는 물에 소금을 넣고 삶는다.

❸ 주황 파프리카, 붉은 파프리카, 애호박, 적양파는 스몰 다이스로 자른다.

❹ 건포도와 호두는 ③의 채소 크기로 썰어 놓는다.

❺ 치커리와 비타민은 깨끗이 씻어 물기를 제거한다.

❻ 믹싱 볼에 ①의 쿠스쿠스, ②의 렌틸, ③의 채소, ④의 견과류를 넣고 섞어준다.

❼ ⑥의 쿠스쿠스에 올리브오일, 사워크림, 마요네즈, 레몬 주스, 소금, 후추를 넣고 골고루 버무려준다.

❽ 접시에 쿠스쿠스를 소복이 담고 래디시 슬라이스, 방울토마토 슬라이스를 사이사이에 곁들인다.

❾ ⑧의 쿠스쿠스에 미니치커리, 적근대를 꽂아준 후, 잣을 골고루 뿌려준다.

※ 채소육수(Vegetable Stock) 참조(p.275)

Arugula Salad

아루굴라 샐러드

지급재료

Arugula(아루굴라) 100g, Bacon(베이컨) 30g, Parmesan Cheese(파마산치즈) 10g, Lemon Juice(레몬 주스) 20ml, Toast Bread(식빵) 1ea, Radish(래디시) 1ea, Tomato(토마토) 1/2ea, Olive Oil(올리브오일) 50ml, Orange Paprika(주황 파프리카) 30g, Red Wine Vinegar(적포도주식초) 30ml, Salt(소금) a little, Pepper(후추) a little

만드는 법

❶ 아루굴라는 깨끗이 씻어 한입 크기로 손질한다.

❷ 토마토는 끓는 물에 데친 뒤 껍질을 벗겨 스몰 다이스로 자른다.

❸ 베이컨은 잘게 다진 후 크리스피(Crispy)하게 볶는다.

❹ 식빵은 스몰 다이스로 썰어 노릇하게 구워 크루통(Croutons)을 만든다.

❺ 파마산치즈는 얇게 슬라이스한다.

❻ 주황 파프리카는 스몰 다이스로 자른다.

❼ 믹싱 볼에 올리브오일, 적포도주식초, 레몬 주스를 넣고 충분히 저어준 후 소금, 후추로 간하여 레드와인 드레싱을 만든다.

❽ ①의 아루굴라에 토마토, 베이컨, 파프리카를 넣고 ⑦의 레드와인 드레싱을 골고루 뿌려준 후, 살짝 버무린다.

❾ 샐러드 볼에 ⑧의 아루굴라를 소복하게 담고 파마산치즈, 크루통, 토마토 다이스를 골고루 뿌려준다.

Italian Tomato Caprese

이태리 토마토 카프레제

지급재료

Italian Tomato(이태리 토마토) 2ea, Mozzarella Cheese(모차렐라치즈) 100g, 파마산치즈 10g, Mini Vitamin(미니비타민) 20g, Olive Oil(올리브오일) 10ml, Asparagus(아스파라거스) 3ea, Lemon Juice(레몬 주스) 5ml, Basil(바질) 30g, Garlic(마늘) 10g, Balsamic Glazing(발사믹 글레이징) 10ml, Ledebouriella Seseloides(방풍싹) 2g, Pine Nut(잣) 10g, Black Peppercorn(검은 통후추) a little, Salt(소금) a little

만드는 법

❶ 이태리 토마토는 0.5cm 두께로 슬라이스한다.

❷ 모차렐라치즈는 토마토 크기로 슬라이스한다.

❸ 아스파라거스는 껍질을 벗겨 끓는 물에 데쳐서 찬물에 식힌다.

❹ 팬에 ①의 아스파라거스를 볶아 올리브오일, 소금, 통후추로 간한다.

❺ 믹서기에 바질, 마늘, 잣, 파마산치즈, 올리브오일을 넣고 곱게 갈아 소금, 후추로 간하여 바질 페스토를 만든다.

❻ 접시에 ④의 구운 아스파라거스를 가지런히 놓고 ①의 이태리 토마토, ②의 모차렐라치즈 순으로 가지런히 놓는다.

❼ ⑥의 이태리 토마토, 모차렐라 치즈에 사이사이에 바질, 미니비타민, 방풍싹을 꽂아준다.

❽ ⑦의 내용물에 바질 페스토, 발사믹 글레이징을 골고루 뿌려준다.

❾ ⑧의 이태리 토마토, 모차렐라치즈 위에 파마산치즈 슬라이스와 잣을 가니시로 놓는다.

※ 바질 페스토(Basil Pesto) 참조(p.276)

Croissant Sandwich Filled with Potato

감자를 채운 크루아상 샌드위치

지급재료

Croissant(크루아상) 2ea, Lettuce(양상추) 50g, Mini Chicory(미니치커리) 30g, Potato(감자) 1ea, Mayonnaise(마요네즈) 10g, Celery(셀러리) 50g, Cucumber(오이) 50g, Mustard(머스터드) 10g, Sour Cream(사워크림) 50ml, Egg(달걀) 1ea, Cherry Tomato(방울토마토) 1ea, Tomato(토마토) 1/2ea, Butter(버터) 20g, Radicchio(라디키오) 50g, Chive(차이브) 5g, Frisee(프리체 = 치커리) 5g, Radish(래디시) 1ea, Lollo Rossa(롤로로사) 10g, Sugar(설탕) 5g, Salt(소금) a little, Pepper(후추) a little

만드는 법

❶ 크루아상 빵은 반으로 펼쳐지게 칼집을 넣는다.

❷ 감자는 껍질을 벗겨 다이스로 잘라 완전히 익도록 삶아서 곱게 으깬다.

❸ 달걀은 끓는 물에 13분 정도 완숙으로 삶아 곱게 다진다.

❹ 오이, 셀러리는 껍질을 벗긴 후 곱게 다져준다.

❺ 믹싱 볼에 ②의 감자, ③의 삶은 달걀, ④의 채소를 넣고 마요네즈, 소금, 후추로 간하여 버무린다.

❻ 마요네즈, 머스터드, 사워크림을 넣고 골고루 섞어 딥소스를 만든다.

❼ 양상추와 롤로로사는 깨끗하게 씻어서 물기를 제거한다.

❽ 토마토는 얇게 슬라이스한다.

❾ ①의 크루아상 빵에 ⑥의 딥소스를 바른 후, ⑦의 양상추, 롤로로사, ⑧의 토마토를 깔아준다.

❿ ⑨의 크루아상 빵에 ⑤의 감자를 채워준 후, 크루아상 빵으로 덮어준다.

⓫ 접시에 크루아상 샌드위치를 담고 프리체, 미니치커리를 소복이 놓고 방울토마토, 래디시 슬라이스를 곁들인다.

Ham Sandwich Filled with Scrambled Egg

스크램블드에그를 채운 햄샌드위치

지급재료

Bread(식빵) 2ea, Egg(달걀) 2ea, Ham(햄) 3ea, Mayonnaise(마요네즈) 10g, Mini Course(미니코스) 20g, Sour Cream(사워크림) 10g, Cream Cheese(크림치즈) 10g, Butter(버터) 10g, Fresh Cream(생크림) 10ml, Onion(양파) 1/6ea, Pickle(피클) 20g, Broccoli(브로콜리) 300g, Cherry Tomato(방울토마토) 1ea, Radicchio(라디키오) 20g, Olive Oil(올리브오일) 10ml, Lemon Juice(레몬 주스) 10ml, Mustard(머스터드) 10g, Whipping Cream(휘핑크림) 50ml, Sugar(설탕) 5g, Salt(소금) a little, Toothpick(이쑤시개) 2ea

만드는 법

❶ 양파는 얇게 슬라이스한다.

❷ 달걀은 풀어 생크림을 넣고 골고루 저어준 후, 소금으로 간하여 고운체에 거른다.

❸ 달궈진 팬에 ②의 달걀을 붓고 스크램블드에그를 만든다.

❹ 슬라이스 햄은 노릇하게 굽는다.

❺ 식빵은 버터를 발라 노릇하게 굽는다.

❻ ⑤의 구운 식빵에 딥소스를 골고루 발라준 후, 양파, 피클, 햄, 스크램블드에그, 햄 순으로 얹고 식빵으로 덮는다.

❼ ⑥의 샌드위치를 반으로 썰어 이쑤시개를 꽂아준다.

❽ 피클은 슬라이스로 썰고 방울토마토는 웨지로 썰어준다.

❾ 브로콜리는 한입 크기로 다듬어 끓는 물에 데쳐 소금, 후추로 간하여 살짝 볶는다.

❿ 라디키오, 미니코스는 다듬어 찬물에 씻은 뒤 물기를 제거한다.

⓫ 접시에 샌드위치를 담고 ⑧의 피클, 방울토마토, ⑨의 브로콜리, ⑩의 라디키오, 미니코스를 곁들인다.

※ 딥 소스(Dip Sauce) 참조(p.277)

REAL

Cannelloni Filled with Chicken

닭고기를 채운 카넬로니

지급재료

Hard Flour(강력분밀가루) 100g, Chicken(닭고기) 80g, Semolina(세몰리나) 60g, Spinach(시금치) 100g, Tomato(토마토) 2ea, Canned Tomato(캔 토마토) 200g, Parmesan Cheese(파마산치즈) 10g, Onion(양파) 40g, Basil(바질) 5g, Thyme(타임) 2g, Oregano(오레가노) 2g, White Wine(백포도주) 20ml, Olive Oil(올리브오일) 20ml, Mozzarella Cheese(모차렐라치즈) 50g, Tomato Paste(토마토 페이스트) 10g, Butter(버터) 20g, Egg(달걀) 1ea, Fresh Cream(생크림) 200ml, Milk(우유) 100ml, Garlic(마늘) 2ea, Salt(소금) a little, Pepper(후추) a little

만드는 법

❶ 믹싱 볼에 밀가루, 세몰리나, 올리브오일, 달걀, 물, 소금을 넣어 반죽한다.

❷ ①의 반죽을 비닐봉지에 싸서 냉장고에 30분간 휴지시킨다.

❸ ②의 휴지시킨 반죽을 얇게 밀어 지름 5~7cm로 잘라 끓는 물에 소금, 올리브오일을 넣고 삶는다.

❹ 마늘, 양파는 곱게 다진다.

❺ 닭고기는 껍질을 벗기고 얇게 슬라이스한다.

❻ 달궈진 팬에 ④의 다진 마늘, 양파를 살짝 볶다가 ⑤의 닭고기를 넣고 볶아 소금, 후추로 간한다.

❼ 시금치는 깨끗이 씻어 끓는 물에 데쳐 찬물에 식힌다.

❽ 달궈진 팬에 다진 마늘, 양파를 살짝 볶다가 ⑦의 시금치를 넣고 볶은 후, 생크림을 넣고 조려준다.

❾ ③의 삶은 도우에 ⑥의 닭고기, ⑧의 시금치를 넣고 둥글게 말아준다.

❿ 접시에 토마토 소스를 깔고, ⑨의 카넬로니를 담고 모르네이 소스를 골고루 뿌려준다.

⓫ ⑩의 카넬로니에 모차렐라치즈를 뿌린 후, 180℃의 예열된 오븐에서 노릇하게 구워준다.

※ 모르네이 소스(Mornay Sauce) 참조(p.277)

Penne Pasta with Tomato Sauce

토마토 소스에 버무린 펜네 파스타

지급재료

Penne(펜네) 100g, Onion(양파) 100g, Garlic(마늘) 20g, Tomato(토마토) 1ea, Cherry Tomato(방울토마토) 3ea, Canned Tomato(캔 토마토) 200g, Parmesan Cheese(파마산치즈) 10g, Italian Parsley(이태리 파슬리) 5g, Basil(바질) 5g, Thyme(타임) 2g, Oregano(오레가노) 2g, White Wine(백포도주) 20ml, Olive Oil(올리브오일) 20ml, Granapadano(그라나파다노 치즈) 30g, Tomato Sauce(토마토 소스) 100ml, Asparagus(아스파라거스) 2ea, Salt(소금) a little, Pepper(후추) a little

만드는 법

❶ 마늘, 양파는 잘게 다져 놓는다.

❷ 방울토마토는 깨끗이 씻어 4등분으로 자른다.

❸ 토마토는 끓는 물에 데쳐 껍질을 벗긴 후, 콩카세로 자른다.

❹ 이태리 파슬리는 깨끗하게 씻은 뒤 잘게 다져 흐르는 물에 씻어 물기를 짜준다.

❺ 아스파라거스는 끓는 물에 살짝 데쳐 찬물에 식힌 뒤 3~4cm로 자른다.

❻ 자루냄비(Pot)에 물을 끓여 올리브오일, 소금을 넣고 펜네를 13분 정도 삶는다.

❼ ⑥의 삶은 펜네는 올리브오일에 버무린다.

❽ 달궈진 팬에 마늘, 양파를 살짝 볶은 후, ⑦의 펜네를 넣고 한번 더 볶아준다.

❾ ⑧의 펜네에 토마토 소스를 붓고 살짝 조려준 후 아스파라거스, 그라나파다노 치즈를 넣고 조린다.

❿ ⑨의 펜네에 소금, 후추로 간하여 골고루 버무린 후 다진 이태리 파슬리를 뿌려준다.

⓫ 접시에 ⑩의 볶은 펜네를 담고 바질을 가니시로 얹는다.

※ 토마토 소스(Tomato Sauce) 참조(p.278)

Grilled Chicken Breast Filled with Baked Garlic and Rye Bread

구운 마늘과 호밀빵을 채운 닭가슴살구이

지급재료

Chicken Breast(닭가슴살) 150g, Chicken Leg(닭다리살) 40g, Dry Apricot(건살구) 30g, Onion(양파) 50g, Rye Bread(호밀빵) 30g, Apple(사과) 1ea, Cherry Tomato(방울토마토) 1ea, Celeriac(셀러리악) 50g, Tomato(토마토) 1ea, Garlic(마늘) 10g, Couscous(쿠스쿠스) 10g, Butter(버터) 10g, Cucumber(오이) 20g, Red Wine(적포도주) 100ml, Red Paprika(붉은 파프리카) 30g, Orange Paprika(주황 파프리카) 30g, Garlic(마늘) 1ea, Peppercorn(통후추) a little, Thyme(타임) 5g, Arugula(아루굴라) 10g, Pepper(후추) a little, Salt(소금) a little, Yellow Paprika(노란 파프리카) 30g, Olive Oil(올리브오일) 20ml, Broccoli(브로콜리) 20g, Milk(우유) 20ml, Corned Beef(콘비프) 10g

만드는 법

❶ 닭가슴살은 껍질부분을 벗기고 반으로 칼집을 낸 후, 미트 텐더라이저(Meat Tenderizer)로 두드려 펼쳐서 소금, 후추로 간한다.

❷ 닭다리살은 껍질부분과 힘줄을 제거해서 고르게 다져 놓는다.

❸ 마늘은 올리브오일, 타임, 소금, 후추로 양념하여 180℃의 예열된 오븐에 굽는다.

❹ 호밀빵은 다이스로 일정하게 썰어 놓는다.

❺ 믹싱 볼에 ②의 닭다리살, ③의 구운 마늘, ④의 호밀빵, 타임 찹, 소금, 후추를 넣고 간하여 골고루 섞는다.

❻ ①의 닭가슴살에 밀가루를 뿌려주고 ⑤의 내용물을 중간부분에 가지런히 채워 둥글게 말아준다.

❼ ⑥의 둥글게 만 닭가슴살을 조리용 끈으로 매듭이 생기게 묶어준다.

❽ 달궈진 팬에 ⑦의 닭가슴살을 천천히 노릇하게 구워준다.

❾ 셀러리악은 껍질을 벗겨 다이스로 잘라 우유를 넣고 완전히 익도록 푹 삶아 곱게 갈아준다.

❿ 갈아둔 셀러리악은 냄비에서 천천히 조리면서 소금, 후추로 간을 하여 되직하게 농도를 맞춘다.

⓫ 쿠스쿠스는 치킨스톡에 삶아 파프리카, 오이를 곱게 다져 넣고 소금, 후추로 간하여 버무린다.

⓬ 사과는 웨지로 잘라 팬에서 살짝 볶아 적포도주에 조리면서 설탕으로 간하여 약한 불에서 윤기 나게 천천히 조린다.

⓭ 방울토마토는 데쳐서 껍질을 벗겨 소금, 후추, 설탕으로 간하여 오븐에서 살짝 굽는다.

⓮ 브로콜리는 데쳐 팬에서 살짝 볶으면서 소금, 후추로 간한다.

⓯ 감자는 삶아서 강판에 갈아 양파, 우유, 콘비프를 넣고 반죽하여 소금, 후추로 간하여 팬에 둥글게 굽는다.

⓰ 접시에 셀러리악 퓌레를 중간에 한 스푼 넣고 ⑧의 구운 닭가슴살을 잘라 두 쪽을 놓고 주위에 준비한 채소를 곁들인다.

⓱ ⑥의 닭가슴살에 파프리카 소스를 뿌려준다.

※ 파프리카 소스(Paprika Sauce) 참조(p.278)

Sirloin Steak with Shiitake Mushrooms

표고버섯을 곁들인 소고기 등심구이

지급재료

Beef Sirloin(소고기 등심) 200g, Shiitake Mushroom(표고버섯) 80g, Onion(양파) 50g, Rosemary(로즈메리) 5g, Parma Ham(파르마햄) 50g, Sweet Pumpkin(단호박) 50g, Potato(감자) 50g, Asparagus(아스파라거스) 3ea, Kalamata Olive(칼라마타 올리브) 20g, Spinach(시금치) 20g, Cherry Tomato(방울토마토) 1ea, Brown Sauce(브라운 소스) 50ml, Red Wine(적포도주) 100ml, Red Paprika(붉은 파프리카) 30g, Orange Paprika(주황 파프리카) 30g, Tomato(토마토) 50g, Garlic(마늘) 1ea, Peppercorn(통후추) a little, Thyme(타임) 5g, Arugula(아루굴라) 10g, Pepper(후추) a little, Salt(소금) a little, Sugar(설탕) 2g

만드는 법

❶ 소고기 등심은 지방을 제거하여 180g을 잘라, 소금, 후추, 올리브오일로 간한다.

❷ 표고버섯은 이물질을 제거한 후 가늘게 슬라이스한다.

❸ 붉은 파프리카, 주황 파프리카는 씨를 제거한 후 가늘게 슬라이스한다.

❹ 팬에 표고버섯, 파프리카는 살짝 볶아 소금, 후추로 간한다.

❺ 시금치는 손질하여 끓는 물에 데친 후 볶아서 소금, 후추로 간한다.

❻ 감자, 단호박은 껍질을 벗겨 볼 커터기로 잘라 삶은 후, 버터에 노릇하게 볶는다.

❼ 아스파라거스는 껍질을 벗겨 데친 후 볶아서 소금, 후추로 간한다.

❽ 토마토는 웨지로 잘라 올리브오일, 설탕, 소금, 후추로 간하여 오븐에 구워 파르마햄으로 말아준다.

❾ 달궈진 석쇠(Grill)에 ①의 소고기 등심을 격자무늬가 나게 미디엄(Medium)으로 굽는다.

❿ 접시에 ④의 볶은 채소를 놓고 ⑨의 구운 소고기 등심을 담는다.

⓫ ⑩의 소고기 등심에 ⑤의 볶은 시금치와 아루굴라를 얹고 적포도주 소스를 뿌려준 후, ⑥의 감자, 단호박, ⑦의 아스파라거스 ⑧의 파르마햄으로 만 토마토를 곁들인다.

※ 적포도주 소스(Red Wine Sauce) 참조(p.279)

Roast Beef with Pistachio

피스타치오를 묻힌 소고기 안심구이

지급재료

Beef Tenderloin(소고기 안심) 200g, Saffron Risotto(사프란 리조토) 20g, Onion(양파) 50g, Potato(감자) 1ea, Carrot(당근) 50g, Shallot(샬롯) 1ea, Garlic(마늘) 30g, Pistachio(피스타치오) 10g, Cherry Tomato(방울토마토) 1ea, Sweet Pumpkin(단호박) 50g, Rosemary(로즈메리) 2g, Thyme(타임) 5g, Demiglace(데미글라스) 100ml, Dijon Mustard(디종 머스터드) 10ml, Fresh Cream(생크림) 50ml, White Wine(백포도주) 20ml, Red Wine(적포도주) 100ml, Oyster Mushroom(느타리버섯) 60g, Rye Bread(호밀식빵) 30g, Salt(소금) a little, Pepper(후추) a little, Potato(감자) 1ea, Almond Slice(슬라이스 아몬드) 2g, Bread Crumbs(빵가루) 50g, Egg(달걀) 1ea, Edible Oil(식용유) 200ml, Butter(버터) 30g, Fresh Cream(생크림) 100ml

만드는 법

❶ 소고기 안심은 지방을 제거하여 180g으로 잘라, 소금, 후추, 올리브오일로 간한다.

❷ 피스타치오 껍질을 벗긴 후, 곱게 다진다.

❸ 달궈진 팬에 버터를 녹여 다진 양파를 볶은 후, 사프란 리조토를 넣고 함께 볶아준다.

❹ ③의 리조토에 육수를 부으면서 볶다가 알 덴테(al dente)로 익으면 버터, 파마산치즈, 이태리 파슬리, 소금, 후추로 간한다.

❺ 단호박은 웨지로 잘라 소금, 후추, 설탕, 다진 타임으로 간하여 오븐에서 굽는다.

❻ 샬롯은 팬에 볶아 적포도주에 조린 후 설탕으로 간한다.

❼ 감자는 삶아 베르니 포테이토로 만든다.

❽ 느타리버섯은 손질하여 3cm로 잘라 볶은 뒤 소금, 후추로 간한다.

❾ ①의 소고기 안심은 미디엄으로 구워 반으로 잘라 피스타치오를 묻힌다.

❿ 접시에 둥근 몰드를 놓고 사프란 리조토를 채워 담은 후, ⑨의 구운 소고기 안심을 담는다.

⓫ ⑩의 소고기 안심에 단호박, 베르니 포테이토, 샬롯, 느타리버섯, 비가라드 소스를 곁들인다.

※ 비가라드 소스(Bigarade Sauce) 참조(p.279)

※ 베르니 포테이토(Berny Potato) 참조(p.280)

KOCHKUNST IN BILDERN 7
KOCHKUNST IN BILDERN-7

Grilled Duck Breast Marinade in Herb

허브에 절인 오리가슴살구이

지급재료

Duck Breast(오리가슴살) 150g, Orange Paprika(주황 파프리카) 20g, Onion(양파) 1/2ea, Shallot(샬롯) 1ea, Red Wine(적포도주) 100ml, Asparagus(아스파라거스) 1ea, Red Paprika(붉은 파프리카) 20g, Carrot(당근) 30g, Egg(달걀) 1ea, Tomato Paste(토마토 페이스트) 20g, Brown Sauce(브라운 소스) 50ml, Orange Juice(오렌지 주스) 20ml, Rosemary(로즈메리) 5g, Thyme(타임) 5g, Olive Oil(올리브오일) 50ml, Lemon Juice(레몬 주스) 10ml, Garlic(마늘) 1ea, Tomato(토마토) 1/2ea, Orange(오렌지) 1ea, Sugar(설탕) a little, Salt(소금) a little, Pepper(후추) a little, Yellow Paprika(노란 파프리카) 20g, Skin Stuffed Potato(스킨 스터프트 포테이토) 50g, Mozzarella Cheese(모차렐라치즈) 50g, Bread Crumbs(빵가루) 50g, Potato(감자) 1ea, Bacon(베이컨) 50g, Nutmeg(너트맥) 5g, Onion(양파) 1/2ea, Edible Oil(식용유) 200ml

만드는 법

❶ 오리가슴살은 지방을 제거한 후, 껍질 쪽에 칼집을 넣어 로즈메리, 타임, 소금, 후추로 간하여 마리네이드한다.

❷ 양파, 붉은 파프리카, 주황 파프리카, 노란 파프리카는 스몰 다이스로 잘라 볶은 후, 토마토 페이스트, 소금, 후추로 양념하여 볶는다.

❸ 아스파라거스는 끓는 물에 데친 후 볶아서 소금, 후추로 간한다.

❹ 샬롯은 껍질을 벗겨 반으로 잘라 팬에 갈색이 나게 볶은 뒤 소금, 후추로 간한다.

❺ 감자는 스킨 스터프트 포테이토로 만들어 곁들인다.

❻ 마늘은 팬에 노릇하게 볶아 소금, 후추로 간한다.

❼ 달궈진 팬에 ①의 오리가슴살 껍질부분을 바싹하고 노릇하게 천천히 구워 기름기를 빼준다.

❽ 접시에 ②의 볶은 채소를 담고 ⑦의 구운 오리가슴살을 잘라 두 쪽을 올린다.

❾ ⑧의 오리가슴살에 스킨 스터프트 포테이토(Skin Stuffed Potato)와 아스파라거스, 샬롯, 마늘을 곁들인다.

※ 스킨 스터프트 포테이토(Skin Stuffed Potato) 참조(p.280)

※ 오렌지 소스(Orange Sauce) 참조(p.280)

Grilled Salmon with Bearnaise Sauce

베어네이즈 소스를 곁들인 연어구이

지급재료

Salmon(연어) 200g, White Wine(백포도주) 20ml, Potato(감자) 50g, Fresh Cream(생크림) 100ml, Semolina(세몰리나) 20g, Carrot(당근) 50g, Sweet Pumpkin(단호박) 50g, Zucchini(애호박) 50g, Black Olive(블랙올리브) 30g, Asparagus(아스파라거스) 3ea, Garlic(마늘) 20g, Olive Oil(올리브오일) 10ml, Whipping Cream(휘핑크림) 20ml, Dill(딜) 5g, Lemon Juice(레몬 주스) 10ml, Egg(달걀) 1ea, Sugar(설탕) a little, Salt(소금) a little, Pepper(후추) a little

만드는 법

❶ 연어는 비늘과 내장을 제거한 후, 180g으로 잘라 백포도주, 레몬 주스, 소금, 후추로 간한다.

❷ 감자는 볼 커터기로 잘라 끓는 물에 삶아 노릇하게 볶은 뒤 소금, 후추로 간한다.

❸ 당근은 감자와 동일하게 잘라 끓는 물에 살짝 삶은 뒤 버터, 레몬 주스, 설탕을 넣고 조려준다.

❹ 애호박은 볼 커터기로 잘라 끓는 물에 데친 후 볶아서 소금, 후추로 간한다.

❺ 아스파라거스는 끓는 물에 데친 후 볶아서 소금, 후추로 간한다.

❻ 블랙올리브는 곱게 다져 면포에 감싸 물기를 제거한다.

❼ 단호박은 껍질을 벗겨 다이스로 잘라 삶은 후, 고운체에 내린다.

❽ ⑦의 단호박에 휘핑크림, 설탕, 소금으로 간하여 부드러운 단호박 퓌레를 만든다.

❾ 달궈진 팬에 ①의 연어를 껍질부분이 바싹하고 노릇하게 굽는다.

❿ 세몰리나, 물, 올리브오일을 섞어 얇은 튀일을 만든다.

⓫ 집시에 ⑤의 아스파라거스, ⑧의 단호박 퓌레를 담고 ⑨의 구운 연어를 얹어 베어네이즈 소스를 뿌려준다.

⓬ ⑪의 연어 위에 다진 블랙올리브를 얹고 감자, 당근, 애호박, 튀일을 곁들인다.

※ 베어네이즈 소스(Bearnaise Sauce) 참소(p.281)

MALI

Grilled Sea Bass with Emmental Cheese

에멘탈 치즈를 곁들인 농어구이

지급재료

Sea Bass(농어) 200g, Emmental Cheese(에멘탈 치즈) 20g, Brussel Sprouts(브뤼셀 스프라우트) 20g, Rye Bread(호밀식빵) 20g, Saffron(사프란) 5g, Green Beans(그린빈스) 20g, Potato(감자) 30g, Beet(비트) 1/2ea, Vinegar(식초) 20ml, Lemon Juice(레몬 주스) 10ml, White Wine(백포도주) 20ml, Butter(버터) 20g, Onion(양파) 30g, Fresh Cream(생크림) 100ml, Milk(우유) 100ml, Olive Oil(올리브오일) 10ml, Salt(소금) a little, Pepper(후추) a little

만드는 법

❶ 농어는 비늘과 내장을 제거한 후 두 쪽으로 필레하여 180g으로 잘라, 껍질 쪽에 칼집을 넣고 백포도주, 레몬 주스, 소금, 후추로 간한다.

❷ 비트는 껍질을 벗겨 다이스로 잘라 식초, 레몬 주스, 설탕을 넣고 삶는다.

❸ 감자는 삶아서 고운체에 내린 뒤 우유, 생크림을 넣고 부드럽게 매시트포테이토를 만든다.

❹ 그린빈스는 손질하여 끓는 물에 데친 후 볶아서 소금, 후추로 간한다.

❺ 브뤼셀 스프라우트는 끓는 물에 데친 후 볶아서 소금, 후추로 간한다.

❻ 달궈진 팬에 올리브오일을 두르고 ①의 농어를 노릇하게 굽는다.

❼ 에멘탈 치즈는 얇게 슬라이스한다.

❽ 호밀빵은 얇게 슬라이스하여 오븐에서 바싹하게 굽는다.

❾ 접시에 사프란 소스를 뿌리고 ⑥의 구운 농어를 담고 에멘탈 치즈, 브뤼셀 스프라우트, 그린빈스, 매시트포테이토를 곁들여 구운 호밀빵을 꽂아준다.

❿ ⑨의 농어에 ②의 삶은 비트를 곁들인다.

※ 사프란 소스(Saffron Sauce) 참조(p.282)

Halibut Wrapped with Potato and Bisque Sauce

감자로 감싸 구운 광어와 비스크 소스

지급재료

Halibut(광어) 200g, Eggplant(가지) 30g, Green Beans(그린빈스) 20g, Broccoli(브로콜리) 300g, Chestnut(밤) 20g, Frying Powder(튀김가루) 10g, Potato(감자) 200g, Baguette(바게트) 20g, Cherry Tomato(방울토마토) 1ea, White Wine(백포도주) 20ml, Fresh Cream(생크림) 100ml, Milk(우유) 100ml, Flour(밀가루) 20g, Butter(버터) 20g, Basil(바질) 20g, Olive Oil(올리브오일) 20ml, Onion(양파) 20g, Lemon Juice(레몬 주스) 10ml, Red Paprika(붉은 파프리카) 50g, Orange Paprika(주황 파프리카) 50g, Edible Oil(식용유) 200ml, Black Peppercorn(검은 통후추) 2g, Sugar(설탕) a little, Salt(소금) a little

만드는 법

❶ 광어는 내장을 제거하여 두 쪽으로 필레하여 껍질을 벗긴다.
❷ ①의 광어살을 180g씩 잘라 백포도주, 레몬 주스, 소금, 후추로 간한다.
❸ 감자는 채소 커터기로 길게 잘라 끓는 물에 데쳐 식힌다.
❹ ②의 광어살은 ③의 감자로 촘촘히 말아준다.
❺ 가지는 껍질을 일부분 벗겨내고 3cm로 잘라 건조한 곳에서 말린 후, 튀김가루에 묻혀 튀긴다.
❻ 토마토는 웨지로 잘라 올리브오일, 설탕, 소금, 후추로 간하여 오븐에서 굽는다.
❼ 브로콜리는 손질하여 끓는 물에 데친 후 소금, 후추로 간하여 볶는다.
❽ 그린빈스는 손질하여 끓는 물에 데친 후, 소금, 후추로 간하여 볶는다.
❾ 바게트는 살짝 얼려 얇게 슬라이스한 뒤 둥근 몰드에 감싸 오븐에서 굽는다.
❿ 방울토마토는 슬라이스하여 팬에 볶아 소금, 후추, 설탕으로 간한다.
⓫ 밤은 우유에 삶아 믹서기에 곱게 갈아 설탕, 소금으로 간하여 밤무스를 만든다.
⓬ 달궈진 팬에 올리브오일을 두르고, ④의 광어살을 노릇하게 구워준다.
⓭ 접시에 ⑪의 밤무스를 놓고 ⑫의 구운 광어를 담아 방울토마토를 얹어준다.
⓮ ⑬의 구운 광어에 비스크 소스를 골고루 뿌려준다.
⓯ ⑭의 광어에 ⑤의 가지, ⑥의 구운 토마토, ⑦의 브로콜리, ⑧의 그린빈스, ⑨의 바게트를 곁들인다.

※ 비스크 소스(Bisque Sauce) 참조(p.282)
※ 생선육수(Fish Stock) 참조(p.283)

콜리플라워 퓌레와 각종 해산물

비니거 오일(Vinegar Oil)

재료

샐러드오일 200ml, 달걀 1ea, 양파 20g, 레몬 주스 10ml, 식초 20ml, 머스터드 10g, 타바스코 2ml, 설탕 a little, 소금 a little, 후추 a little

만드는 법

❶ 양파는 곱게 갈아준다.

❷ 믹싱 볼에 ①의 간 양파와 달걀노른자, 머스터드를 넣고 골고루 저은 후, 샐러드오일을 조금씩 부으면서 골고루 섞어준다.

❸ ②의 내용물에 식초, 타바스코를 넣어 섞어준다.

❹ ③의 비니거 오일에 소금, 설탕, 후추로 간한다.

전복을 곁들인 관자구이

레몬 버터소스(Lemon Butter Sauce)

재료

버터 30g, 레몬 주스 20ml, 백포도주 40ml, 식초 10ml, 파슬리 2g, 양파 20g, 월계수잎 1leaf, 소금 a little, 통후추 a little

만드는 법

❶ 버터는 말랑말랑하게 녹여준다.

❷ 양파는 곱게 다지고 파슬리는 줄기부분만 준비한다.

❸ 냄비에 백포도주, 양파, 파슬리 줄기, 월계수잎, 통후추를 넣고 2/3 정도로 조린다.

❹ ③의 조린 백포도주에 버터를 조금씩 첨가하면서 녹여준다.

❺ ④의 소스에 레몬 주스, 소금으로 간을 맞춘다.

아보카도 소스를 곁들인 광어 팀발

레드와인 비네그레트(Red Wine Vinaigrette)

재료

적포도주식조 20ml, 레몬 10g, 레몬 주스 10ml, 마늘 1ea, 양파 10g, 올리브오일 40ml, 소금 a little, 통후추 a little

만드는 법

❶ 마늘, 양파는 잘게 다진다.

❷ 믹싱 볼에 적포도주식초, 올리브오일, 레몬 주스를 넣어 거품기로 저어준다.

❸ ②의 내용물에 ①의 다진 마늘, 양파를 넣고 통후추, 소금으로 간한다.

강낭콩 채소 수프, 렌틸을 곁들인 쿠스쿠스 샐러드

채소육수(Vegetable Stock)

재료

양파 50g, 당근 20g, 셀러리 20g, 무 10g, 물 2L, 월계수잎 1leaf, 대파 10g, 통후추 2ea

만드는 법

❶ 양파, 당근, 셀러리, 대파, 무는 슬라이스한다.

❷ 자루냄비에 ①의 채소, 월계수잎, 통후추를 넣고 끓인다.

❸ ②의 내용물이 끓어오르면 표면의 거품을 걷어주고 20분 정도 천천히 끓인 후, 고운체에 면포를 깔고 걸러준다.

부드러운 인삼 수프, 아스파라거스 크림 수프

닭 육수(Chicken Stock)

재료

닭뼈 1kg, 양파 50g, 당근 20g, 셀러리 20g, 마늘 1ea, 파슬리 10g, 물 2L, 월계수잎 1leaf, 정향 2ea, 대파 10g, 타임 2g, 후추 a little

만드는 법

❶ 닭뼈는 흐르는 물에 담가 핏물을 제거한다.

❷ 양파, 당근, 셀러리, 마늘, 대파는 슬라이스한다.

❸ 자루냄비에 ①의 닭뼈를 볶은 후, ②의 채소를 넣고 색이 나지 않도록 함께 볶는다.

❹ ③의 내용물에 파슬리 줄기, 월계수잎, 타임, 통후추, 정향을 넣고 끓인다.

❺ ④의 내용물이 끓어오르면 표면의 거품을 걷어주면서 1시간 정도 천천히 끓인 후, 고운체에 면포를 깔고 걸러준다.

이태리 토마토 카프레제

바질 페스토(Basil Pesto)

재료

바질 30g, 잣 10g, 파마산치즈 5g, 마늘 10g, 올리브오일 30ml, 소금 a little, 후추 a little

만드는 법

❶ 바질은 줄기부분을 손질하여 깨끗이 씻는다.

❷ 달궈진 팬에 잣을 약한 불에서 노릇하게 볶는다.

❸ 믹서기에 ①의 바질, ②의 잣을 넣고 파마산치즈, 마늘, 올리브오일을 넣고 곱게 갈아준다.

❹ ③의 바질 페스토에 소금, 후추로 간한다.

스크램블드에그를 채운 햄샌드위치

딥 소스(Dip Sauce)

재료

사워크림 30g, 마요네즈 50g, 크림치즈 20g, 휘핑크림 20ml, 레몬 주스 10ml, 소금 a little, 설탕 a little

만드는 법

❶ 휘핑크림은 거품기로 저어 되직하게 만든다.

❷ 믹싱 볼에 사워크림, 마요네즈, 크림치즈, ①의 휘핑크림을 넣고 골고루 섞어준다.

❸ ②의 딥 소스에 레몬 주스, 소금, 설탕으로 간한다.

닭고기를 채운 카넬로니

모르네이 소스(Mornay Sauce)

재료

밀가루 20g, 버터 20g, 생크림 100ml, 우유 200ml, 파마산치즈 10g, 백포도주 20ml, 달걀 1ea, 소금 a little, 후추 a little

만드는 법

❶ 자루냄비에 밀가루, 버터를 1:1 동량으로 약한 불에서 색이 나지 않게 볶는다.

❷ ①에 우유, 생크림을 넣고 끓여준 후, 파마산치즈, 백포도주를 넣어 끓인다.

❸ ②의 소스를 약한 불에서 천천히 끓이면서 달걀노른자를 넣고, 소금, 후추로 간한다.

토마토 소스에 버무린 펜네 파스타

토마토 소스(Tomato Sauce)

재료

토마토 200g, 양파 30g, 마늘 10g, 셀러리 20g, 타임 2g, 정향 2ea, 월계수잎 1leaf, 올리브오일 10ml, 토마토 페이스트 10g, 백포도주 10ml, 닭 육수 1L, 바질 1leaf, 오레가노 2g, 파슬리 2g, 소금 a little, 후추 a little, 설탕 a little

만드는 법

❶ 양파, 마늘은 곱게 다진다.

❷ 토마토는 끓는 물에 데쳐 껍질을 벗겨 다진다.

❸ 양파, 셀러리, 타임, 월계수잎, 통후추로 부케가르니를 만든다.

❹ 자루냄비에 올리브오일을 두르고, ①의 다진 마늘, 양파를 볶은 후, 백포도주를 넣어 조린다.

❺ ④의 내용물에 ②의 토마토를 넣고 끓여준 후, 토마토 페이스트를 넣고 볶다가 ③의 부케가르니, 바질, 오레가노, 파슬리, 닭 육수를 붓고 끓인다.

❻ ⑤의 토마토 소스의 농도를 맞춘 후 소금, 후추, 설탕으로 간한다.

구운 마늘과 호밀빵을 채운 닭가슴살구이

파프리카 소스(Paprika Sauce)

재료

붉은 파프리카 80g, 주황 파프리카 60g, 마늘 5g, 양파 20g, 백포도주 20ml, 채소 스톡 200ml, 소금 a little, 후추 a little

만드는 법

❶ 양파, 마늘은 잘게 다진다.

❷ 붉은 파프리카, 주황 파프리카는 반으로 썰어 씨를 제거한 후, 다이스로 썬다.

❸ 자루냄비에 ①의 양파, 마늘, ②의 파프리카 순으로 볶은 후, 백포도주를 넣어 조린다.

❹ ③의 내용물에 채소 스톡을 넣고 충분히 끓인다.

❺ ④의 끓인 파프리카를 믹서기에 넣어 곱게 갈아준 후, 고운체에 내린다.

❻ ⑤의 간 파프리카 소스를 한 번 더 끓여 소금, 후추로 간한다.

표고버섯을 곁들인 소고기 등심구이

적포도주 소스(Red Wine Sauce)

재료

적포도주 100ml, 양파 30g, 버터 10g, 월계수잎 2leaves, 데미글라스 150ml, 소금 a little, 후추 a little

만드는 법

❶ 양파는 껍질을 벗겨 곱게 다진다.

❷ 소스팬에 버터를 녹여, ①의 양파를 연한 갈색으로 볶아준다.

❸ ②의 양파에 적포도주와 월계수잎을 넣고 조려준다.

❹ ③의 조린 양파에 데미글라스를 넣고 끓인 후, 소금, 후추로 간한다.

피스타치오를 묻힌 소고기 안심구이

비가라드 소스(Bigarade Sauce)

재료

오렌지 1ea, 설탕 30g, 적도포주식초 20ml, 포도잼 5g, 오렌지 주스 20ml, 브랜디 5ml, 데미글라스 100ml, 월계수잎 1leaf, 타임 2g, 소금 a little, 후추 a little

만드는 법

❶ 오렌지는 껍질을 벗겨 쥘리엔으로 썰어준다.

❷ 팬에 설탕을 담아 연한 갈색이 나는 캐러멜을 만든다.

❸ ②의 캐러멜에 적포도주식초를 넣고 끓인 후, 포도잼, 오렌지 주스, 브랜디를 넣는다.

❹ ③의 내용물에 ①의 오렌지 껍질, 월계수잎, 타임, 데미글라스를 넣고 조린다.

❺ ④의 비가라드 소스를 고운체에 걸러 소금, 후추로 간한다.

베르니 포테이토(Berny Potato)

재료

감자 150g, 버터 5g, 생크림 20ml, 밀가루 10g, 달걀 1ea, 빵가루 10g, 아몬드 슬라이스 10g, 식용유 300ml

만드는 법

❶ 감자는 깨끗이 씻어 삶은 후, 껍질을 벗겨 고운체에 내린다.

❷ 팬에 ①의 삶은 감자와 버터, 생크림, 소금을 넣고 저어서 식힌 뒤 둥근 모양을 만든다.

❸ 아몬드 슬라이스, 빵가루는 혼합해 놓는다.

❹ ②의 둥근 감자는 달걀에 묻혀 ③의 아몬드와 빵가루에 골고루 입혀 노릇하게 튀겨낸다.

허브에 절인 오리가슴살구이

스킨 스터프트 포테이토(Skin Stuffed Potato)

재료

감자 150g, 베이컨 20g, 양파 20g, 너트맥 2g, 식용유 300ml, 후추 1g, 소금 a little

만드는 법

❶ 감자는 통째로 삶아 반으로 자른 뒤 스푼으로 속을 둥글게 파낸다.

❷ ①의 둥근 감자는 기름에 노릇하게 튀겨낸다.

❸ 다진 베이컨, 양파, 너트맥, 소금, 후추로 간하여 볶는다.

❹ ②의 둥근 감자에 ③의 내용물을 채워 빵가루, 치즈를 얹은 뒤 오븐에서 노릇노릇하게 구워낸다.

오렌지 소스(Orange Sauce)

재료

오렌지 1ea, 오렌지 주스 150ml, 전분 20g, 레몬 주스 20ml, 머스터드 10g, 설탕 a little

만드는 법

❶ 오렌지는 껍질을 벗겨 즙을 낸다.

❷ 자루냄비에 오렌지 주스, 설탕, 전분, 오렌지즙을 넣어 끓인다.

❸ ②의 조린 오렌지 주스에 레몬 주스, 머스터드를 넣어 농도를 맞춘다.

베어네이즈 소스를 곁들인 연어구이

베어네이즈 소스(Bearnaise Sauce)

재료

달걀 1ea, 양파 30g, 파슬리 2g, 타라곤 2g, 타라곤식초 10ml, 통후추 2ea, 백포도주 10ml, 버터 10g, 레몬 주스 10ml, 소금 a little, 후추 a little

만드는 법

❶ 자루냄비에 버터를 담아 중탕하여 녹인다.

❷ 양파, 파슬리, 타라곤은 다진다.

❸ 자루냄비에 다진 양파, 파슬리 줄기, 타라곤 줄기, 통후추, 백포도주를 넣어 1/2로 조린 후, 고운체에 걸러 식힌다.

❹ 믹싱 볼에 달걀노른자와 ①의 정제버터 및 ③의 내용물을 넣어가면서 거품기로 저어 유화시킨 후, 타라곤식초를 넣고 혼합해 준다.

❺ ④의 베어네이즈 소스에 다진 파슬리와 타라곤을 넣고 소금, 후추, 레몬 주스로 간한다.

에멘탈 치즈를 곁들인 농어구이

사프란 소스(Saffron Sauce)

재료

사프란 5g, 마늘 10g, 양파 30g, 셀러리 20g, 타임 2g, 생선육수 150ml, 버터 10g, 밀가루 10g, 백포도주 20ml, 월계수잎 1leaf, 레몬 주스 10ml, 소금 a little, 후추 a little

만드는 법

❶ 자루냄비에 밀가루, 버터를 1:1 동량으로 볶아, 우유를 넣고 끓여 베샤멜 소스를 만든다.

❷ 파슬리 줄기, 타임, 월계수잎, 통후추, 백포도주를 넣어 1/2로 조린다.

❸ ①의 베샤멜 소스에 ②의 조린 백포도주, 생선육수, 사프란, 레몬 주스를 넣고 끓인다.

❹ ③의 끓인 사프란 소스에 소금, 후추로 간하여 고운체에 거른다.

감자로 감싸 구운 광어와 비스크 소스

비스크 소스(Bisque Sauce)

재료

꽃게 1ea, 양파 20g, 당근 20g, 셀러리 10g, 마늘 2g, 새우 3ea, 버터 10g, 백포도주 20ml, 토마토 페이스트 10g, 월계수잎 1leaf, 타임 2g, 통후추 2ea, 소금 a little, 후추 a little

만드는 법

❶ 양파, 당근, 셀러리, 마늘은 슬라이스하여 썰어 놓는다.

❷ 꽃게의 껍질부분과 새우 머리는 으깬다.

❸ 팬에 버터를 녹여 ①, ②의 내용물 순으로 볶은 후, 백포도주를 넣어 조린다.

❹ ③의 내용물에 토마토 페이스트를 넣고 볶는다.

❺ ④에 생선스톡, 월계수잎, 타임, 통후추를 넣고 끓여 체에 거른다.

❻ ⑤의 비스크 소스에 소금, 후추로 간한다.

생선육수(Fish Stock)

재료

생선뼈 1kg, 양파 20g, 당근 50g, 셀러리 20g, 마늘 1ea, 물 2L, 월계수잎 1leaf, 정향 2ea, 대파 10g, 타임 1ea, 통후추 2ea, 파슬리 줄기 3g, 버터 20g, 백포도주 20ml

만드는 법

❶ 양파, 당근, 셀러리, 마늘, 대파는 슬라이스한다.

❷ 생선뼈는 흐르는 물에 담가 핏물을 제거한다.

❸ 월계수잎, 통후추, 정향, 타임, 파슬리 줄기로 부케가르니를 만든다.

❹ 자루냄비에 버터를 녹여 ①의 채소를 색이 나지 않게 볶다가 ②의 생선뼈를 넣어 함께 볶는다.

❺ ④의 내용물에 백포도주를 붓고 1/2로 조린 후, 찬물과 ③의 부케가르니를 넣고 끓인다.

❻ ⑤의 내용물이 끓으면, 표면의 거품을 걷어주고 20분 정도 서서히 끓인 후, 고운체에 면포를 깔고 걸러준다.

참고문헌

고급서양조리, 김세한, 백산출판사

기초 조리이론과 조리용어, 염진철, 백산출판사

새로운 이탈리안 요리, 김세한, 지구문화사

소스의 이론과 실제, 최수근, 형설출판사

양식조리기능사 실기 끝장내기, 장명하, 성안당

Chef's 서양조리, 이종필 외, 백산출판사

저자소개

김세한
경기대학교 관광학 박사
현) 롯데호텔 르살롱 조리장
청운대학교 겸임교수
우수숙련기술자
대한민국 조리기능장

김형수
한성대학교 대학원 석사과정
현) 서울롯데호텔 조리팀장
대한민국 조리기능장
지방기능경기대회 심사위원

박인수
경기대학교 일반대학원 관광학 박사
현) 대전과학기술대학교 식품조리계열 교수
래디슨서울 프라자호텔 조리장
조리기능장 심사위원
전국기능경기대회 심사위원

신영송
가톨릭관동대학교 대학원 박사과정
현) 문경대학교 호텔조리과 학과장
라마다플라자 청주호텔 총주방장
전국기능대회 관리위원

양동휘
경기대학교 일반대학원 외식경영학 박사
현) 초당대학교 호텔조리학과 교수
(사) 한국조리학회 학술 부회장
(사) 한국조리협회 상임이사
지방기능경기대회 심사위원

왕철주
가톨릭관동대학교 외식경영학 박사
현) 그랜드컨벤션센타 총주방장
부천대학교 겸임교수
우수숙련기술자
대한민국 조리기능장

이광일
순천대학교 영양학 박사
현) 마산대학교 식품과학부 교수
서울신라호텔 과장
존슨앤웰스대학교, CIA 요리학교, 코르동 블뢰 요리학교, 이탈리아 ICIF 요리학교 조리 연수

정영주
동의대학교 경영학 박사
현) 부산과학기술대학교 호텔외식조리과 교수
롯데호텔 부산
부산여자대학교, 동의대학교, 영산대학교 강사
경주대학교 호텔외식조리과 부교수

저자와의
합의하에
인지첩부
생략

새롭게 쓴 서양조리실무

2021년 1월 5일 초판 1쇄 인쇄
2021년 1월 10일 초판 1쇄 발행

지은이 김세한·김형수·박인수·신영송·양동휘·왕철주·이광일·정영주
펴낸이 진욱상
펴낸곳 (주)백산출판사
교 정 성인숙
본문디자인 신화정
표지디자인 오정은

등 록 2017년 5월 29일 제406-2017-000058호
주 소 경기도 파주시 회동길 370(백산빌딩 3층)
전 화 02-914-1621(代)
팩 스 031-955-9911
이메일 edit@ibaeksan.kr
홈페이지 www.ibaeksan.kr

ISBN 979-11-6567-172-3 93590
값 28,000원

• 파본은 구입하신 서점에서 교환해 드립니다.
• 저작권법에 의해 보호를 받는 저작물이므로 무단전재와 복제를 금합니다.
이를 위반시 5년 이하의 징역 또는 5천만원 이하의 벌금에 처하거나 이를 병과할 수 있습니다.